高等学校实践教学教材系列
21世纪应用型本

建筑电气与智能化专业
实训指导教程

主　编　鞠全勇　牟福元

副主编　高素美　牟淑志

参　编　王　强　苏　忠　陶　亮　张　玉　顾　恒

　　　　辛玉红　王翠红　周黎英　吴　恩　李永琳

　　　　周　霞　刘　莎　姜玉东　王世虎　王晓璐

上海交通大学出版社
SHANGHAI JIAO TONG UNIVERSITY PRESS

内容提要

本书是普通高等学校建筑电气与智能化专业实践教学教材。本书具有工程应用性强、内容新、教学适用性好、编写形式新颖实用等特点，突出培养学生工程应用能力，对学生毕业后更快适应工作岗位、掌握专业技术能力极为有益。

本书结合工程案例，较全面、系统介绍了建筑电气与智能化专业实习(实训)课程，全书共五篇十三章内容，主要包括理论指导篇(应用型本科教育人才培养的基本要求、应用型本科教育实践教学的基本理论)、专业认知篇(专业认知篇、建筑电气与智能化专业集中性实践教学体系、企业认知实习)、课程实习与课程设计篇(课程实习、课程设计)、综合实践篇(企业工程实习、企业专业实践、企业定岗实习、企业顶岗实践、企业毕业实习、毕业设计、社会实践)等内容。

本书主要作为高等学校本科建筑电气与智能化、电气工程及其自动化、楼宇智能化等专业学生的实践教材，也可作为相关行业工程技术人员以及其他大专院校的参考书。

图书在版编目(CIP)数据

建筑电气与智能化专业实训指导教程／鞠全勇，牟福元主编.—上海：上海交通大学出版社，2015(2022重印)
ISBN 978-7-313-13403-5

Ⅰ.①建…　Ⅱ.①鞠…②牟…　Ⅲ.①房屋建筑设备－电气设备－智能控制－高等学校－教材　Ⅳ.①TU85

中国版本图书馆 CIP 数据核字(2015)第 162115 号

建筑电气与智能化专业实训指导教程

主　　编：鞠全勇　牟福元
出版发行：上海交通大学出版社　　　　　　　　地　　址：上海市番禺路 951 号
邮政编码：200030　　　　　　　　　　　　　　电　　话：021-64071208
印　　制：当纳利（上海）信息技术有限公司　　经　　销：全国新华书店
开　　本：787 mm×1092 mm　1/16　　　　　　印　　张：19.5
字　　数：438 千字
版　　次：2015 年 8 月第 1 版　　　　　　　　印　　次：2022 年 1 月第 2 次印刷
书　　号：ISBN 978-7-313-13403-5
定　　价：49.00 元

前　言

随着智能建筑技术的快速发展,社会对建筑电气与智能化专业人才的实践能力提出了更高要求。针对行业、职业岗位群需求全方位、多层次培养高级应用型人才已成为众多高等院校的共识,这种理念的重大转变带来了教学内容和教学模式的变革,相应教材的改革不可避免。为了适应这一变化,我们通过多年来对建筑电气与智能化专业实习(实训)教学实践及经验总结,针对应用型人才的培养目标和学生的学习特点,紧密结合典型工程应用实例,编写了本教材。

本教程为建筑电气与智能化专业实习(实训)指导教程,全书共五篇十三章内容,主要包括理论指导篇(应用型本科教育人才培养的基本要求、应用型本科教育实践教学的基本理论)、专业认知篇(专业认知篇、建筑电气与智能化专业集中性实践教学体系、企业认知实习)、课程实习与课程设计篇(课程实习、课程设计)、综合实践篇(企业工程实习、企业专业实践、企业定岗实习、企业顶岗实践、企业毕业实习、毕业设计、社会实践)等内容。本教程具有如下几个方面特点:

(1) 坚持建筑电气与智能化专业实践类课程的规范性。以教育部对应用型本科院校建筑电气与智能化专业实践教学要求为依据编写本教材。

(2) 系统性与针对性相结合。涵盖教育部对建筑电气与智能化专业要求所有集中性实践环节,同时注重系统性,本教程从应用型本科教育人才培养的基本要求、应用型本科教育实践教学的基本理论到建筑电气与智能化专业集中性实践教学体系,最后到各个实践环节,组成了建筑电气与智能化专业实习(实训)系统。

本书作为建筑电气与智能化专业系列教材之一,与其他课程教材内容上有一定的相关性,教学时应该注意与本系列教材内容上的联系和协调。

本书共五篇13章,其中第一篇由金陵科技学院实践教材编委会编写,第3章与第12

章由鞠全勇编写,第 4 章与第 7 章由牟福元编写,第 9 章由高素美编写,第 11 章由牟淑志编写,第 8 章由王强编写,第 10 章由苏忠编写,第 13 章由陶亮编写,第 5 章、第 6 章由张玉、顾恒、辛玉红、王翠红、周黎英、吴恩、李永琳、周霞、刘莎、姜玉东、王世虎、王晓璐编写,全书由鞠全勇和牟福元负责统稿。建筑电气与智能化专业实践教育中心各企业给予了热情支持和帮助,在此一并表示感谢。同时感谢上海交通大学出版社张勇编审为本书的出版付出的辛勤劳动。

由于智能楼宇技术的发展非常迅速,加之作者水平有限,书中不足之处在所难免,欢迎读者不吝指正。

编　者

2015 年 6 月

目 录

第一篇　理论指导篇

第一章 应用型本科教育人才培养的基本要求

一、应用型本科教育的产生

(一)国外应用型本科教育的产生

现代意义上的大学产生于中世纪后期的欧洲。当时的商业和手工业发展迅猛,形成了商业和手工业行会,并逐渐发展成为"研习神学、法律、修辞、文理等方面知识的专门学校",中世纪大学在这样的背景下逐渐形成。这个时期的大学还不存在制度化的研究,其主要任务是培养专业性应用型人才,重视行业的职业训练。

13—15世纪,此时的欧洲大学,无论是在课程的设置还是教学内容的传授,都表现出很强的实用性,注重科学知识和技术的传播,为当时的社会培养了大批的应用型人才。

然而15世纪后期,教会势力兴起,认为"实用的知识是不足称道的",轻视科学和实用技术,轻视社会实践,排斥任何职业性、实业性的学科,一味信奉和尊崇神学、哲学等晦涩、理论色彩浓厚的学科,认为大学所要培养的是纯粹的学术性人才。这样的情况一直延续至17、18世纪。

随着工业革命的兴起,资本主义经济的发展进入高潮,机器生产不仅对劳动者的数量有了更大的需求,也对劳动者的素质提出了新的要求,要求劳动者必须具备一定的操作技能。原本的以宗教为主,强调经院哲学的"精英"教育显然不能适应工业革命对职业人才的需求,大学的办学功能开始从单纯传授知识、培养理论人才,发展到为经济发展服务。而大学也从单纯开设神学、哲学等理论性学科,逐步扩展到自然、科学等实用性学科的开设。各类实用性职业知识、科学技术逐步代替所谓的古典学科,进入高等知识的殿堂,形成了以培养应用型人才为主要目标的近代高等教育特点。

二战后,以应用型教育为主体的大学在高等教育大众化的背景下应运而生,并迅速发展。其中以美国、德国、英国、日本等国家尤为典型,此类国家的应用型教育不仅方针明确、管理科学、设置灵活、特色鲜明,而且体制完备,包含了研究生层面的职业教育,与传统意义上的高等教育有着同等重要的地位。甚至由于要求严格,在突出职业培训的基础上同样要求卓越的学术成就而在社会享有盛誉,从而优先享有更多的办学资源。因此,应用技术教育与职业教育在西方更好地发展起来。

(二)我国应用型本科教育的产生

鸦片战争后,中国进入了一个遭受列强欺凌的屈辱时代,但同时也进入了一个救亡图存、思想文化自省与颠覆重建的时代。内忧外患、民族危亡的现状改变许多人当时的教育观念，开始自我反思。尤其是早期的资产阶级改良派通过洋务运动，有机会了解到近代西方的文化思想，比较早地接触到了近代西方国家的教育态度，并承认其进步之处，救亡图存的决心促使中国教育思想形态从根本上发生了转变。同时西方传教士大批东进，涌入中国国门，尽管传教目的各有不同，甚至带有侵略中国文化的意向，但他们还是将西方先进的教育思想带到了中国。在这样的环境下，中国高等教育初现雏形。洋务运动时期，提倡"师夷长技以制夷"，国家迫切需要"翻译兼译述的人才，海陆军的将才，及制船造械的技术人才"。两类中国早期的近代高等学校应运而生：一类为学习方言的方言学堂，一类为学习军备的水陆军学堂。方言学堂，如京师同文馆、上海广方言馆、广州同文馆及湖北自强学堂。军备学堂又分为两种：一种为训练海军人才的水师学堂，如福建船政学堂、天津水师学堂等；一种为训练陆军人才的武备学堂，如天津武备学堂、山西武备学堂、湖北武备学堂等[①]。这些学堂无论在课程设置、教学内容设计上都比较符合18至19世纪西欧所形成的近代高等教育的特点，专业设置与职业相匹配，教育与生产劳动结合，安排大量手工实习，将职业培养放在首位，造就了大批行业骨干。

1901年，丧权辱国的《辛丑条约》签订，中国半封建半殖民地的社会性质最终形成。此时无论是保守派、改良派还是维新派，不管政见如何，都一致将实业发展、人才培养提到国家救亡图存的高度，纷纷上书政府。为缓和国内矛盾，维护摇摇欲坠的统治地位，清政府采取了一系列革新，废除科举，放宽民间办厂的限制，允许在通商口岸及出丝茶省份设立茶务学堂及桑蚕公院[②]，发展近代农业科技。1902年，清政府下令各省设立农务、工艺学堂，创办实业教育成为政府行为。1904年，清政府颁发了我国近代以来第一部学制"癸卯学制"，较为完整地确立了实业教育制度。集经济思想特点与教育思想特点为一体的实业教育思想，如火如荼地传播开来，并形成了一股强劲的实业教育思潮。到1909年，全国计有高等农业学堂5所，学生530人；中等农业学堂31所，学生3 226人；初等农业学堂59所，学生2 272人；高等工业学堂7所，学生1 136人；中等工业学堂10所，学生1 141人；初等工业学堂47所，学生2 558人；高等商业学堂1所，学生24人；中等商业学堂10所，学生973人；初等商业学堂17所，学生751人；实业预科学堂67所，学生4 038人。总计有实业学堂254所，学生16 649人[③]。各类以实业发展为目的的教育得到了快速发展，旨在对民众普及职业培训，使其掌握基本的生存技能。各类实业学堂的开办，为职业教育提供了广阔的实践空间，逐步普及了实用型教育，丰富了职业教育的内容，为民众就业创造了条件。

1917年，黄炎培发表《中华职业教育社宣言书》，中华职业教育社创立于上海，主张有三点：一是推广职业教育；二是改良职业教育；三是将改良普通教育，使之与职业接轨。同年，全国教育联合会颁布《职业教育进行计划案》及《普通教育应重视职业科目及实施方法案》。1921年又颁布《新学制系统案》，在学制上明确了职业教育的地位，从而正式取代了之前的实业教育。1922年新学制系统经法令公布，使职业教育在法律上有了依据。

---

① 潘懋元，石慧霞. 应用型人才培养的历史探源[J]. 江苏高教，2009：7.
② 朱寿朋编. 光绪朝东华录[M]. 上海：中华书局. 1958.
③ 孙萃. 清末实业教育的特点及其历史评价[J]. 职业教育研究. 2008(3).

而中华职业教育社的创立正式提出了"职业"的概念,明确了职业教育的发展方向和任务,加上政府政策的支持与肯定,使职业教育作为一种正式的教育形式在全国蓬勃地发展起来。截至1926年5月,全国职业学校的种类及数量如表1.1所示。

表1.1 1926年全国职业学校的种类统计表①

校别	专教农上商家事	职业传习所及讲习所	中学附设职业科	小学附设职业预备科	大学及专门设职业专修科	职业补习学校及补习科	职业教育养成机关	实业机关附设职业学校	慈善或感化性质之职业教育机关	军队附设之职业教育机关	总计
校数	846	196	57	37	113	99	8	24	132	6	1 512

由表1.1可以看出,这个阶段的职业教育学校在质量上或是层次上都有了较大的发展。应用型人才培养的层次也逐步提高。

进入现代社会,尤其是改革开放以来,市场经济的发展和知识经济时代的到来,对我国产业结构调整产生了巨大的冲击,急需一批一毕业就能够直接从事一线技术应用及生产开发的高层次应用型人才,原有的高等教育规模与形式,已经不能够满足社会对于高等教育多样化的需求。为了缓和这种人才的供需矛盾,"高等教育地方化"的概念被明确提出,中央和各地政府大力倡导地方高校的兴建,积极出台支持政策,一批新型本科院校兴办起来,成为我国普通高等教育发展的新模式。这批院校基本由专科合并升格而来,学术基础薄弱,但有较好的地方行业根基,实践资源丰富,大多将发展应用型本科教育作为自己的机遇和生长点。因此,有别于传统高校的应用型本科教育。

1. 应用型本科教育的发展是高等教育整体发展的必然

以江苏省为例,1949年中华人民共和国成立,当时江苏省仅有高等学校16所,在校学生0.7万人;至2008年,普通高等学校和成人高校发展至133所,高等教育毛入学率增至38%(图1.1为1949—2008年普通高校在校学生数,摘自2008年江苏省国民经济和社

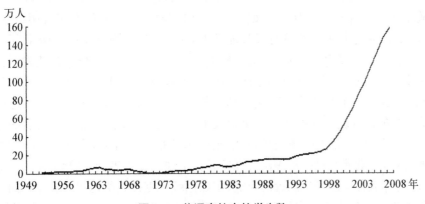

图1.1 普通高校在校学生数

① 舒新城.近代中国教育思想史[M].瞿葆奎,郑金洲主编.二十世纪中国教育名著丛编[C].2007:159.

会发展统计公报）。

而根据江苏省 2009 年国民经济和社会发展统计公报数据显示，截止到 2009 年，我省高等教育毛入学率已达 40％。招生规模逐年扩大，高等教育日益普及。在高等教育整体稳步前进的大环境下，应用型本科院校必然会迎来其发展的新契机。

2. 应用型本科教育的发展是社会与行业发展的客观需求

当今社会对人才素质的要求集中表现在三个方面，即"有敬业精神"、"有实际工作经验"、"受教育程度高"。企业普遍重视人才的综合技能，对于应用型人才的需求远大于基础学科人才。同时，社会转型和传统产业的改造升级，一些传统的专业逐渐受到冷落，而一些适应时代经济和社会发展需要的产业和行业兴起，与之相应的人才需求增大。应用型本科教育能够根据行业和岗位群所需要的技术逻辑体系或专业能力逻辑体系来构建知识体系，其培养应用型高技能人才的目标，与社会发展需求具有很高的契合度，必然会有很好的发展前景。

3. 应用型本科教育的发展是高等教育大众化、普及化的必经之路

应用型本科教育的产生是高等教育由"精英化"向"大众化"转化的必然结果。根据美国学者马丁·特罗教授的高等教育发展阶段理论，他以教育社会功能的发展及演变为依据，将高等教育分为精英化高等教育、大众化高等教育以及普及化高等教育三个阶段。

所谓的精英教育，带有强烈的学术取向，提倡学术型大学、研究型大学的建立，强调大学就是文化学习、科学研究的中心，大学的目的是培养"学术精英"和"社会英才"。这一观点从根本上影响和塑造了现代高等教育的整体面貌。

而随着经济的发展，教育受众面的扩大，高等教育开始逐步走下学术的"神坛"，步入大众化时期，也就意味着适龄人群的大学毛入学率达到 15％以上。而让占社会适龄入学人口 15％的人都去从事学术研究，显然是一件不可能的事情。这个时期，高等教育更多地要求与行业、职业接轨。使学生能够掌握一门生存的技巧，掌握适应一个职业岗位所需要的技能，成为所有适龄入学人员打开职业大门的一块敲门砖。

在 2010 年出台的《国家中长期教育改革和发展规划纲要（2010—2020 年）》（简称《纲要》）明确指出了本科教育应当注重知行统一，坚持与生产劳动、社会实践相结合，重视应用型人才、复合型人才、技术性人才及技能性人才的培养。《纲要》的出台承认了应用型本科教育在未来中国高等教育发展中的主体地位，为应用型本科高校的快速发展提供了有利的政策支持。《纲要》当中还提出了两个战略目标，一个是到 2020 年我国高等教育毛入学率达到 40％，另一个是高等教育在学总规模到 2020 年达到 3 550 万人。这些数字表明：一是我国的高等教育即将从大众化阶段步入普及化阶段；第二是普及后的高等教育系统更具备竞争性，更需要优质资源，更需要对形势把握的准确，这样的高校才能具备生存发展的优势，否则就有可能被淘汰。高等教育出现普及趋势，大量学生涌入高等教育领域，势必对高等教育体制产生深远的影响，正如伯顿·克拉克所说："日益深化的劳动分工在相当大的程度上依靠更加多样和开放的高等教育系统"[①]。也就是大众化教育阶段，高等教育培养目标的多样化，对高等教育的结构、体制、课程设置、教学内容、服务面向领域

---

① 伯顿·克拉克.高等教育新论——多学科的研究[M].杭州：浙江教育出版社，2001：267.

等,都产生了不同于精英教育的"理论性、学术型"要求,这种不同要求促使了一种新型的本科教育类型的产生。

(三)应用型本科教育的基本内涵

应用型本科教育概念的提出,欧美始见于20世纪六七十年代,我国则在20世纪90年代末,是指以应用为主线,以能力培养为核心,面向生产、建设、管理、服务等第一线岗位,将学历教育与职业教育有机结合,以培养能够直接从事解决实际问题的高级应用型专业技术人才为目标的一类教育。

1. "应用为本"的教育理念与定位

传统本科教育所秉承的"人才培养观"是一种"精英主义教育观",它将受教育者视作人类历史文明传承和知识发展的接受者、传播者和发明创造者,这种教育理念是德国古典主义人文教育观在传播人才培养观念方面的体现与延展,在这种教育理念下产生的高等学校培养的是学术性、理论性较强的研究型人才,是社会的精英分子,与社会生活实践是截然分开的。

而应用型本科教育所秉承的人才培养理念与之截然相反,是一种为"人类未来职业生涯做准备"的教育,意味着教育承担着培养人类生存能力的责任,体现着实用主义、人本主义的观点。在这种教育理念指导下成长起来的应用型本科院校它所实施的教育是企业能够参与进来的,以社会需求为导向的,以培养学生学业水平与职业能力为统一目标的,强调学生不仅能够达到一定的学业标准,同时掌握技术实施、创新、再开发的能力。

2. 体现"职业元素"学科专业结构体系

传统学科专业结构的搭建,以"知识"为导向,更注重理论知识的灌输,强调知识传承的系统性和完整性,而忽视了社会和行业对人才职业素养和实际操作能力形成方面的要求,必然对受教育者职业能力的养成产生影响,导致学校人才培养与就业市场的脱节。

而应用型本科高校则以"学历"和"职业"为核心整合学科专业结构,形成行业针对性强的学科专业结构体系。在开展理论教学的基础上着重突出"能力为本"的实践教学,注重强化学生职业岗位(岗位群)能力素养的形成,在遵循学科和知识内在联系规律的基础上,根据岗位需求、职业标准等"职业元素"灵活设置专业和课程,不仅关注"进口",更看重"出口",突出了本科教育的"职业性"及工程应用特色,培养学生独立解决问题的能力。

3. 强化"能力本位"的实践教学体系①

传统本科教育受重理论、轻实践观念的束缚,与实践教学各环节配套的课程体系、教材、教学方法改革,包括师资的配备没有完全跟上,部分教师对实践教学的认识不到位,把实验课开设、毕业实习、论文撰写或毕业设计仅作为教学任务来完成,而没有从培养学生能力的高度来精心组织和指导。在实验教学中,存在着综合性、设计性实验偏少,实验设备使用率较低,实验室开放程度不高,校外实习基地尤其是产学研合作基地数量偏少等问题。这些都影响了学生理论素质的提升和实践技能的养成。

而实践能力的培养是应用型本科教育的灵魂,是应用型本科院校区别于老高校,形成

---

① "3. 强化'能力本位'的实践教学体系"内容来源于2009年金陵科技学院第三次教学工作会"三、加强实践教学工作的主要任务和措施"中"(二)科学构建和完善'能力本位'的实践教学体系"。

自身特色和优势的重要手段。应用型本科高校应"以能力为根本",构建并完善"能力本位"的"3344"实践教学体系。

(1) 对能力构成的认识：知识以科学为主,能力以实践为主。实践教学是应用型高校培养学生专业能力十分重要的教学环节。提出"以能力为根本",就是在注重知识传承的同时,特别强调学生探索精神、科学思维、实践能力、创新能力、社会适应能力的培养。

应用型本科实践能力构成主要包括四个部分：

基本实践能力：主要指学生的专业基本知识和基本技能以及计算机和英语应用能力。

专业实践能力：主要指学生利用所学的专业知识和技能发现和解决工作中实际问题的能力。

研究创新能力：主要指学生运用所学的理论和实践知识发现和解决工程或社会实际问题的能力。

就业创业和社会适应能力：是指学生在进行创业、创新活动以及其他社会活动中所表现出来的能力,包括创业想象能力、创业性思维能力,有效处理与周围环境关系的能力等。

上述四种能力组成了一个贯穿学生学习全过程,既层次分明,又相互渗透;既与理论教学紧密结合,又相对独立,形成以基本实践能力培养为基础,以专业实践能力提高为主线,以研究创新和社会适应能力形成为目标的四层次实践能力构成体系。

(2) 实践教学的内容体系：实践教学内容是实践教学体系中最核心的部分,实践教学的内容体系的构建要充分体现"能力本位"的思想。与上述实践能力构成相适应,实践教学内容体系由基础性实践课程、专业性实践课程、研究创新性实践课程、社会实践课程四个子系统组成,要通过合理配置,循序渐进地安排各门课程的实践教学内容,将课程教学的目标和任务落实到各个具体的实践教学环节中,让学生在实践教学中掌握必备的、完整的、系统的技能和技术,达到各专业具体的实践能力标准。

基础性实践课程是针对基础理论课和专业基础理论课的实验环节,主要包括基础实验课、专业基础实验课和认知实习等。

专业性(综合性)实践课程是针对专业必修课和专业选修课开展的实践环节,主要包括专业实验课(含独立设课实验课程和非独立设课实验课程)、学年论文、课程设计、生产实习等课程。

研究创新性实践课程主要包括毕业实习、毕业论文或毕业设计、学科竞赛,科研活动或科研训练。

社会实践课程是学生按照学校培养目标的要求,参与社会政治、经济、文化生活的教育活动,主要包括公益活动、军事训练、社会服务、社会调查等内容以及为学生就业和创业提供支持的相关课程。

(3) 实践教学管理体系：实践教学涉及面广,具有多重目标,过程纷繁复杂,需要协调校内外多层关系,其管理工作难度较理论教学大得多,其体系也要相对复杂一些。教学管理体系包括管理机构和人员的配备,有关规章制度的建立与健全,各类实践教学的质量标准和评价指标体系的制定和先进的管理手段应用等。

（4）教学条件支撑体系：既要有一定水平的硬件条件，又要有相适宜的软件条件。当前，条件体系的建设尤其成为实践教学效果的重要决定性要素。包括实践教学的专、兼职教师的配备；基础实验室、专业实验室的建设；教学仪器设备配置；校内外实习基地的建设以及良好的生活和学习环境的建设等。

（5）实践教学的评价体系：要从实践教学管理、实践教学建设与实践教学改革以及教学效果等方面探索新的实践教学考核评价体系，建立各主要实践教学环节的评价标准。

应用型本科高校应积极更新实践教学观念、深化实践教学改革、创新实践教学机制与人才培养模式，在实践教学中强调基本实践能力、专业实践能力、研究创新能力、就业创业和社会适应能力等四个层次能力的培养；在人才培养方案中设置基础实践课程、专业性实践课程、研究创新性实践课程、社会实践课程等四种教学组织形式；形成实验教学（含独立设课实验教学和非独立设课实验教学）、实习教学（认知实习、生产实习、专业实习等）、课程设计、毕业设计（论文）、毕业综合实习、社会实践等等环节共同组成的实践教学单元；加大课内实践教学环节学分数占专业课内总学分数的比例，人文社科类专业不低于20％，理工农类专业比例不低于30％，进一步凸显实践教学在人才培养工作中的重要性。同时积极指导各专业从校内实践和企业培养两方面构建学生实践能力培养保障机制，利用实验室开放项目、参与教师科研工作、参与企业项目和课题研究等方式培养学生研究与探索的精神；推行"双证制"，将"获取一种职业资格证书"的要求明确写入人才培养方案，并设置配套课程，鼓励毕业生获得学历证书和职业资格证书，以强化其职业意识，提高学生职业素养和创新创业能力。

二、应用型本科教学人才培养目标与模式构建

（一）应用型本科教学的人才培养目标

所谓人才培养目标即培养者对所要培养的人才的质量和规格所作出的总的规定，它既是全面贯彻党的教育方针、落实学校办学指导思想的总体要求，又是设计人才培养方案及其课程体系、实践人才培养过程的具体要求。应用型本科教育作为一种既区别于传统学术型本科教育，又不同于低层次的高职高专水平的本科教育，其人才培养目的是培养高级应用型本科人才。在2001年教育部高教司组织的"应用型本科人才培养模式研讨会上"，不少专家认为"应用型本科不是低层次的高等教育，它的培养目标是面对现代社会的高新技术产业，在工业、工程领域的生产、建设、管理、服务等基层岗位，直接从事解决实际问题、维持工作正常运行的高等技术型人才。这种人才既掌握某一技术学科的基本知识和基本技能，同时也包含在技术应用中不可缺少的非技术知识，他们最大的特点是具有较强的技术思维能力，擅长技术的应用，能够解决生产实际中的具体技术问题，他们是现代技术的应用者、实施者和实现者"。

应用型本科教学人才培养目标的确立，一方面应当体现我国高等教育的总体要求，即培养出来的学生应当达到高等教育的学业标准；另一方面也应当体现自身的特殊性，即培养出来的人必须具备较强的工程实践能力，能够为"人类未来的职业生涯做准备"，实现学历与职业相结合、学习与实际生产相结合，实现学校与行业的互通，使学生能够运用所学知识在生产实践中解决具体问题，培养其自主学习的能力，增强其岗位适应性，为社会培

养"现代技术的应用者、实施者和实现者",实现教育为职业打基础的理念。

(二)应用型本科教学的人才培养模式的构建

人才培养目标制约着人才培养模式的发展,有什么样的培养目标,就有什么样的人才培养模式。1998年3月,周远清副部长在第一次全国普通高等学校教学工作会议上,首次对"人才培养模式"的内涵进行了界定,指出"所谓人才培养模式,实际上就是人才的培养目标、培养规格和基本培养方式,它决定着高等学校所培养人才的根本特征,集中体现了高等教育的教育思想和教育观念"①。随着高等教育的多样化发展需求,人才培养模式也应努力实现其多样化,正如教育部所强调的"我国社会职业技术岗位的分工不同,行业和地区之间存在着复杂的不平衡性,以及高等学校办学基础、办学条件的差异,决定了人才需求的多层次、多类型、多规格,决定了不同学校承担着不同的人才培养任务。因此,要求高等学校根据国家的教育方针和政策,根据社会的实际需要和自身条件,确定办学层次和类型,自主确定人才培养模式,努力培养出受社会欢迎、有特色、高质量的人才,创出学校的声誉和特色。"在高等教育大众化发展历程中,我国一直在进行人才培养模式多样化的改革探索,应用型本科院校应当以国家中长期教育改革和发展规划纲要为指导,紧扣"人才"为根本、"质量"为生命、"就业"为导向三个基本点,积极转变传统的人才培养观念,打破传统教育的框架,以"创新"为核心,结合应用型本科院校面向地方经济社会发展的需要,从培养模式的改革入手,对应用型本科人才培养模式的构建进行整体研究、探索与实践。积极构建以产学研为主要特征的多元化、多样式人才培养模式。

1. 强调"能力"为主线,合理设置课程,实现高等学历教育与职业素能教育的有机结合

应用型本科教学应强调"应用"为主线,将"学历"和"职业"作为核心,整合优化课程体系,形成"理论教学"、"实践教学"及"综合素质拓展"三大课程体系。各专业科学构建课程平台,模块化设置课程,体现学历教育的系统性;注重体现行业技术发展和职业岗位(岗位群)能力要求,突出教育的岗位针对性;同时,对培养方案中各课程教学环节以选必修要求,提高实践课程比例,增加综合素质拓展课程,丰富选修课资源,保证本科专业人才培养目标刚性需求和学生个人发展柔性需求有机结合,充分发挥学生的积极性、主动性和创造性,促进学生向多规格、多层次方向发展。

2. 突出"两个导向","专业链"逐步融入"产业链",实现"产学融合"

较高的就业率是应用型本科院校的特征和核心竞争力之一。应用型本科院校应坚持以"区域经济社会需求"和"就业"为导向,积极开展地方市场的人才需求情况调研,以培养学生的可持续就业能力,实现高质量就业为最终培养目标,不断调整专业课程结构,建立完善的课程体系,在优化应用型本科教育人才培养方案过程中,依据职业素能要求确定人才培养规格,积极推行"双师"、"双证"制度;根据产业发展新趋势和新领域灵活设置专业方向,拓展学生新的就业渠道;针对职业岗位要求的知识、能力特征设置相应的专业课程,以提高学生的职业岗位适应能力。将专业设计主动融入地方产业发展,实现"产学融合"以适应不断发展的地方产业对人才的多样化需求。

---

① 教育部高等教育司.深化教学改革,培养适应21世纪需要的高质量人才[M].北京:高等教育出版社,1998:43.

3. 坚持"三个原则"①,强调学生个性化发展

在应用型本科教学的人才培养模式构建过程中,应充分考虑学生来源及培养目标的不同理论知识以"广"取胜,在深度上要有所减弱,部分理论知识分解到有关实践中去;公共基础课平台按模块设置,高等数学、大学英语等课程均应针对不同专业、不同生源类型开设不同层次的课程;鼓励学生按自己的兴趣、特长自主选择专业方向、灵活选修课程;充分发挥第二课堂的作用,鼓励学生参与各类社会活动、学科竞赛、专利发明以及教师的科研活动等。增强学生创新意识和实践能力的培养,促进学生个性发展,鼓励人才冒尖,强调学生个性培养。具体应当坚持的三个原则有:

(1)能力核心原则。完善与"基本实践能力、专业实践能力、就业创业和社会适应能力"四层次实践能力相适应的实践教学课程体系,适当削减专业理论课程及教学时数,加强实践教学课程及教学时数,增加独立设课的实践教学课程,原则上理工农科类专业独立设置的实验课程不低于含实验的课程总门数的 20%。

(2)个性发展原则。构建由通识教育、专业教育、素质拓展教育所组成的知识体系,在保证通识教育基础的同时,拓宽课程口径,扩大交叉性学科专业课程;减少必修课程,增加选修课程;开设各类与自身专业特色发展相吻合的与学生全面发展相适应的个性化课程。鼓励学生自主选择专业方向、自主选修课程。鼓励学院根据不同的人才培养模式制定相应的人才培养方案。

(3)开放创新原则。鼓励专业改革与人才培养模式的创新,打破学院、学科、专业壁垒,逐步建立起面向全校学生开放的课程体系。课程设置上注意突出"应用性",体现"职业性",增强"时代性",鼓励开设综合性课程、研究性课程和创新性课程。建立专业核心课程或课程群建设制度,鼓励按专业类设置核心课程(群),以专业类为平台加强协同开发,促进课程的开放共享。注重将创业创新教育内容融入人才培养的全过程。课程更新、课程教学内容的更新比例原则上应该达到 15% 以上。

4. 彰显"十化要求"②,办出自身特色

人才培养模式的设计与创新是一个系统工程,也是一个实践探索的过程,涉及学科专业的发展、课程的设置等诸多问题,在具体实施过程中应遵守以下 10 点要求。

(1)专业建设的"行业化"。应用型本科院校的专业设置和建设应当具备应用型的特色,这些直接关系到应用型本科院校的办学方向和办学质量。作为应用型本科院校不应一味追求学科知识体系的完整性与系统性,而是应该适应区域经济社会快速发展与技术创新的要求,根据行业发展的最新要求构建知识体系,即以行业所要求的专业技术应用能力为主线进行专业的建设。

(2)学科建设的"应用化"。学科建设水平是衡量高校综合竞争力的重要标志。应用型本科院校的学科建设,要紧紧围绕培养"高级应用型本科人才"和服务地方经济社会发展的中心任务去抓。即根据国家经济结构战略性调整和区域社会经济建设的需要发展应

---

① "三个原则"出自《金陵科技学院关于修订 2013 级本科专业人才培养方案的指导意见》。
② "十化"部分引自冯年华. 深化教学改革,构建具有"十化"特点的高级应用型本科人才培养体系[J]. 金陵科技学院学报,2011:3.

用性学科和应用性科学研究,以应用性学科的发展来支撑应用型专业的建设。

(3) 课程设置的"模块化"。人才培养目标的落实关键在课程。贯穿应用型本科教育的主线是专业技术应用能力的培养。这种专业技术也正是行业发展的所需要的技术,这种能力是各行各业人才的必备能力。这就要求打破传统的学科本位课程体系的束缚,根据行业发展的最新要求构建专业教育的知识体系,按照职业岗位或岗位群的知识能力和实践能力,灵活设计各专业的模块化课程体系。应用型本科院校在课程设置时应秉承"需求导向、能力为本、知行统一、重在创新"的人才培养理念,按照专业岗位或岗位群的知识能力和实践能力,灵活设计各专业方向的模块化课程体系,各模块既自成一体,相对独立又层层递进、环环相扣,实现课程设置与行业发展的要求相适应,与不同专业技术能力的培养相吻合。

(4) 教学内容的"现代化"。培养具有"实践性"、"创新性"应用型人才,需要不断深化教学内容的改革。一是要根据科技进步和社会经济发展的实际及时调整课程设置,更新教学内容,缩短学生所学与企业实际生产所用的距离,体现教学内容的时代性。二是将创业创新教育融入专业教学内容中,体现教学内容的现代性。要重视对大学生创业过程的基本知识和基本技能的培养,使学生掌握创业的基本理论与基本方法,了解当前的创业环境,懂得创业项目的选择、创业企业融资、创业企业登记注册、创业企业营销管理等基本知识和方法,熟悉几种典型的创业模式及其运作。更重要的是要培养大学生创业创新应该具备的坚定创业信念、风险意识、内在控制、主动性、创新意识、创业精神等心理品质和内在素质。三是在基本知识、基础理论和专业理论的教学中既要体现适度,更要为学生的终身学习和可持续发展打牢基础,体现教学内容的可持续性。这就要求进一步优化课程结构,精选理论课教学内容,既要改变传统的重视理论教学轻视实践教学的模式,又不能忽视理论教学,片面地把大学课堂变成狭窄的职业技能的训练场,而要从应用型本科人才所应当具备的专业知识、专业核心能力和基本的职业素能方面,建构符合人才培养目标要求的理论教学体系,为应用型本科人才的持续发展打下扎实的理论基础。四是将最新研究成果和教学内容相结合,体现教学内容先进性。这就要求在教学内容的选择上要重视与最新科研成果的结合,重视新理论、新知识和新方法在课堂上的应用,充实完善教学内容,弥补现有教材内容的不足。特别是要将教师自己的研究成果,以案例教学的形式,融合到实际的课程教学内容中去,使学生在实际的学习过程中,其分析、综合、抽象、概括、判断和推理的逻辑思维能力即创新思维能力得到不断的提高。

(5) 实践教学的"系统化"。"能力本位"课程体系的核心是围绕着实践能力的培养匹配相应的实践课程体系。应用型本科实践能力构成主要包括四个部分:基本实践能力(主要指学生的专业基本知识和基本技能以及计算机和英语应用能力);专业实践能力(主要指学生利用所学的专业知识和技能发现和解决工作中实际问题的能力);研究创新能力(主要指学生运用所学的理论和实践知识发现和解决工程或社会实际问题的能力);创业和社会适应能力(是指学生在进行创业、创新活动以及其他社会活动中所表现出来的能力)。这四种能力组成了一个贯穿学生学习全过程,既层次分明,又相互渗透;既与理论教学紧密结合,又相对独立,形成以基本实践能力培养为基础,以专业实践能力提高为主线,以研究创新和社会适应能力形成为目标的四层次实践能力构成体系。与上述实践能力构成相适应,实践教学体系由基础性实践课程、专业性实践课程、研究创新性实践课程、社会实践课程四个子系统组成,要通过合理配置,循序渐进地安排各门课程的实践教学内容,将课程教学的目标和任务落实到各个具体的实践教学环节中,让学生在实践教学中掌握必备的、完整的、系统的技能和技术,达到各专业具体的实践能力标准。

(6) 产学研合作的"多元化"。合作教育是高级应用型人才培养的必经之路。让学生到业界的实际环境中感受、认识、理解和实训,是应用型本科区别传统本科教育的重要特点。这就要求我们要打破学校的边界、专业的边界、课程的边界、课堂的边界、教师求属的边界,依据政府、高校、企业、科研机构及社会其他子系统各方需求,寻求价值取向的结合点和利益的结合域,通过学校主动、政府牵动、企业随动、社会互动,形成"政—学、学—研、产—学"二元系统,"政—学—产、政—学—研、学—产—研"三元系统以及"政—学—产—研"四元系统等"多元化"的合作模式,在更深的层次上实现政产学研合作目标的彰显,合作方式的融合、合作类型的多元。通过合作,既可建设体现行业发展的真实实践教学环境,又可以在学生就业、科学研究、社会服务等方面形成高校与业界的相互支持、双向介入、优势互补、资源共享,形成资源共建、全程参与、互利共赢的高等教育新模式。

合作教育的另一个重要方面是利用高等教育国际化的趋势,与境外大学包括港澳台地区大学、国外大学等建立学生交流制度,双方本着互利原则,相互承认学历、学分,并根据不同专业特点每年选派部分优秀学生到对方院校参加企业实习、课程学习或进行毕业设计等等。

(7) 教师教学的"研究化"。培养学生的创新意识和创新能力,教师教学是关键。传统教学论将课程视为规范性的教学内容,课程实施是教师对静态课程的复制过程。长期以来,教师形成了被动、消极执行既定课程计划以及按计划培养学生的心理定式和教学习惯。推行研究性教学就是要让教师从知识的传授者、学习内容的垄断者转变成学生学习的促进者、组织者、指导者和评价者。在应用型本科高校中推进研究性教学,首先要消除对研究性教学的两种错误认识:一是"研究性教学"是研究性大学做的事;二是"研究性教学"就是让学生参加一些教师的科研项目、各种学科竞赛活动和一些大学生科研项目。这两种认识都对研究性教学的内涵认识不够全面。研究性教学应当成为今后学校培养实践性、创新性人才的一种新的教学理念和教学模式,它强调教学活动以学生为主体,通过专题教学、项目驱动、师生互动、案例教学等方法,将课内讲授与课外实践、教师引导与学生自学、教材内容与课外阅读有机结合,达到教与学的完整、和谐与统一。运用得当的研究性教学能够极大地引起学生的学习兴趣,拓宽学生的视野,从而促使学生对知识进行比较深入的探究,促进他们创新意识和创新能力的提高。

(8) 师资队伍的"双师化"。应用型本科高校人才培养的定位决定了学校与区域经济、行业经济有着极其广泛而紧密的联系,这种联系的重要"纽带"就是"双师型"教师。要深入开展适应高级应用型人才培养所需的师资队伍结构、素质与能力研究,积极建构"双师型"教师队伍和素质结构,以培养和引进应用技术能力强、具有丰富实践经验和扎实理论功底的"双师型"人才为重点,深化人事制度改革:一要制定"双师型"教师的认定标准。通常一个合格的"双师型"教师,既要具备作为高校教师所应当具备的综合素质,又要具备专业理论课的教育教学能力、教学科研和课程开发建设能力以及专业技能训练的指导能力。即能够从事专业理论课和专业实践课的教学。二要打破传统行政编制隶属关系的制约,大力引进科研能力、管理能力较强的企业专业技术人员和管理干部充实到教师队伍中来,稳定和扩大"双师型"师资队伍。三要制定能够促进"双师型"教师成长的评价和激励机制,在出国培训、进修、课时津贴标准、职称评聘、教师管理等方面给予一定的倾斜,从政策层面鼓励教师特别是青年教师面向行业、企业和职业实践开展科研,提高其到工矿企业、科研单位挂职锻炼或定期到各实训基地参加实践的积极性。

(9) 就业指导的"全程化"。就业是人才培养模式改革的最终落脚点,没有高质量的就业,任何一种形式的培养模式都是不切实际的。创业是更高层次的就业,将就业指导和创业教育贯穿培养过程的始终,是应用型本科人才培养的必然要求。就业教育的全程化就是结合大学生在校期间的职业发展需求,针对不同阶段学生的特点和不同的职业目标有计划、分阶段、分层次、多形式进行系统、科学和规范的就业指导与教育,不能当作阶段性、突击性的工作,不能只是简单的就业技巧指导和就业信息的服务,要关注学生的全面发展和终身发展。通过激发大学生职业生涯发展的自主意识,树立正确的就业观,促使大学生理性地规划自身未来的发展,并努力在学习过程中自觉地提高就业能力和生涯管理能力。

应用型本科教育要把"主要培养创业技能与主动精神",使毕业生"愈来愈不再仅仅是求职者,而首先将成为工作岗位的创造者",作为人才培养的重要目标,这就要求我们重视改变传统的"被动消耗社会职位"就业教育理念,把"自行创造就业岗位"的创业教育理念全面贯彻于学校的各项教育活动过程中,尤其应当全面融入专业教育课程体系中,使专业教育充分渗透创业教育理念,通过专业教育实施创业教育,让专业教师和就业创业指导教师共同担负起创业教育的重任。

(10) 培养人才的"职业化"。21 世纪是一个崭新的职业化时代,职业化已经成为 21 世纪一个国家、组织和个人的核心竞争力。应用型本科教育应该着眼于夯实学生在全球化与信息化背景下的职业素质储备,培养和提升学生的职业化(专业化)持续发展能力,帮助学生更好更快地完成向现代职业人的角色转变。一个具有高专业能力的人能否真正成为高价值人才,这在很大程度上取决于他的职业化素质。一个人的职业化素质既可以弥补其在专业能力上的不足,也可以缩小其在专业能力上的优势,更可以决定他是否能成为企业欢迎的高价值人才。所以我们要高度重视应用型人才的职业化素质的培养,从知识技能、形象礼仪、行为习惯三个显性素质和职业观念、职业精神、职业心态、职业道德四个隐性素质方面,引导学生进行职业化素质的修炼,全面提升学生的综合素质,培养学生的终身职业发展能力,为现代企业培养既具有良好的专业能力,更具有理性和激情的现代职业人。

三、应用型本科教学人才的基本特点

应用型人才从本质上而言,是指具备一定的创新意识、革新能力,基础知识扎实,专业技能突出,能够适应并促进行业的发展,并能在实践过程中不断提升和完善自我职业生涯的一类人才。

在早期的教学计划当中,很多学校对人才培养提出了"厚基础、宽口径"的要求,这里的"宽"、"厚"都是对学生所要具备的知识提出了"博"、"通"的要求,也就是要求学生掌握较为全面的基础知识,形成一定的理论素养,这种通识教育基础上的宽口径专业教育,是国内外高水平大学人才培养的通行模式,它按照学科和专业构建专业知识基础和能力结构,注重学科交叉及拓展专业面向,课程的综合性强,体现的是本科教育的基础性,强调自然科学、社会科学和人文科学教育对人才素养、潜质的形成与发展的重要作用,强调一种学术型的"通才"、"全才"的培养。

而所谓的"专才"更多的是要求学生具备某一方面实际操作的能力。在很长一段时间内,这种"专才"的概念被狭义化,指具有单一的知识和职业适应性的人才,由专科院校进行培养,层次较低,也没有可持续发展的能力。

而我们这里所说的应用型本科人才,显然不是通识教育所指的"全才",也不是狭义的"专才"教育所培养的只具备单一知识与职业适应性的人才。他不仅要专业突出("专"),是某一行业领域的"专才",更要有良好的素养("博"),最重要的是应当具备"创新"精神("新")。

因此,关于应用型本科人才的基本特点①,我们可以从以下几个方面进行阐述:

首先应用型本科人才是服务于生产第一线的高级专门人才,是设备或技术负责人,是未来的工段长或车间的技术主管等,而非某一岗位的熟练工,因而必须为其在品行、综合素质和能力的养成方面打牢基础。

其次应用型本科人才既要掌握扎实的理论知识,更应具备解决生产现场实际问题的能力。所谓的"应用性"它不只是继承性的应用,更是创造性的应用;不仅是对现有知识、技术、方法的应用,而是具备一种通过不断地学习新知识、新技术、新方法,创造性地分析新情况,解决新问题的能力;说到底,应用型本科人才的"应用性"是基于实践基础上的创新,是人才培养的"实践性"和"创新性"的高度统一。

其三世界上很多国家都在采取不同的方式来强化高等教育的职业性办学方向,树立为社会各行各业培养从业人员的职业教育观念。为学生的职业做好准备,为学生毕业后的就业、创业、创新做准备,已经成为是应用型本科教育的基本要求。"职业性"是应用型本科教育立足的根基。应用型本科人才的职业性是指学生具备了某一特定职业(岗位)或职业群(岗位群)所需的实际工作能力(包括专业知识和职业能力)和良好的职业素养。

其四应用型本科人才不仅应当掌握能够解决本岗位技术问题的能力和素质,还应该具有较强的社会能力,包括创业能力、创新能力、语言表达能力、组织协调能力、社会公关能力等,其中最重要的是要具有适应职业提升的能力,以实现职业生涯的可持续发展。

---

① 关于"应用型本科人才基本特点"的阐述部分引自冯年华.深化教学改革,构建具有"十化"特点的高级应用型本科人才培养体系[J].金陵科技学院学报,2011;3.

第二章　应用型本科教育实践教学的基本理论

　　高校的教学活动一般由理论教学与实践教学两个部分组成,理论教学侧重于对理论知识的讲解、传授,内容是已有的成熟的知识、经验、规律等等,理论教学开展的方式也以课内教学为主。实践教学是由作为教学主体的教师与学生针对教学客体根据认识的本质和规律、实践的特点和作用以及教学的目的和要求而进行的实践教学过程。实践教学活动可以是课内、课外,形式多样,但是其核心是要求学生自己去动手实践。高等教育是一个人才培养的综合过程,理论教学和实践教学共同构成了一个不可分割的整体,在其中实践教学贯穿整个教育的全过程,每个实践教学环节既具备相对独立性,又紧密结合,两者相互交织,将实践教学环节与理论教学环节结合起来,从而使本科教学内容体系服务于人才培养目标。

　　应用型本科教育是一种新型的高等教育类型,它以应用为主线,以能力为核心,将学历教育和职业素能教育有机结合,以培养高级技术应用型专门人才为培养目标的本科教育。应用型人才培养目标要求构建符合需要的课程体系,由三大课程体系——理论课程、实践课程、综合素质拓展课程形成"加强基础、优化结构、精选内容、扩大选修、突出个性、重视实践、形成特色"的课程体系,全方位服务于人才培养目标。三大课程体系中,实践教学将始终贯穿于其中,在应用型人才培养中起着重要作用。

　　实践教学的主体是从事实践教学的教师[①]。由于教学活动的特殊性,在实践教学活动中,一方面,教师是实践教学的组织者、承担者,在整个过程中贯彻着教师的教学目的和意识,体现着教师的主观意图,学生是教师教学实施的对象。因此,教师是主体,学生是客体;另一方面,学生又是实践教学活动的参与者,在参与过程中,既有认知(实验)的对象,又有实际的改造(生产)对象,从学习认知过程的角度来说,学生是主体。因此,加强实践教学就提升了学生在教学中的主体地位。从整体上讲,在实践教学过程中学生是客体,是实践教学培养的对象,是实践教学的主体教师的目的、理念、思想、知识作用的对象。综上所述,由于实践教学活动本身的特殊性,实践教学的客体也呈现出双重性。一方面,学生作为受教育者,是实践教学的作用对象,是相对于教师这个主体的客体;另一方面,学生又成为实践教学中的认知者、改造者,是主体,被认知和改造的对象是客体,如实验材料和生

---

①　刘明贵.实践教学在应用型本科高校人才培养中的地位和作用[J].高等农业教育,2010:2.

产实习中的劳动对象等。

实践教学的目的就是人才培养目标。在实践教学过程中,具体贯彻和实施培养目标的是实践教学的教师。教师这一主体,根据自己对学校培养目标的理解和把握,结合自己的教学实际,将培养目标具体化、细化到实践教学环节中,用特定的实践教学手段,使客体学生发生符合自己目的的变化,或增进和巩固知识,或提高其知识应用能力。学习目标和培养目标之间有一定的差异,但从总体上讲,实践教学的培养目标和学习目标二者是一致的,也只有这种一致,才能实现教学的最大效能。

实践教学的手段是多样的。实践教学的实施手段是教学主体作用于客体的中介,将主体的意图和作用力传导给实践的客体,促使客体发生符合教学目的的变化。在实践教学过程中,手段的含义是宽泛的,既包括实践教学的工具,如实验设备仪器、生产工具等等,也包括实践教学的采用的各类方式、方法,还包括实践教学的场所、环境,如实践厂房、车间、场馆、实验室、研究室等。

实践教学的结果是实践教学目标的客观体现。实践教学的结果最直接的表现,就是实践教学的质量,最终落脚到人才培养的质量上。一般本科教育实践教学的基本形式有实验、实习实训、毕业论文(设计)、实践技能训练、社会实践活动、课外实践活动、科技创新活动等,随着经济社会发展和教育改革的深化,大学实践教学的形式必将越来越丰富。

应用型本科教育将学历教育与职业素能教育有机结合,以培养在生产、建设、管理、服务等第一线岗位,直接从事解决实际问题、维持工作正常运行的高级技术应用型人才为目标的新型的本科教育[①],因此还要重视学生的职业能力和创新能力的培养,提出全程化的教学理念,即在大学阶段的一、二年级,就应该对学生加强基本的实践教育,将实践教育全程结合到教学过程中去,鼓励学生参加各类创业创新的活动中去,增强学生的实践能力。

第一节　实践教学在应用型人才培养中的作用

一、应用型本科学校实践教学的特点

应用型人才培养的实践教学是一个长期的、系统的、综合的、科学的人才培养过程,是培养学生基本实践能力、专业实践能力、研究创新能力、创业与社会适应能力的综合过程。其具有以下特点[②③]:

(1)长期性。实践教学贯穿本科教育活动的全过程,每个学期都有具体的实践教学内容,尽管每项实践教学的时间长短不一,或课内或单独设立实践课程,但是实践的教学活动是贯穿整个长期的,贯穿整个学习过程。

---

① 冯年华.深化教学改革,构建具有"十化"特点的高级应用型本科人才培养体系[J].金陵科技学院学报(社会科学版).2011(01).

② 冯年华.深化教学改革,构建具有"十化"特点的高级应用型本科人才培养体系[J].金陵科技学院学报(社会科学版).2011(01).

③ 司淑梅.应用型本科教育实践教学体系研究[D].东北师范大学,2006.

（2）系统性。实践教学的各个环节是紧密联系的，各个环节联系为一个体系，具有一定的目的性和方向性，是一个系统的培养过程，而不是一个简单几个内容的相加，内容符合科学的教学要求和学生能力的发展要求，也符合社会对人才的需求要求，具有普遍性的特点，又有因材施教的特性。

（3）综合性。实践教学内容包括实际操作训练、社会管理能力的训练，科技创新的训练、同时含有设计性、综合性和创新能力的培养内容。实践教学的目的是培养学生的实践能力特别是创新能力。

（4）现实性。实践教学的内容不能脱离社会应用实际，要与用人单位的实践工程应用结合，吸收最新的应用技术，学会采用新的工具解决问题，否则就无法适应未来的岗位要求。

（5）多样性。实践活动内容的广泛性决定了实践教学活动形式的多样性。学生通过课内实践教学安排、参与教师的课题、参加学科竞赛、参加实验室的开放项目和科技创新活动等形式多样的实践教学活动来提高自己的实践能力。

（6）职业性。"职业性"是应用型本科教育立足的根基，应用型本科人才的职业性是指学生具备了某一特定职业（岗位）或职业群（岗位群）所需的实际工作能力（包括专业知识和职业能力）和良好的职业素养，因此实践教学要围绕培养学生具备基本的职业能力。

（7）合作性。合作教育是高级应用型人才培养的必经之路。让学生到业界的实际环境中感受、认识、理解和实训，是应用型本科区别传统本科教育的重要特点，也是应用型人才培养的必然路径。

二、实践教学在应用型本科人才培养中的重要作用

实践教学在本科教学体系中具有十分重要的地位。2001年8月，教育部在《关于加强高等学校本科教学工作提高教学质量的若干意见（教高［2001］4号）》中指出：实践教学对于提高学生的综合素质、培养学生的创新精神与实践能力具有特殊作用。高等学校要重视本科教学的实践环节。2005年1月，教育部又制定《关于进一步加强高等学校本科教学工作的若干意见（教高［2005］1号）》，再一次明确指出：大力加强实践教学，切实提高大学生的实践能力。2007年1月，《教育部关于深化本科教学改革全面提高教学质量的若干意见（教高［2007］2号）》又一次提出：高校要高度重视实践环节，提高学生实践能力。要大力加强实验、实习、实践和毕业设计（论文）等实践教学环节，特别要加强专业实习和毕业实习等重要环节[①]。

教育部《普通高校本科教学工作合格评估指标体系（2011）》中，明确提出培养方案构建了科学合理的培养应用型人才的课程体系，其中，人文社会科类专业实践教学占总学分（学时）不低于20％，理工农医类专业实践教学比例占总学分（学时）比例不低于25％，师范类专业教育实习不少于12周；同时，要求实验开出率达到教学大纲要求的90％，有一定数量的综合性、设计性实验，要开展实验室开放教学。要能与企事业单位紧密合作开展

---

① 冯启明.加强实践教学，培养学生工程实践与创新能力[J].西南科技大学高教研究.2007(03).

实习实训,毕业设计(论文)的选题紧密结合生产和社会实际,有50%以上毕业论文(设计)在实验、实习、工程实践和社会调查等社会实践中完成。

教育部的文件及普通高校本科教学工作合格评估指标体系,对实践教学的重视程度越来越高,体现出教育部对我国高等教育大众化之后工作重点的转移和提高教育教学质量的着力点,也体现出国家教育部对培养应用型人才、培养学生的实践能力的高度关注。同时,对高校实践教学的要求也越来越具体,对实践教学具体的学分、学时规定,要求越来越明确具体,措施越来越具有可操作性。

应用型高校大多属于地方高校,与地方经济社会发展的紧密结合是历史发展的必然趋势。应用型高校必须针对地方区域经济发展、产业结构优化与升级、高新技术产业发展以及城市化、资源综合利用和经济社会发展可持续发展等重大课题和难题,开展有针对性的研究,同时充分利用自身的人才资源和教育资源的优势,与地方开展多层次的人才交流和人才培训工作,鼓励专家、教授积极参与地方经济建设,以各种途径为地方政府和企业提供智力支持,为地方社会经济发展服务。高校也只有在服务地方中才能实现自身的快速发展。因此只有做好实践教学工作,才能切合人才培养的目标与定位。

第二节　应用型本科教育实践教学的体系构成

金陵科技学院高度重视实践教学,体现"能力为本"的思想。"能力为本"就是在注重传授知识、培养能力和提高素质协调发展的同时,特别强调培养学生探索精神、科学思维、实践能力、创新能力、社会适应能力。在人才培养方案中突出体现了包括基本实践能力、专业实践能力、研究创新能力、创业和社会适应能力四层次应用型本科实践能力的培养。加大实践教学环节的学分数占该专业课内总学分的比例,人文社科类专业达到20%以上,理工农科类专业达到30%以上。

学校深入研究应用型本科人才培养特点,用应用型本科教育理念引导实践教学改革,努力探索以应用能力为核心的实践教学体系。学校出台了《金陵科技学院关于进一步加强实践教学工作的意见》(2009年103号),在深入研究与实践的基础上,构建了"3344"实践教学体系,如图2.2.1所示,即:坚持校内实验、校外实习实训和社会实践相结合,搭建专业实验实训平台、职业技能培训与考证平台、创新创业训练平台,构建基础性实践课程、专业性实践课程、研究创新性实践课程、社会实践课程组成的实践教学课程体系,培养基本实践能力、专业实践能力、研究创新能力和就业创业与社会适应能力四层次实践能力,构成了我校"能力型"实践教学体系。

学校根据不同专业特点,结合区域经济社会发展的需要,启动了一系列实践教学改革,改革实践教学的形式、内容、方法和手段,如:建筑电气与智能化专业以行业规格为标准,以地区经济发展战略为导向,以"三链"能力培养为主线,构建实践教学体系,依托建筑智能化工程项目保证"技术链"能力的培养;依托校企合作的工程中心保证"工程链"能力的培养;依托专业基本技能实训平台保证"职务链"能力的培养。自动化专业在课程设计环节上,结合自动化在工业控制中的应用实际,尝试进行项目化、案例化教学,把实践中遇

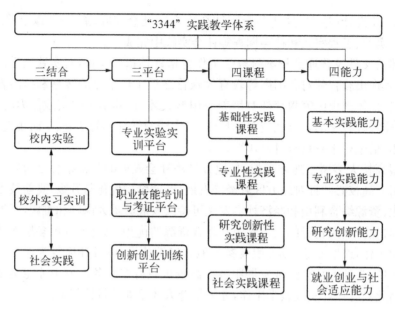

图 2.2.1 "3344"实践教学体系

到的问题和开发项目中的内容融入进来,使学生在完成一个课程设计后,较好地掌握了一个独立系统或项目的完整设计流程,提高了学生的综合实践应用能力。计算机科学与技术专业以与 QUT、NIIT 合作项目为基础,借鉴 CDIO 工程教育理念,以校企合作为手段,围绕学生软件开发、设计和实施能力的提升,建构一体化实践教学体系。通过实践教学改革,推动了实践教学统一性和灵活性的结合,使实践教学内容更加贴近社会实际,更好地服务于人才培养目标。

第三节　应用型本科实践教学体系的管理和评价

为了保证实践教学体系建立之后能够正常开展并保障教学质量,必须建立完善、严格的教学管理体系,建立操作性强的运行机制,扎实地把每一环节的工作落实到位,才能保障实践教学的质量。

一、实践教学管理

(一)建立管理制度①

管理制度是实践教学管理的重要组成部分,包括各种有关教学实施过程的规章制度、教学过程记载规定等。建立齐全的教学文档,可以有依据地规范实践教学行为,指导各种实践教学活动的开展,对违规的以及未达到要求的教学行为起到约束作用,同时记录教学过程,供查阅、检查、总结。因此教学文件具有规范性、指导性、约束性和记录性的作用。

① 李阳.我国高校本科实践教学及质量保障体系研究[D].天津大学,2006.

从抓管理制度入手,可以掌握实践教学的活动的进展,便于监控和指导。

　　实践教学管理制度包括实验教学实施细则、实习教学实施细则、课程设计实施细则、毕业设计(论文)的工作条例,各实施的教学院部要根据规划制定详细实践教学计划、实施方案。在各类规定中明确要求实践教学的开展要有的文件包括实习项目表、教学大纲、实践教学指导书、教学进度表等,这些文件要求学校指导教师和企业兼职教师共同制定。教学实施过程文件包括实践记录、实习报告、实习单位鉴定表、实习成绩、实习总结等。教研活动文件包括教学研讨记录、教学报告会记录、双方师资培训记录等。所有文件应按书写要求认真完成,建立独立档案,统一管理各类文件。每次实践结束后,将相应文件备齐归档,从管理制度上保证实践教学的完整性。

　　(二)实施全过程管理

　　实践教学的过程是指导教师和学生在共同实现教学任务中的活动状态变换及其时间流程。教学的过程管理是为了完成实践教学大纲中提出的教学目标和实现教学大纲所要求的各项内容而设计和维持的一种组织结构,它包括各级管理者、各自职责和相互关系。因此,要在实施过程中,进行全过程管理检查。学校建立不同层次的领导、督导随机检查制度,对实践教学进行随时检查和监控。专业系、教研室详细了解、检查和掌握实践教学运行进展情况。过程的检查包括教学方法、教学内容及实施过程等,重视过程材料的检查。同时,建立信息反馈制度,以征求意见、问卷和调研等形式,收集实习企业、学生、检查负责人和指导教师对实践教学的评价及意见,并认真分析,对后续实践教学提出改进建议。实践教学过程管理是一个动态的过程,它的每一阶段都是相互关联、相互影响的。指导教师是实践教学过程管理的最基层管理者,实践教学过程也就是教师的指导和引导、学生按计划执行的过程。所以,指导教师是规范实践教学过程管理的重要因素,发挥着决定性的作用。

　　(三)建立考核激励机制

　　过去长期以来因为思想观念等方面的原因,教师和学生对实践教学重视不够。为了让广大师生对实践教学有足够重视,适应实践教学体系的要求,可以建立一套有利于实践教学体系正常运行的激励制度。为了鼓励和督促教师向"双师型"素质发展,可以在制定职称评聘条件和工作量核算等方面的政策时有所体现或是做出倾斜。如担任认证课程的教师,必须取得认证机构要求的培训讲师资格、考评员资格。安排其参加职业资格认证课程的学习、培训,鼓励教师考取本专业高水平职业资格证书,将教师取得高水平职业资格证书作为职称聘任的重要条件。支持教师到企业锻炼,在企业工作期间,进行教学工作量的减免。为鼓励学生考取职业资格证书,支持、鼓励学生参与科技创新活动,对不同类型的创新活动折算成学分,记入成绩档案,对在各类学科与技能竞赛中取得名次纳入质量工程进行指导教师和学生奖励,学生可以在各级评优中作为参考依据。

二、实践教学的评价标准

(一)评价的范围及内容

1. 评价的范围

实验教学质量考核评价的范围包括实验、计算机上机、实训等实践教学形式。

实习教学质量考核评价的范围包括认知实习、生产实习、专业实习、毕业实习等。

课程设计评价范围包括课题选题、实施过程与组织管理、设计成果等。

2. 评价的内容

实验教学质量考核评价的内容包括实验教学条件、实验教学组织、实验教学内容及实验教学效果等指标。

实习教学质量考核评价的内容包括教学文件、教师配备情况、实习基地情况、实习教学组织过程、教学效果、教学管理水平等指标。

课程设计教学质量考核评价内容包括教学文件(包括教学大纲、课程设计任务书等)、老师指导过程、设计成果的考核等指标。

(二)评价指标

表2.3.1～表2.3.6为金陵科技学院实验教学质量、实习教学质量、课程设计教学质量的评价标准和评价方法。

表 2.3.1　金陵科技学院实验教学质量评价标准

一级指标	二级指标	A 级 标 准	C 级 标 准	备注
教学条件	1. 实验教学文件资料	实验教学大纲编写规范,符合教学计划要求,内容完整、要求明确、学时分配合理;采用符合实验大纲要求的实验指导书或有特色的自编指导书;实验教学授课计划表、实验运行记录表、实验项目卡片、实验项目一览表完备齐全;实验讲稿质量高;实验室课表完备	实验教学大纲基本符合教学要求;实验教材或指导书基本齐全;实验教学授课计划表、实验运行记录表、实验项目卡片、实验项目一览表基本齐全;实验讲稿质量一般;有课表	可根据学科专业特点和具体情况作适当调整
	2. 仪器设备和环境	实验材料齐全,设备完善,完好率达到95％以上,充分满足实验教学需求;专业课实验项目每组学生数要满足教学要求的最低人数;实验室管理规范,各项规章制度健全	实验材料、设备基本满足教学需求,完好率达到85％～95％。部分专业课实验项目每组学生数超过教学要求的最低人数。实验室规章制度基本健全	
教学过程	3. 实验教学态度	实验准备充分,实验要求明确,新开实验或开新实验课前做实验,有完整的实验记录;实验前认真检查学生预习情况;讲解清晰、准确,重点突出;教学方法灵活多样,联系实际,采用启发诱导方式进行教学,因材施教,鼓励创新;指导实验认真负责,回答问题耐心、细致及时认真批阅实验报告(每份批阅,判分恰当)	实验准备工作一般,新开实验或开新实验课前能预做实验,有实验记录;指导学生进行实验,教学方法、水平一般;批阅每份实验报告,判分基本合理	
	4. 实验教学组织	实验内容、进度、时间严格执行实验教学计划表;无调、串课现象,课堂教学秩序良好	基本按实验教学计划表执行教学;教学秩序一般	

一级指标	二级指标	A 级 标 准	C 级 标 准	备注
教学内容	5. 实验开出率	按实验教学大纲要求,实验项目开出率和实验学时开出率均达到 95% 以上(专业课实验开出率达到 90% 以上)	实验项目开出率和实验学时开出率均不低于 90%	可根据学科专业特点和具体情况作适当调整
	6. 实验内容	实验内容与理论课程联系紧密,内容充实,具有科学性,有适当的设计性、综合性实验内容,其中综合性设计性实验比例达 80% 以上	实验内容与理论课程能基本联系,有设计性、综合性实验内容;其中综合性设计性实验比例 70% 以上	
教学效果	7. 实验成绩评定	实验考核严格,评分标准客观合理,成绩评定合理、准确,真实反映学生的实验知识、能力和水平	实验考核和评分标准基本符合大纲的要求,成绩评定基本反映学生的实验知识、能力和水平	
	8. 学生基本能力培养	80% 以上的学生独立完成实验操作、数据处理、结果分析等,较好地掌握实验理论与基本操作技能,实验报告规范、质量好	60%~70% 的学生独立完成实验操作、数据处理、结果分析,实验报告质量一般	
	9. 创新能力培养	重视对学生实践能力和创新精神的培养,学生的分析、解决问题及实验动手能力得到有效培养和提高,有相关的开放记录	能对学生实践能力和创新精神的进行培养,部分学生的创新意识、创新能力有所提高	

表 2.3.2　金陵科技学院实验教学质量评价表

评价内容	评价要素		分值	评价内涵	评价方法	评价等级				得分
						A	B	C	D	
教学条件	1	实验教学文件资料	10	实验教学大纲、实验指导书(教材)、实验教学授课计划表和实验项目卡、实验项目一览表等	查阅相关材料					
	2	仪器设备和环境	10	实验室使用与开放情况	查阅实验室相关材料					
教学过程	3	实验教学态度	15	教师实验教学态度情况	查阅相关材料,进行学生调查					
	4	实验教学组织	10	课表落实情况	查阅相关材料,进行学生调查					

评价内容	评价要素		分值	评价内涵	评价方法	评价等级				得分
						A	B	C	D	
教学内容	5	实验开出率	10	是否按照大纲如实执行教学	查阅大纲与实际教学情况					
	6	实验内容	20	综合性设计性实验比例情况；每年实验项目的更新情况	查阅综合性设计性材料与项目信息材料					
教学效果	7	实验成绩评定	5	实习成绩评定情况	查阅成绩评定标准及报告批改材料					
	8	学生基本能力培养	10	学生独立完成实验的情况	查阅实验报告等相关材料					
	9	创新能力培养	10	实验室开放情况	查阅开放实验室的项目、记录等材料					

检查意见：

评价人签字：		评价总分(Z)	
备注	（1）根据质量标准中 A 和 C 标准对各评价要素划定等级，低于 A 高于 C 者为 B，低于 C 者为 D		
	（2）评价总分计算公式 $Z=\sum X_n \cdot Y_n$，其中 X_n 表示 A、B、C、D 四个等级的等级系数（A＝1.0，B＝0.8，C＝0.6，D＝0.4），Y_n 表示各评价要素的分值。综合评价分优秀、良好、合格、不合格四种。优秀：$90 \leqslant Z \leqslant 100$；良好：$75 \leqslant Z < 90$；合格：$60 \leqslant Z < 75$；不合格：$Z < 60$		

表 2.3.3　金陵科技学院实习教学质量评价标准

一级指标	二级指标	A 级 标 准	C 级 标 准	备注
教学准备	1. 教学文件	实习教学大纲内容完整全面并通过审查，符合专业培养目标要求。实习指导书（教材）内容完备，符合实习教学大纲要求。实习计划准确详细，进度安排合理。有分散实习的学院具备周密可行的分散实习管理办法	实习教学大纲基本符合专业培养目标要求，通过审查。实习指导书（教材）内容全面，基本符合实习教学大纲要求。有实习计划，进度安排基本合理。有分散实习的学院有分散实习管理办法	可根据学科专业特点和具体情况作适当调整
	2. 教师配备	指导教师配备科学合理。有一定比例实践经验丰富的校外指导教师	指导教师配备基本合理。无校外指导教师	
	3. 实习场所	实习场所与专业对口，实习资源丰富，管理严格，技术先进，重视学生实习	实习场所与专业基本对口，实习条件一般，重视学生实习程度一般	

续 表

一级指标	二级指标	A 级 标 准	C 级 标 准	备注
教学过程	4. 实习动员与组织	召开实习动员会,强调实习重要性,明确实习目的,组织学习实习内容,介绍实习单位情况,组织严密,重视安全纪律	召开实习动员会,组织学习实习内容	可根据学科专业特点和具体情况作适当调整
	5. 实习指导与监控	指导教师熟悉实习环节和工艺流程,实习期间全程指导,对学生管理严格,指导认真到位。随时关注学生实习计划执行情况,有学生外出实习安全管理材料	指导教师了解实习环节和工艺流程,指导有耐心,经常了解学生实习计划执行情况	
	6. 实习成果	实习记录(日志)、实习报告(总结)等实习文档内容详尽,书写认真,格式规范,图表符合标准。实习作品符合预期要求	实习记录、实习报告(总结)等实习材料内容基本完整,格式基本规范,图表无原则性错误。实习作品基本符合预期要求	
教学效果	7. 成绩评定	实习成果批改规范,评语针对性强。严格按照评分标准评定成绩	实习成果批改基本规范,有评语,成绩评定基本合理	
	8. 实习总结	实习总结全面、实事求是,书写认真、规范。对实习过程中出现的问题分析透彻,并提出科学的解决方案以备借鉴	有实习总结,比较客观。对实习过程中出现的问题有分析,有解决方案	

表 2.3.4 金陵科技学院实习教学质量评价表

评价内容		评价要素	分值	评价内涵	评价方法	评价等级				得分
						A	B	C	D	
1. 教学准备	1	教学文件	5	实习教学大纲、实习指导书(教材)、实习计划和分散实习管理办法等	查阅相关材料					
	2	指导教师	5	指导教师职称学历结构等	查阅指导教师相关信息					
	3	实习场所	5	实习场所满足实习及与专业对口情况,实习条件等	查阅实习场所协议书及场所简介等					
2. 教学过程	4	实习动员与组织	5	实习动员与组织情况	查阅相关记录,进行学生调查					
	5	实习指导与监控	15	指导教师指导情况	查阅学生满意度调查情况					
	6	实习成果	40	实习成果的质量	检查实习成果					

续　表

评价内容	评价要素		分值	评价内涵	评价方法	评价等级				得分
						A	B	C	D	
3. 教学效果	7	成绩评定	15	实习成绩评定情况	检查实习成果和评语等					
	8	实习总结	10	实习过程中出现的问题及解决情况,借鉴经验等	查阅实习总结					

检查意见:	
评价人签字:	评价总分(Z)

备注	(1) 根据质量标准中 A 和 C 标准对各评价要素划定等级,低于 A 高于 C 者为 B,低于 C 者为 D
	(2) 评价总分计算公式 $Z = \sum X_n \cdot Y_n$,其中 X_n 表示 A,B,C,D 四个等级的等级系数(A=1.0,B=0.8,C=0.6,D=0.4),Y_n 表示各评价要素的分值。综合评价分优秀、良好、合格、不合格四种。优秀:$90 \leqslant Z \leqslant 100$;良好:$75 \leqslant Z < 90$;合格:$60 \leqslant Z < 75$;不合格:$Z < 60$

表 2.3.5　金陵科技学院课程设计教学质量标准

一级指标	二级指标	A 级 标 准	C 级 标 准	备注
教学准备	1. 教学文件	课程设计大纲内容详细、符合该课程设计在专业培养过程的作用要求。指导书编写规范完整,内容符合大纲要求。有任务书并且内容编写符合规范要求	有课程设计大纲,有指导书,有任务书并且内容编写基本符合规范要求	可根据学科专业特点和具体情况作适当调整
选题情况	2. 选题要求	尽量实现一人一题,有困难的,可以通过不同设计参数、不同要求进行区分;课题符合专业教学基本要求,能够结合社会实际和工程实际,达到综合训练的目的;课题深广度、工作量适中,难易适当	课题符合专业教学基本要求	
	3. 题目数量	题目数量大于指导学生数量	题目数量等于学生数量	
教学过程	4. 教学态度	全过程的指导,方法科学合理;并正确运用科学方法或手段指导资料收集工作;课程设计指导效果好;有详细的阶段进度表,计划性强,并认真落实。按时检查学生的工作进度和质量,耐心细致地进行指导,及时解答和处理学生提出的问题	全过程的指导方法基本科学合理;并正确运用科学方法或手段指导资料收集工作,课程设计指导效果一般;有阶段性进度表,并能落实,课程设计指导效果一般;基本按时检查学生的工作进度和质量,耐心细致地进行指导,基本能及时处理学生提出的问题	

续　表

一级指标	二级指标	A 级 标 准	C 级 标 准	备注
教学过程	5. 教学成果	学生在规定的时间内,按要求完成课程设计任务。学生课程设计方案,论证充分;收集资料进行加工、分析、综合的水平高,指导效果好。学生严格遵守规范,要求学生的图纸规范、符合标准、方案可行、结构合理,指导效果好	基本能在规定的时间内,学生按要求完成课程设计指导任务。课程设计方案论证基本充分。学生基本能遵守要求	可根据学科专业特点和具体情况作适当调整
教学效果	6. 成绩评定	严格执行成绩评定标准,成绩评定客观、公正、公平、合理;评定成绩与学生课程设计的实际水平相符合。课程设计说明书(报告、论文)批改率100%。成绩均能认真记录,且清晰规范,有成绩和质量分析报告	评定成绩基本与学生课程设计的实际水平相符合。基本全部批改课程设计说明(报告、论文);成绩记载基本清晰	
	7. 总结	指导教师写出总结报告(包括质量分析)和有关统计资料,对提高课程设计质量有建设性意见	总结报告和统计资料基本完整	

表 2.3.6　金陵科技学院课程设计教学质量评价表

评价内容	评价要素		分值	评价内涵	评价方法	评价等级				得分
						A	B	C	D	
1. 教学准备	1	教学文件	5	课程设计教学大纲、实习指导书(教材)、课程设计任务书等	查阅相关材料					
2. 选题情况	2	选题要求	5	选题尽量要求一人一题	查阅相关材料					
	3	题目数量	5	题目数量是否满足学生的需求	查阅相关材料					
3. 教学过程	4	教学态度	5	指导教师指导情况	查阅相关记录,进行学生调查					
	5	教学成果	25	课程设计成果情况	查阅学生课程设计成果					
4. 教学效果	6	成绩评定	40	课程设计成绩评定情况	检查课程设计成果和评语等					
	7	总结	15	课程设计过程中出现的问题及解决情况,借鉴经验等	查阅总结					

检查意见:

评价人签字:	评价总分(Z)	

备注	(1) 根据质量标准中 A 和 C 标准对各评价要素划定等级,低于 A 高于 C 者为 B,低于 C 者为 D
	(2) 评价总分计算公式 $Z = \sum X_n \cdot Y_n$,其中 X_n 表示 A,B,C,D 四个等级的等级系数(A=1.0,B=0.8,C=0.6,D=0.4),Y_n 表示各评价要素的分值。综合评价分优秀、良好、合格、不合格四种。优秀:$90 \leqslant Z \leqslant 100$;良好:$75 \leqslant Z < 90$;合格:$60 \leqslant Z < 75$;不合格:$Z < 60$

（三）教学质量评价方案

以《金陵科技学院实验/实习/课程设计教学质量标准》为依据，按照《金陵科技学院实验/实习/课程设计教学质量评价表》中评价要素的评价内涵和评价方法，采取先定等级后计算评价要素得分和总分再确定综合评价的方式，对实验教学工作质量进行评价。首先对各评价要素定等级，评价等级分为 A、B、C、D 四档，按照《实验教学质量标准》中的 A、C 标准，低于 A 高于 C 者为 B，低于 C 者为 D；然后计算评价要素得分，评价要素得分＝分值×等级系数（等级系数：A：1.0、B：0.8、C：0.6、D：0.4）；评价总分 Z 等于各项得分之和，综合评价按优秀、良好、合格、不合格四级评定，优秀：$90 \leqslant Z \leqslant 100$；良好：$75 \leqslant Z < 90$；合格：$60 \leqslant Z < 75$；不合格：$Z < 60$。

（四）评价结果反馈

实践教学质量评价结束后，及时将评价结果反馈给相关院（部）。

第二篇 专业认知篇

第三章 建筑电气与智能化专业集中性实践教学体系

应用型本科教育是适应和满足我国走新型工业化发展道路需求，直接面向生产、建设、管理、服务等第一线的技术实践需求的教育。应用型本科既有普通本科教育的共性，又有别于普通本科的自身特点，它更加注重的是实践性、应用性和技术性。应用型本科人才培养模式是根据社会、经济和科技发展的需要，在一定的教育思想指导下所形成的人才培养目标、制度、过程等特定要素的多样化组合方式。从教育理念上讲，应用型本科人才培养应强调以知识为基础，以能力为重点，知识、能力、素质协调发展。具体培养目标应强调学生综合素质和专业核心能力的培养。集中性实践教学体系在人才培养中具有举足轻重的地位，将直接决定专业学生应用能力的强弱。

金陵科技学院建筑电气与智能化专业致力于校企联合培养模式的探索，建立由用人单位和行业专家组成的专业指导委员会，以工程应用能力为根本，以就业为导向，以企业满意为质量标准，共同制定培养方案、实施培养过程。树立全面发展和多样化的建筑电气与智能化人才观念，树立主动服务地区经济发展战略要求，主动服务建筑电气与智能化企业需求的服务观念；改革和创新建筑电气与智能化工程人才教育培养模式，创立我校与建筑电气与智能化企业联合培养人才的新机制，着力提高学生服务国家和人民的社会责任感、培养学生勇于探索的创新精神和善于解决问题的实践能力，推进专业工程教育改革，不断提高专业工程教育质量。

第一节 建筑电气与智能化专业人才培养的能力体系与课程体系

一、能力培养体系

本专业要求学生必须具备的专业能力包含基本实践能力、专业实践能力、研究创新能力、创业和社会适应能力，表 3.1.1 列举了各级能力的分解体系。

表 3.1.1　能力培养体系

一级能力	能力分解	实践单元
① 基本实践能力	计算机基本应用技能	计算机基础应用;办公软件高级应用
	建筑图纸阅读与绘制能力	工程制图与识图;CAD 工程制图;建筑图纸综合训练
	建筑电气设备检测和维护能力	常用电气设备的应用;典型基本电路原理验证;典型电子电路原理验证;楼宇自控检测原理及应用
	建筑电气设备安装能力	综合布线基本应用;综合布线综合设计;现场总线设计及应用;网络系统组件
	建筑设备预决算能力	建筑设备预决算基本应用;工程预决算综合应用;预算员综合认定
	资料检索与读写能力	资料检索能力;资料处理与应用能力;资料读写能力
② 专业实践能力	建筑电气设备系统集成能力	安全防范系统;建筑消防系统;暖通空调系统;建筑供配电与照明系统;电梯系统;微机应用;楼宇自动控制系统;系统集成综合应用
	建筑电气设备控制能力	常见设备控制应用;自动控制原理;设备控制综合训练
	建筑电气设备设计能力	基本电路设计能力;电子电路设计能力;建筑供配电与照明设计
	建筑智能化设计能力	现场总线设计与应用;数据库管理与应用;安全防范系统设计;建筑消防系统设计;楼控系统方案设计
③ 研究创新能力	以专业基本技能和专业核心应用能力为基础,在工程环境中完成一个真实产品或系统的设计、实施和运行的综合能力	综合实践项目:专业实习、毕业实习、毕业设计(论文)等
④ 创业和社会适应能力	反思与创新思维	创新实践项目;各种专业技能竞赛
	学习和适应社会变化	社会实践项目
	职业道德、正直和责任感	社会实践项目、创新实践项目
	人际交往能力	团队合作、书面与口头交流、使用外语交流

二、课程体系

针对本专业人才培养目标,围绕能力培养体系,根据人才培养模式和方案构建原则构建的一体化课程计划中,课程体系如图 3.1.1 所示。整个课程计划主要由学科性理论课程、训练性实践课程、理论实践一体化课程组成。其中,理论课程包括公共基础课、专业基础课、专业课及专业选修课。实践课程包括培养学生基本实践能力的公共基础实践课程和技能训练类实践课程、培养学生专业实践能力的课程设计类实践课程、培养学生研究创新能力的以综合实践项目课程为主的理论实践一体化课程,以及培养学生创业与社会适应能力的毕业设计。

　　由图 3.1.1 可以看出,从学科基础到专业基础课程,再到专业课程、专业知识不断递进;从理论课程＋配套技能训练类课程,到课程设计,再到综合实践项目,实践能力也在不断递进。

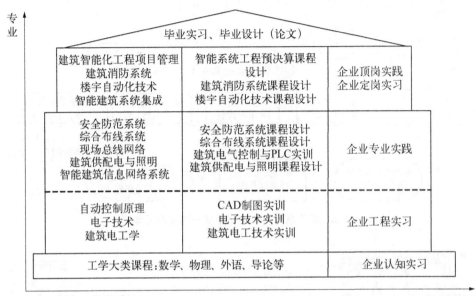

图 3.1.1　建筑电气与智能化专业课程体系结构图

　　该专业以学生能力培养为主线,建构一体化课程计划实现专业知识、能力和素质要求。学科核心课程以江苏南京区域经济发展的需求为导向而合理设置,保证理论课教学的系统性和逻辑性,帮助学生构建完整的专业知识体系;同时,专业课程设置参考严谨的社会、产业、毕业生调查结果,重视培养学生的工程实践和创新能力,促进学生的职业生涯发展。主干课程体系的设计改进了以往以理论体系为主的理念,而重视综合能力的培养。该专业课程改革方案在课程体系上下功夫,认真分析高级应用型人才培养的实际,制定将理论教学、实验教学与工程实践集于一体的课程计划(见图 3.1.2)。一体化的课程计划以能力培养为本位,以综合性的工程实践项目为骨干,将学科性理论课程、训练性实践课程、理论实践一体化课程有机整合,完成基本实践、专业实践、研究创新和创业与社会适应等四种能力的培养。

　　在一体化课程体系的基础上,以建筑电气与智能化"卓越工程师"人才培养规格为标准,提高学生工程实践能力和创新能力为目标,从创新型高级工程应用人才培养体系整体出发,在对各教学环节整体优化与提高的基础上,以建筑智能化工程设计、工程开发、工程实施及工程管理四大主线,分层式、模块化构建实践教学新体系(见图 3.1.3)。

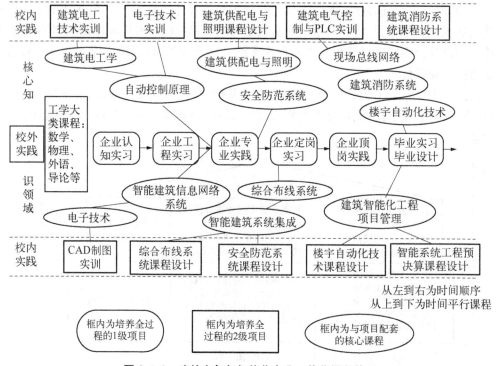

图 3.1.2　建筑电气与智能化专业一体化课程体系

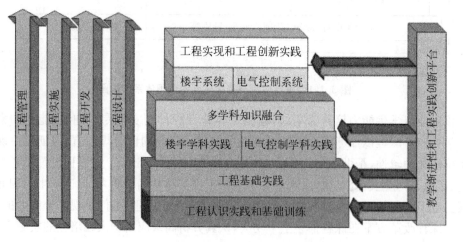

图 3.1.3　建筑电气与智能化专业实践教学体系

（1）以建筑智能化工程设计、工程开发、工程实施及工程管理四大主线，构建了实践教学新体系。

建筑智能化实验教学中心在对各教学环节整体优化与提高的基础上，建立了以建筑智能化工程设计、工程开发、工程实施及工程管理四条主线，分层式、模块化构建实验教学体系。该体系主要包括认识实践与基础训练、基础实践和多学科知识融合、建筑智能化工程实现以及工程创新实践模块 4 个层次，形成一个贯穿教/学全过程，体现实践能力培养的渐进性和以学生为主体的工程实践创新平台。

（2）以建立大工程背景知识为目标，打破了传统专业界限的基础训练课程设置模式，构建认知实践与基础训练平台。该平台由计算机信息技术、控制技术、总线技术、网络技术到楼宇智能化系统集成，由工程施工技术、工程概预算、工程预决算到工程项目管理等18个基本实验项目，为多个专业实验提供多方面的选择，满足学生工程基础训练的各种需要。打破传统专业界限的基础训练课程设置模式，使所培养的学生不仅有很强的工程实践能力，而且能适应当今科技发展高度交叉融合的需要。

（3）依托学校及相关专业企业技术上的优势，发挥产学研合作的科技支撑与引领作用，构建学科基础实践和多学科知识融合实践平台。

依托学校及相关行业企业技术上的优势，发挥产学研合作的应用科技支撑与引领作用，通过以工程为背景、模拟工程实施全过程的训练，着力增强学生的工程实现能力，从专业技能培养逐步引入工程素质提高的阶段，在面上加强的同时实现点的突破。

第二节　建筑电气与智能化专业人才培养实践能力的构成

一、实践能力构成框架

整合建筑电气与智能化实验教学内容，将实验课程分为认知实践与基础训练模块、基础实践和多学科知识融合、建筑智能化工程实现以及工程创新实践，并确定相应的教学内容、教学目标、教学方法和教学对象，由此确定实践能力构成框架，如表3.2.1所示。

表 3.2.1　实践能力构成框架

课 程 模 块	课程主要内容及教学目标	备　注
建筑电气工程认知实践与基础训练	以掌握学科基础知识为目标，计算机信息技术、控制技术、总线技术、网络技术到建筑智能化系统集成，由工程施工技术、工程概预算、工程预决算到工程项目管理等，以18个基本训练模块，为相关各个专业提供多种选择，使每位学生在不同的层次上认识建筑电气与智能化涉及的关键技术，由此建立基本工程素养	采取形式多样的知识展现与感受方式，包括解说介绍、各类模型演练示范、多媒体现场实况展示、虚拟仿真示范与讲解、现场操作示范与讲解、亲手操作感受等
学科基础实践和多学科知识融合实践	整合建筑电气与智能化、电气工程及其自动化、自动化等大类学科基础课实验、相关专业主干课实验及其综合实践等，着力对学生进行学科基础技术研究方法的教育	根据学习对象层次不同，采用不同的教学方式，包括： 1. 教师现场授课、指导； 2. 多媒体教学课件实时指导＋真实实验； 3. 开放式实验室自主实验

课 程 模 块	课程主要内容及教学目标	备　　注
建筑智能化工程实现	以建筑电气与建筑智能化工程为背景,模拟实际工程进行训练,着力增强学生的工程实现能力,从专业技能培养逐步进入工程素质提高的阶段,开设的典型实验项目有智能灯光系统组态控制设计综合实验、照明与消防联动组态集成控制设计综合实验、中央空调系统组态集成控制设计综合实验、火灾报警控制器在线编程及联动控制设计综合实验、安全防范系统组态集成控制设计综合实验、停车位智能管理系统组态集成控制综合实验、电梯远程监控组态控制设计综合实验等	开放式自主实验
工程创新实践	创新主题: 1. 建筑电气创新实践; 2. 智能安防创新实践; 3. 智能照明创新实践; 4. 数字化设计与实现创新实践; 5. 智能系统控制创新实践; 6. 现场总线控制创新实践 训练目标: 培养学生创新意识与创新能力	训练形式: 开放式自主实验 展现方式: 1. 电气产品创意竞赛; 2. 楼宇智能设计竞赛; 3. 实验设计竞赛; 4. 设计方案宣讲; 5. 创新制作比赛; 6. 机器人竞赛; 7. 学生科研训练项目展示; 8. 科研实践项目展示等

二、实践能力的培养与实现

（一）实践能力培养

以建筑电气与智能化专业为依托,以高校和企业联合培养的模式,在国家通用标准和行业标准的共同指导下,通过实施工程人才培养的综合改革试点,深入推进多方位、多层次、多模式的改革实践,培养建筑电气与智能化专业需求的合格工程师,具备建筑电气与智能化领域所需能力:建筑智能化系统需求分析与方案设计能力、建筑智能化工程综合设计能力、建筑智能化工程施工组织设计能力、施工管理能力、建筑智能化工程施工现场协调与调度能力。

（二）创新意识与创新精神的培养

本专业人才培养方案重视学生创新意识与精神的培养,主要通过开展学生科技创新活动、实验室开放项目等形式,培养学生研究性学习、探索式学习的精神,进而加强其创新意识与创新精神的培养。主要措施有:

1. 积极组织学生参加学科竞赛与科技创新活动

本专业老师积极组织学生参加建筑电气与智能化领域科技创新活动、各种大学生竞赛。

学科竞赛主要参加:全国大学生绿色智能建筑大赛、全国大学生综合布线大赛、全国大学生机器人大赛

2. 利用实验室开放项目,培养学生研究与探索的精神

建筑电气与智能化实验教学中心设立了开放性实验室,学生可以根据自己兴趣选择实验项目,充分调动学生的积极性和创造性。

3. 学生参与教师科研工作

部分学生参与到教师的横、纵向科研项目中,从而锻炼学生研究、创新能力。

4. 参与企业项目和课题研究

在企业工程实践教育中心,由企业为学生配备指导老师,以企业亟待解决的实际工程问题作为设计题目,完成实践教学,提高学生实际应用能力和创新能力。

在构建实践培养体系的基础上,通过实践课程保证其目标实现,实践能力实现矩阵如表 3.2.2 所示。

表 3.2.2　实践能力实现矩阵

一级能力	二级能力	培养途径	学生经验
基本实践能力	1. 计算机应用技能; 2. 建筑图纸阅读与绘制能力; 3. 建筑电气设备检测和维护能力; 4. 建筑电气设备安装能力; 5. 建筑设备预决算能力; 6. 资料检索与读写能力	通过专业基础课程的课内实践环节,获得建筑电工操作、建筑电气设备检测、建筑电气施工设计等技能	让学生在实验环境下,设计、操作、验证所学的理论知识,加强学生认知深度
专业实践能力	1. 建筑电气设备系统集成能力; 2. 建筑电气设备控制能力; 3. 建筑电气设备设计能力; 4. 建筑智能化设计能力	通过课程实践、课程设计、企业实习,使学生具备建筑电气与智能化领域所属能力。毕业时获得拥有国家建设部颁发的从事建筑电气与智能化系统工程的施工员、预算员技能资格证书,全国CAD中高级证书,三级电工证	学生可根据建筑智能化系统工程甲方的需要去完成用户分析、设计理念、设计方案,从而最大限度地与工程应用培养目标对接
研究创新能力	以基本实践和专业实践能力为基础,在工程环境中完成一个真实产品或系统的设计、实施和运行的综合能力	在理论知识的基础上,通过各种专业技能竞赛、兴趣小组、工程专业实习、毕业设计,提高学生发现问题、思考问题、解决问题的能力	学生能够采用更加合适时机情况的策略,并根据建筑智能化工程特点,选择合适的原型和方法,以促进整个项目的进行
创业和社会适应能力	以前三层能力为基础,且具备: 1. 反思与创新思维; 2. 学习和适应社会变化,开拓性强; 3. 职业道德、正直和责任感; 4. 人际交往能力(团队合作、书面与口头交流、使用外语交流)	教学内容:通过"3＋1"的教学,使学生在具备行业卓越工程师能力的同时,具有独立创业本领和较好的社会适应能力	在现有的知识和能力前提下,进一步完善和发展沟通能力和项目管理能力

表 3.2.2 中,专业实践能力实现及要求如表 3.2.3 所示。

表 3.2.3　专业实践能力实现及要求

1. 建筑电气设备系统集成能力	
安全防范系统	防盗报警系统实验
	出入口控制系统实验
	闭路电视监控系统
建筑消防系统	自动喷水灭火系统实验
	系统调试实验
暖通空调系统	中央空调系统的演示实验
	制冷压缩机性能实验
建筑供配电与照明系统	建筑供配电系统实验
	建筑供配电系统远程监测、控制实验
	照明电光源实验
	建筑照明节能实验
电梯系统	集选控制电梯信号调度原则验证
	电梯安全保护装置的作用
	可编程序控制器程序编制实验
	电梯开关门实验
微机应用	清零程序,拆字程序
	无符号双字节快速乘法子程序
	脉冲计数(定时/计数器实验)
楼宇自动控制系统	楼控系统中常用的传感器和执行机构
	楼控系统中的计算机系统和现场总线技术
	部分主流应用的楼宇自动控制系统结构
系统集成综合应用	智能家居控制系统
	一卡通系统
2. 建筑电气设备控制能力	
常见设备控制应用	电动机正反转控制
	电动机星三角控制
	霓虹灯控制
自动控制原理	典型环节的电路模拟与软件仿真
	线性定常系统的瞬态响应

续　表

2. 建筑电气设备控制能力	
自动控制原理	线性系统稳态误差的研究
	二阶系统的分析及校正设计
设备控制综合训练	PLC 与变频器在电梯上的综合应用（用 PC 控制）
	中央空调循环水节能系统的综合控制
3. 建筑电气设备设计能力	
基本电路设计能力	照明线路安装与调试
	电子线路焊接与调试
电子电路设计能力	数字式竞赛抢答器设计
建筑供配电与照明设计	建筑供配电设计
	建筑照明设计
	建筑防雷设计
4. 建筑智能化设计能力	
现场总线设计与应用	控制网络系统设计
	自动化照明节点
	照度自动调节节点
	定时器节点的使用
数据库管理与应用	设计数据库
	创建数据库和表
	设计数据完整性
	查询数据库
	创建和使用视图
	备份和恢复数据库
安全防范系统设计	防盗报警系统的设计
	闭路电视系统的设计
建筑消防系统设计	某建筑闭式自动喷水灭火系统设计
	某建筑 CO_2 自动灭火系统设计
	某综合楼消火栓系统及火灾自动报警系统设计
	地下车库的防排烟工程设计
	工程施工、工程管理
楼控系统方案设计	阅读理解楼控系统（建筑设备监控系统）招标文件,并根据招标文件熟悉投标文件的编写格式
	根据楼控产品的市场情况,学会选用设计方案中的楼控产品
	编制一份楼控系统的工程设计方案

第三节　建筑电气与智能化专业集中性实践教学体系

一、集中性实践教学体系框架

集中性实践教学体系框架如图 3.3.1 所示。

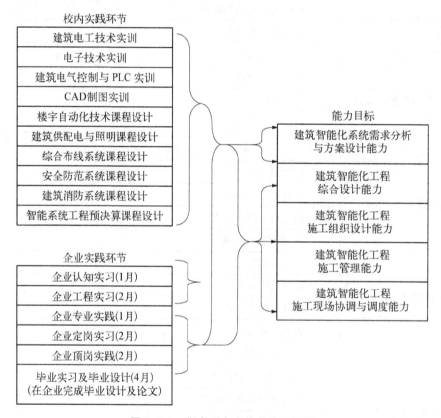

图 3.3.1　集中型实践教学体系框架

二、集中性实践教学学时分配

建筑电气与智能化专业集中性实践教学分配如表 3.3.1 所示。

表 3.3.1　建筑电气与智能化专业集中性实践教学分配

课程类别		课程编号	课 程 名 称	学分	周数	开课学期	备　注
实践教学环节	军训	0305931000	军事技能训练	2	2	1	校内
	实习教学	0806904002	CAD 制图实训	1	1	2	校内机房

课程类别		课程编号	课程名称	学分	周数	开课学期	备注
实践教学环节	实习教学	0806904055	建筑电工技术实训	1	1	2	电气创新实验室
		0806904043	电子技术实训	1	1	3	电气创新实验室
		0806904058	建筑电气控制与PLC实训	1	1	5	电气控制与PLC实验室
		0806904079	企业认知实习	2	2	2	暑假进行,南京恒天伟智能技术有限公司、普天楼宇等
		0806904078	企业工程实习	4	4	4	南京恒天伟智能技术有限公司、普天楼宇等
		0806904080	企业专业实践	2	2	4	暑假进行,南京恒天伟智能技术有限公司、普天楼宇等
		0806904077	企业定岗实习	4	4	6	暑假进行,南京恒天伟智能技术有限公司、普天楼宇等
		0806904076	企业顶岗实践	4	4	7	南京恒天伟智能技术有限公司、普天楼宇等
		0806904012	毕业实习	4	4	8	南京恒天伟智能技术有限公司、普天楼宇等
	课程设计	0806904071	楼宇自动化技术课程设计	1	1	6	建筑智能化实验中心
		0806904061	建筑供配电与照明课程设计	1	1	5	建筑智能化实验中心
		0806904111	综合布线系统课程设计	1	1	5	建筑智能化实验中心
		0806904006	安全防范系统课程设计	1	1	5	建筑智能化实验中心
		0806904113	建筑消防系统课程设计	4	4	6	建筑智能化实验中心
		0806904101	智能系统工程预决算课程设计	1	1	6	建筑智能化实验中心
	毕业设计(论文)	0806904009	毕业设计(论文)	10	14	8	南京恒天伟智能技术有限公司、普天楼宇等
总　　计				45	—	—	—

三、集中性实践教学课程内容概述

(1) 课程编码:0305931000　课程名称:军事技能训练　学分:2　学时:2周

内容简介:本实践环节主要是进行单个军人的队列动作、分队的队列动作、阅兵动作训练等,以加强学生组织纪律性和集体主义,培养良好的军人举止、习惯和作风,并贯彻于日常生活之中;增强体魄,为学习和工作提供有力保障。

(2) 课程编码:0806904002　课程名称:CAD 制图实训　学分:1　学时:1 周

内容简介:本实训课程是运用 AutoCAD 制图软件熟练绘制建筑火灾报警系统图、建筑工程图、等电位图等建筑电气常见图纸。掌握 CAD 绘图一些技巧,并能够进行图纸的管理,绘出的图尺寸准确、比例恰当,严格遵照国家有关建筑制图规范制图。

(3) 课程编码:0806904055　课程名称:建筑电工技术实训　学分:1　学时:1 周

内容简介:本实训是通过照明线路安装与调试和电子线路焊接与调试两个环节,使学生掌握电工基本安全知识和基本操作的方法、要领、工艺要求和安装维修技能。

(4) 课程编码:0806904043　课程名称:电子技术实训　学分:1　学时:1 周

内容简介:电子技术实训是学生学习电子技术十分重要的教学环节之一,是对学生学习电子技术知识的综合实践训练。通过电子技术实践教学环节,使学生巩固所学的电子技术理论知识,培养学生解决实际问题的能力,加强基本技能的训练,切实提高学生的实践动手能力和创新能力。

(5) 课程编码:0806904058　课程名称:建筑电气控制与 PLC 实训　学分:1　学时:1 周

内容简介:通过电镀车间专用行车电气控制装置设计(用 PC 控制)或交通灯的 PC 控制,培养学生的独立工作能力和综合运用专业及基础知识,解决实际工程技术问题的能力,工程绘图的能力和写技术报告和编制技术资料的能力。

(6) 课程编码:0806904071　课程名称:楼宇自动化技术课程设计　学分:1　学时:1 周

内容简介:本课程设计使学生根据楼控系统(建筑设备监控系统)招标文件,并结合课程理论知识,初步学会阅读招标文件,并根据招标文件,熟悉楼控系统投标文件的编制;通过本次课程设计,巩固课程学习知识,并加深对所学的理解深度;目前,能够独立完成楼控系统设计的人才资源紧缺,希望学生通过本次课程设计的一次预演,能尽快适应工程中楼控系统投标文件的编制,使学生在实际工作中能尽快适应新的工作岗位;培养学生综合分析和解决问题的能力以及严谨、扎实的工作作风。

(7) 课程编码:0806904061　课程名称:建筑供配电与照明课程设计　学分:1 学时:1 周

内容简介:本课程设计是为了加强学生对基本理论的理解和《建筑供配电与照明》设计规范条文的应用,培养学生独立分析问题和解决问题的能力,以提高学生的综合运用理论知识的工程能力。课程设计既是知识深化、拓宽知识面的重要过程,也是对学生综合素质与工程实践能力的全面锻炼,是实现培养目标的重要阶段。通过课程设计,着重培养学生综合分析和解决问题的能力以及严谨、扎实的工作作风。为学生将来走上工作岗位,顺利完成设计任务奠定基础。

(8) 课程编码:0806904111　课程名称:综合布线系统课程设计　学分:1　学时:1 周

内容简介:综合布线是建筑物内或建筑群之间的一个模块化、灵活性极高的信息传输通道,是智能建筑的"信息高速公路"。它既能使语音、数据、图像设备和交换设备与其他信息管理系统彼此相连,也能使这些设备与外部通信网相连接。它包括建筑物外部网络和电信线路的连线点与应用系统设备之间的所有线缆以及相关的连接部件。一个设计良好的综合布线对其服务的设备应具有一定的独立性,并能互连许多不同应用系统的设备,如模拟式或数字式的公共系统设备,也应能支持图像(电视会议、监视电视)等设备。

(9) 课程编码:0806904006 课程名称:安全防范系统课程设计 学分:1 学时:1周

内容简介:安全技术防范系统作为智能建筑自动化系统的一部分,要求系统的运行能够为建筑物提供高效的安全防范,从而为业主创造一个高度安全的环境空间。通过课程设计,使学生了解和掌握各种安全技术防范系统的工作原理、控制要求和适用场合,了解和掌握安全技术防范各子系统的设计方法、设计依据和设计步骤。

(10) 课程编码:0806904113 课程名称:建筑消防系统课程设计 学分:4 学时:4周

内容简介:闭式自动喷水灭火系统是一种能够探测火灾并自动启动喷头灭火的固定灭火系统,具有工作性能稳定,安全可靠,维护简便,投资较少,不污染环境等优点,广泛用于各种可以用水灭火的场所。通过本设计,了解系统设置范围、系统类型、组成和工作原理、系统主要组件和要求,初步掌握运用相关国家标准解决实际工程设计的能力。

(11) 课程编码:0806904101 课程名称:智能系统工程预决算课程设计 学分:1 学时:1周

内容简介:本课程设计使学生根据建筑工程弱电系统(或某子系统)招标文件,初步正确地分析招标文件,制定相应的投标策略;熟悉工程量清单和工程量清单计价格式;正确编制投标报价文件。通过本次课程设计,巩固课程学习知识,并加深对所学的理解深度;同时也是工程投标报价的一次预演,使学生在实际工作中能尽快适应新的工作岗位;培养学生综合分析和解决问题的能力以及严谨、扎实的工作作风。

(12) 课程编码:0806904079 课程名称:企业认知实习 学分:2 学时:2周

内容简介:《企业认知实习》课程是“建筑电气与智能化”专业学生第 2 学期校内课程结束时在暑假期间开设的专业综合实践环节的必修课,是一门加强对专业认知与就业行业认识的集中实践课程,是该学生在完成基础课学习转入到专业课学习阶段的一个极其重要的实践教学环节。课程设置目的是为学生提供专业素质教育、专业认知以及提高对就业行业的认知的集成应用平台,使学生了解建筑电气与智能化专业方向,了解就业的行业情况、就业的环境及所需的专业素质,了解建筑智能化系统集成系统开发过程与规范,提升学生的综合职业素质和对专业学习的兴趣。

《企业认知实习》是以提高学生对本专业认知与行业认知为目的,以职业素质与团队精神的提高作为主线,融入建筑智能化系统集成开发规范与建筑电气行业规范,明确学业规划与职业规划的综合性课程。学生在此课程之前应先对本专业有一定的认识,初步了解本专业所在行业人才需求情况,本课程后续课程《企业工程实习》、《企业专业实践》将进一步在学生职业素质、团队精神、专业实践能力上进行综合实践与提高。

通过本课程的训练,培养锻炼学生对建筑智能化行业的适应能力;加强学生对软件行业认识;提高学生获取及分析行业信息的能力、团队合作能力和沟通表达能力。从而为后续的《企业定岗实习》、《企业顶岗实践》的完成提供基本支撑,为学生的就业奠定基本的专业素养。

（13）课程编码：0806904078　课程名称：企业工程实习　学分：4　学时：4周

内容简介：《企业工程实习》课程是根据建筑电气与智能化行业企业对人才职业素质与技能的要求，并结合在校学生的具体情况，通过工程设计实战、工程项目实训，将企业最关注的项目经验、实用技能融入于实习过程中，通过实习让学生掌握企业项目开发、项目实施的具体流程。

本课程让学生根据用户的需求，体验建筑智能化系统的构建和实施的过程，职业素质训练与技术实战相结合，理论与实践相结合，注重学生的团队合作精神，让学生掌握项目开发流程，在老师具体指导下，完成所选仿真项目的实践。

（14）课程编码：0806904080　课程名称：企业专业实践　学分：2　学时：2周

内容简介：《企业专业实践》课程是《企业工程实习》课程结束后在暑假期间进行的后续课程，可将学生从《企业工程实习》中所学的项目经验、实用技能融入企业的实践过程中，通过实践强化学生对企业项目开发、项目实施的具体流程的掌握。

（15）课程编码：0806904077　课程名称：企业定岗实习　学分：4　学时：4周

内容简介：《企业定岗实习》是建筑电气与智能化专业学生第6学期开设的理论实践一体化课程，是一门长达4周的以真实项目内容和环境为背景的项目实践课程。课程设置目的是为学生提供前期所学知识的集成应用平台，使学生了解当前流行的建筑智能化系统开发方法与技术，最终提高学生以专业基本技能和专业核心应用能力为基础，在工程环境中参与完成一个真实系统的设计、实施和调试运行的综合能力，同时提高学生的研究创新能力。

（16）课程编码：0806904076　课程名称：企业顶岗实践　学分：4　学时：4周

内容简介：《企业顶岗实习》课程是《企业定岗实习》课程结束后在暑假期间进行的后续课程，可将学生从《企业定岗实习》中所学的项目经验、实用技能融入企业的实践过程中。并为学生的《毕业实习》及《毕业设计》做准备。

《企业顶岗实习》是以《企业定岗实习》课程所学内容为基础，进一步通过实践，强化学生建筑智能化集成系统组态软件开发的能力、数据库基本应用能力和工程项目过程管理能力。

（17）课程编码：0806904012　课程名称：毕业实习　学分：4　学时：4周

内容简介：毕业实习是学生综合运用所学理论知识、方法和技能开展实际工作，培养和强化社会沟通能力；配合毕业设计开展调查研究，培养面对实际问题的正确态度和独立分析解决问题的基本能力；树立新的发展起点和目标，通过实习，认识社会的需要，发现自身差距，培养锐意创新进取的精神；培养良好的职业精神，适应毕业后实际工作的要求。

（18）课程编码：0806904009　课程名称：毕业设计（论文）　学分：10　学时：14周

内容简介：毕业设计是学生整个学习过程的一个极其重要的教学环节，是学生运用基本知识、基本理论，研究和探讨实际问题的实践锻炼；是综合考核学生运用所学知识分析问题和解决问题以及动手操作能力的一个重要措施。通过毕业设计进一步提高学生工程计算、设计和施工能力，同时提高学生撰写技术材料的能力，培养创新精神。

第四章 企业认知实习

第一节 企业认知实习教学大纲

实习名称：企业认知实习

开设学期：2

实习地点：建筑智能化工程实践教育中心

实习周数：2

实习学分：2

实习类型：认知实习

适用专业：建筑电气与智能化

一、企业认知实习目的

《企业认知实习》课程的教学目标就是通过实地参观和听取专业报告等多种方式，使学生实地了解本专业及相关领域的发展现状，以及建筑智能化系统产品研发过程和工程项目管理手段。使学生对专业与行业的认知、综合职业素质得到提升，同时提高学生对于本专业的认识，提高专业学习兴趣。具体目标为：

（1）通过参观企业、听取专题报告，了解行业企业性质、岗位分布情况及工程项目管理手段，明确今后学习和就业的目标；

（2）通过了解企业和岗位职业素质要求，让学员具备融入社会的基本职业素质；

（3）通过专业技能参观，让学员掌握工作流程及工作所应具备的专业技能；

（4）转变态度、文化融入、拓宽眼界、助力就业。

二、企业认知实习内容与要求

（一）基本内容

整体方案采用职业素质训练与技术实战相结合，实训内容如下：

（1）参观企业和工程现场，了解企业发展策略和职业素质管理制度，使学生对相关企业有基本了解和认识。

（2）听专题讲座，由建筑智能化工程实践教育中心高级工程技术人员举办企业相关先进技术及未来发展趋势的专题讲座，加深学生对专业的了解，激发学生对专业知识的兴趣。

（3）了解工程项目管理手段，对工程实践教育中心企业的运营有一个全面了解。

（4）实习交流会，通过专题实习交流会，交流企业认知实习收获，加强同学之间的交流和沟通，提高团队协作精神和交往能力。

（二）基本要求

（1）本课程为认知课程，在此之前，学生已修完工科基础课。在实践过程中，应指导学生结合所学课程与行业所需职业素质，加深对专业、行业的认识，达到综合提高专业认知、行业认知的目的。

（2）《企业认知实习》课程的设置是通过直接接触到实际的工作环境和氛围，真实体验和熟悉职场环境，为提高学生对专业及相关行业背景的认识，提高学生专业学习的积极性、创造性，使学生能规划好自己在大学学习阶段的学习与生活，对未来职业取向与发展有较全面的认识，同时获得职业素质和职业能力的提升。因此，应由有行业经验的专业教师负责组织课程，并为学生配套一系列的专题讲座，通过建筑电气与智能化行业各专业人士的专题指导，使学生达到本课程综合实践的目的。

（3）《企业认知实习》课程不仅要引导学生结合已学过的专业知识提高专业、行业认知，还应结合企业参观、团队教育、行业专家报告等提高职业素质、团队与沟通能力。要适时地为学生安排集体讨论、个人汇报会，引导与培养学生自我管理、自我展示，增强团队协作的意识，提高团队合作技巧，以培养和提升学生的综合职业素质。

三、企业认知实习方式

（1）企业技术人员组织，对综合实践过程中的每个环节要给出一个明确的任务描述、要求。

（2）教师在实践过程中充当顾问和主持人角色，负责指导各小组学习、参观、团队训练与沟通交流等，穿插进行相关的专题讲座与交流；引导各小组进行组内研讨、组间交流和评比，促进学生之间的沟通和互动；监督学生遵循行业规范与企业规范，注重培养学生的职业素质。

四、企业认知实习时间分配

企业认知实习时间分配如表 4.1.1 所示。

表 4.1.1　企业认知实习时间分配

序　号	实　习　内　容	实习时间/天
1	集中参观	1
2	参观企业并了解企业概况	0.5＋0.5
3	工程现场	2＋2
4	熟悉工程项目管理手段	0.5＋0.5
5	撰写心得	2
6	实习交流会	1
合　　计		10

第二节 企业认知实习典型教学案例

一、企业认知实习组织形式

企业认知实习采取集体参观两家与专业密切相关的综合性大型企业,全面了解专业领域相关企业概况。在集体参观完后,将专业学生分成5~6人一组,分别到另外两家不同的企业实习,即在整个实习过程中,所有的学生都在三家或四家企业进行了参观学习。

实习形式:参观、座谈、示范、顶岗等。

二、消防装备生产企业认知实习教学案例

实习日期	实习时间	实 习 内 容	授课人职务职称介绍	地 点
×月×日	9:00—9:30	参观公司展厅	市场部讲解员	公司展厅
	9:35—9:55	参观部件车间	部件车间副主任	部件车间
	10:00—10:30	参观总装车间	总装车间主任助理	总装车间
	10:35—11:05	参观火灾实验中心	火灾实验中心主任助理;工程师	火灾实验中心
×月×日	9:00—11:30 13:30—15:30	1. 水系统、低压、固定、无管网、船用产品介绍及工程案例应用 2. 泡沫产品介绍、自动喷水灭火系统结构组成、工作原理、适用范围和灭火方式及工程案例应用 3. 细水雾产品介绍及工程案例应用 4. 消防报警、控制系统及工程案例应用	产品研发一室主任助理;工程师 江苏省初级建(构)筑物消防员培训教员 参编了由中国消防协会编、中国科学技术出版社出版的《建(构)筑物消防员(基础知识、初级技能)》教材	405 会议室
×月×日	9:00—10:00	部件车间现场实习		部件车间
	10:10—11:10	总装车间现场实习		总装车间
	13:30—15:30	实习总结与交流	技术中心副主任兼产品研发一室主任;高级工程师	405 会议室

三、消防工程企业认知实习教学案例

实习时间	实习内容	授课人职务职称介绍	地点
9:00—11:30	企业简介：企业概况、企业经营理念、企业所取得的成绩、发展方向、企业看重的人才	企业总经理	公司
13:30—16:00	参观学习公司已完成的消防全包工程案例	技术总经理	所做工程
9:00—11:30	参观学习公司在建的消防全包工程案例	技术总经理	所做工程
13:30—15:30	实习总结与交流	技术总经理；高级工程师	公司会议室

四、建筑智能化产品生产企业认知实习教学案例

（一）企业概况及参观企业

时间	内容	时间	负责人
1:30—2:00	公司一楼培训教室，公司领导致辞	10分钟	总经理
	金陵科技学院领导致辞	10分钟	
	公司一楼培训教室，介绍公司总体情况	10分钟	技术总经理、高级工程师
	公司一楼培训教室，介绍公司人力资源情况	5分钟	人力资源总经理
2:00—2:45	参观公司，顺序：第一展厅	10分钟	技术总经理
	第二展厅	10分钟	高级工程师
	综合楼、实验室	10分钟	技术总经理
	线缆厂	15分钟	技术总经理、高级工程师

（二）认知实习内容

时间	内容	授课人职务职称介绍
×月×日		
8:30—8:45	认知实习指导课，介绍企业认知实习的目的、意义和两天的课程安排	技术总经理、高级工程师
8:45—9:55	普天天纪布线产业介绍：综合布线、家居布线、光到户、数据中心	技术副总经理、工程师
10:10—10:40	天纪智能产业介绍	技术副总经理、工程师

续　表

时　间	内　　容	授课人职务职称介绍
10:50—11:30	天纪电工产业介绍	技术副总经理、工程师
11:30—12:30	午餐	
12:30—1:00	南京普天、阳光卫视采访视频观看	综合办公室主任
1:00—1:30	线缆车间现场讲解	线缆长总经理、高级工程师
1:40—3:15	线缆理论知识介绍：王总介绍电缆制造的基本知识	线缆长总经理、高级工程师
3:30—4:50	企业认知，了解企业概况： 1. 规模、人员、经营状况； 2. 行业发展历程和前景； 3. 主要生产和经营流程 岗位应具备的知识、职业能力和素质	综合办公室主任
×月×日		
8:40—9:10	观看产品操作视频（家居布线、综合布线、电工）	综合办公室主任
9:10—11:30	生产车间顶岗（021模块安装）	技术副总经理、工程师
1:00—4:00	技能操作： 1. 产品操作示范，视频＋讲解； 2. 操作练习； 3. 分组比赛； 4. 测试打分，颁发证书	技术副总经理、工程师
4:00—4:30	认知实习总结交流	技术总经理、高级工程师

第三节　企业认知实习考核

本专业在企业实习过程中采取企业导师＋校内导师双导师指导制，考核过程中坚持双导师考核和以企业导师为主导的考核制度。同时考核制度以激发学生学习兴趣为原则，不同的实习采取不同的考核办法。最终成绩分为优秀、良好、中等、及格和不及格五个等级。

企业认知实习采用企业指导教师评价、校内指导教师评价和小组综合评价相结合的方法评定成绩。小组综合评价考核方式是现场成果展示及答辩，小组每个成员进行现场PPT汇报，主要考查学生掌握技能知识的状况、锻炼学生交流能力和团队协作精神。具体鉴定如表4.3.1所示。

表 4.3.1   建筑电气与智能化专业实习鉴定表

班　级		姓　名	
		学　号	
实习名称		指导教师	
实习时间		实习地点	
个人小结			签字(盖章): 年　　月　　日
实习单位评价			签字(盖章): 年　　月　　日
指导教师意见			签字(盖章): 年　　月　　日
分项成绩	企业指导 教师 (50%) 百分制		校内指导 教师 (30%) 百分制		小组综合 评价成绩 (20%) 百分制	
总评成绩						

一、企业认知实习考核方式与成绩评定标准

本课程采用企业指导教师评价、校内指导教师评价和小组综合评价相结合的方法评定成绩。

企业指导教师评价是企业指导教师针对实习期间各位同学的表现给出的成绩。

校内指导教师评价是校内指导教师针对最终完成的实习总结给出的成绩。

小组综合评价考核方式是现场成果展示及答辩,小组每个成员进行现场口试,主要考查学生掌握技能知识的状况。

每个学生的最终成绩由企业指导教师(50%)、校内指导教师(30%)、小组综合评价成绩(20%)综合确定。

二、企业认知实习总结要求及实习总结实例

(一)实习总结要求

企业认知实习结束后,要求学生上交 2 000~3 000 字的实习总结,内容应包括下列几部分:

(1)实习鉴定表。

(2)实习企业简介。

(3)实习的收获与认知。

(4)对实习企业及其涉及行业的认识。

(5)几点体会。

(二)实习总结实例

实习总结一:在南京消防器材股份有限公司,我们首先参观了公司展厅,对公司规模、经营模式、主要业绩等有了初步了解。同时还参观了国家重点实验室——火灾实验中心,通过实际试验和视频资料亲身感受了火灾产生的过程和各种灭火系统灭火原理。接下来企业指导教师——南消产品研发一室主任助理、江苏省初级建(构)筑物消防员培训教员宫红锁工程师,在培训室为我们图文并茂地讲解了现今消防行业各种灭火系统的组成和原理。随后深入部件车间和总装车间学习了各种灭火设备组件的生产和组装过程,对灭火系统和装置工作原理有了比较深入的了解。最后,企业专业指导老师——技术中心副主任兼产品研发一室主任周平高级工程师和宫红锁工程师组织我们召开了实习总结和交流会。我们小组同学一致认为,通过在南消的实习,对所学专业有了更深入了解,增长了专业知识,激发了学习热情,为后续专业课学习打下了良好基础。

　　实习总结二：在南京普天天纪楼宇智能有限公司，伏宝顺总经理、冯岭副总经理和人力资源总经理分别向我们介绍了企业概况、企业三大产业和人力资源情况，并先后参观了企业展厅和电缆生产车间，对企业有了初步认识。在普天，我们进行了布线产业、智能家具产业和电工产业系统知识的学习，并进行了技能操作比赛。在我们整个实习过程中，给我们印象最深刻的，不是他们销售人员的产品介绍，也不是工程师给我们做的产业讲座，而是公司冯总向我们强调的团队精神。冯总使我们明白个人的精力有限，不可能完美做好工作的方方面面，因此我们需要的是至诚合作的团队精神，是取长补短的分工协作，是不可或缺的民主交流，是团队每个队员对于团队深深的责任感。在普天天纪，我们不但学习了专业知识，还极大地提高了的团队协作精神，受益匪浅。

　　实习总结三：在南京恒天伟智能技术有限公司，第一天上午，由企业副总经理陈松高级工程师向我们介绍了南京恒天伟智能技术有限公司的发展历史和企业发展现状，并参观了企业，介绍了智能化工程的分类、组成，近年来该公司承接的主要工程项目。使我们对该企业有了更为深入的了解，对建筑智能化的认识更为全面了，对智能化工程也有了进一步的认识。下午，由企业工程部经理严文凯高级工程师为我们详细讲解智能化工程组织与实施流程，并就具体智能化工程项目管理案例进行剖析，使我们详细了解了一个工程项目从招标到完工的整个过程，同时还学到了一些工程管理方面的知识。

　　接下来的两天中，由企业项目经理张凡工程师带领我们到南京妇女儿童活动中心（该公司承接一个智能化工程项目）进行工程现场实习，我们深入工地了解并学习了建筑智能化专业知识在工程现场的实际工作状况。近距离的观察并了解整个建筑的智能化工程实施状况，使我们能够同施工人员面对面交流，看他们如何施工，如何将图纸上的线条和模型变成实际的连接线缆和设备模块，学到了很多适用的、具体的专业知识和施工现场知识，这些知识有的是我们在学校很少接触到的，有的是我们在课堂学习中容易忽视的知识，但又是十分重要基础的知识。

　　通过实习，使我们对专业知识有更全面的认识，对企业实习的效果有了新的评价，使我们对智能化工程有了近距离的、全新的了解和认知，对开拓我们的知识面，锻炼我们的工程能力有很大的帮助。

　　实习总结四：南京熊猫系统集成有限公司是熊猫集团旗下的重要子公司，业务涵盖轨道交通、系统集成与建筑智能化、应用软件与服务和广播电视业务等高新技术产业。本

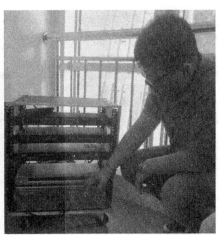

次暑期认知实习同学们分 3 组 2 个批次,每组 2 人,在企业指导教师带领下,分别在鼓楼医院、南京银行云南路支行、江苏烟草科技信息物流中心施工现场顺利地完成了本次实习任务。

在施工现场同学们主要对这 3 个公司目前的在建项目进行了全面的了解,如对智能建筑系统集成实施的子系统包括综合布线、楼宇自控、电话交换机、机房工程、监控系统、防盗报警、公共广播、门禁系统、楼宇对讲、一卡通、停车管理、消防系统、多媒体显示系统、远程会议系统等有了全方位的感性认识。特别是在江苏烟草科技信息物流中心智能化系统实习的同学们,切身感受到了智能建筑目前发展的先进水平,该项目已被评为省级智能建筑系统集成的示范工程。

通过此次实习,同学们学到了很多实践知识,近距离观察了整个房屋的建造过程,同施工人员面对面在一起,看他们如何施工,如何将图纸上的模型变成建筑物。在实习中同学们学到了很多很实用的施工常识,这些知识往往是大家在课本上很少接触,很少注意的,但却又是十分重要的。

实习总结五:在江苏新世纪消防安全技术工程有限公司,黄婉君副总经理在会议室介绍了企业经营理念、发展方向及企业对人才的需求,同学们明确了学习目标,找到了自身发展的道路。公司技术经理王斌带领同学们参观了公司已完成的消防全包工程——新

城市虹桥中心,详细讲解了自动灭火系统等的组成和原理,同学们对灭火装置有了比较系统的认识。

实习总结六:在南京市消防工程公司,同学们详细了解了消防工程管理方面的知识,通过参观未完工工地,对消防部件及施工有了感官上的认识,加深了对建筑电气与智能化专业的了解,明确了学习和奋斗的方向。

第三篇 课程实习与课程设计篇

第五章 课 程 实 习

第一节 CAD 制图实训

一、实训内容的选择

工程制图及 CAD 是建筑电气与智能化专业一门实践性较强的技术基础课。图示方法的掌握、制图标准的应用、绘图技能的提高、制图和读图能力的培养以及空间想象能力的增强,都是通过该门课程来实现的。CAD 制图实训能培养学生的投影能力、表达能力、绘图能力、读图能力和计算机绘图能力,同时,它又是学生学习后续课程和完成课程设计、毕业设计不可缺少的基础。因此实训内容应选择建筑施工图、结构施工图、水电施工图等建筑常用图纸,同时应注意图纸难易程度的选择,过于简单达不到实训的要求,过于复杂学生难以完成。

二、实训的目的与要求

(一)实训目的

(1)通过 CAD 制图实训环节,巩固在《工程制图与识图》课程中所学过的相关理论知识。

(2)培养学生读图能力和计算机绘图能力。

(3)能够运用 AutoCAD 制图软件,熟练绘制建筑施工图、结构施工图、水电施工图等建筑常用图纸。

(二)实训基本要求

(1)通过实训,掌握国家标准,正确使用计算机绘制建筑施工图、结构施工图、水电施工图等建筑常用图纸。

(2)绘制的图纸符合国家标准规范。

(3)能够进行图纸管理。

三、实训计划制定

以《CAD 制图实训》教学大纲为依据,结合实训目的和要求,选择合适的图纸,然后根据图纸制定具体的实训计划。实训计划时间分配如表 5.1.1 所示。

表 5.1.1　CAD 制图实训时间分配表

序　号	实　习　内　容	实习时间(天/周)
1	读图与确定绘图方法	0.5 天
2	建筑火灾报警系统图、等电位图等的绘制	4.5 天
合　　计		5 天

四、实训的实施

本实训在计算机房开展,采取一人一机的方式进行;学生对图纸进行识图,制定绘图的方法,在计算机上运用 AutoCAD 完成整幅图纸的绘制;在实训过程中,教师现场指导。

五、实训成绩评定

（一）实训成绩评定依据

实训成绩根据平时考勤、绘图质量按五级记分评定;成绩不及格者,必须重修;平时考查主要检查学生的出勤情况、学习态度、是否独立完成等几方面;绘图质量着重检查图纸的正确性和规范性;成绩的评定按课程目的要求,突出学生独立绘图能力的评定。

（二）实训成绩评分等级

绘图实训的成绩按优秀、良好、中等、及格和不及格五级评定:

（1）优秀:能够独立进行图纸的绘制,并且图纸正确、规范,图纸比例大小合适。

（2）良好:基本达到上述要求。

（3）中等:图纸基本规范,比例基本合适。

（4）及格:基本能独立图纸整张图纸。

（5）不及格:未达到上述要求。

六、参考文献

［1］中华人民共和国建设部.建筑制图标准汇编［M］.北京:中国计划出版社.2001.

［2］老虎工作室.AutoCAD2006 中文版建筑制图基础培训教程［M］.北京:人民邮电出版社.2006.

［3］刘苏.AutoCAD2006 应用教程［M］.北京:科学出版社.2006.

七、实训案例

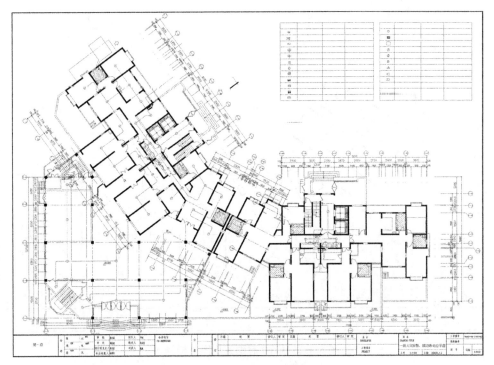

图 5.1.1　CAD 制图实训图纸样例 1

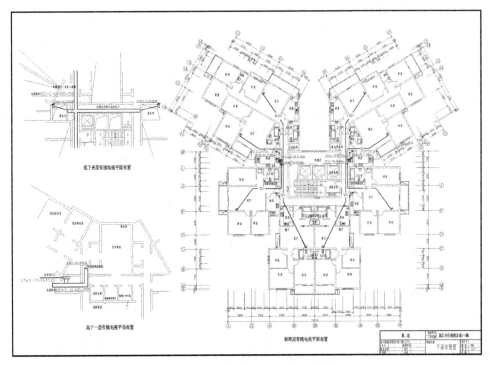

图 5.1.2　CAD 制图实训图纸样例 2

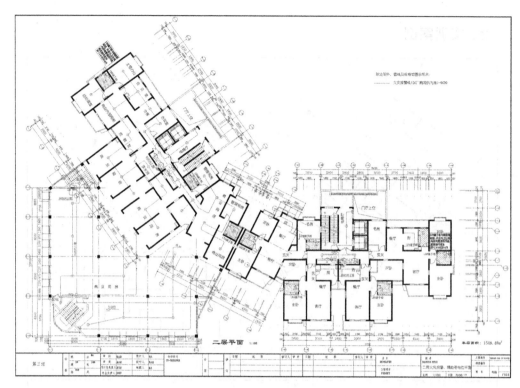

图 5.1.3　CAD 制图实训图纸样例 3

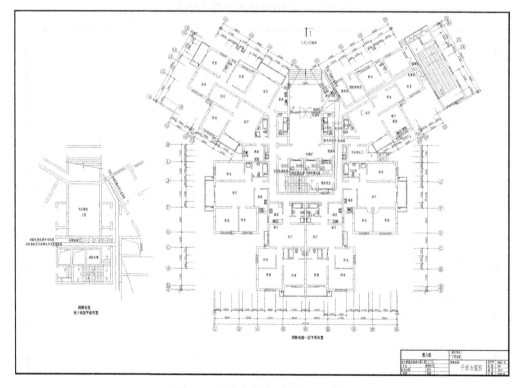

图 5.1.4　CAD 制图实训图纸样例 4

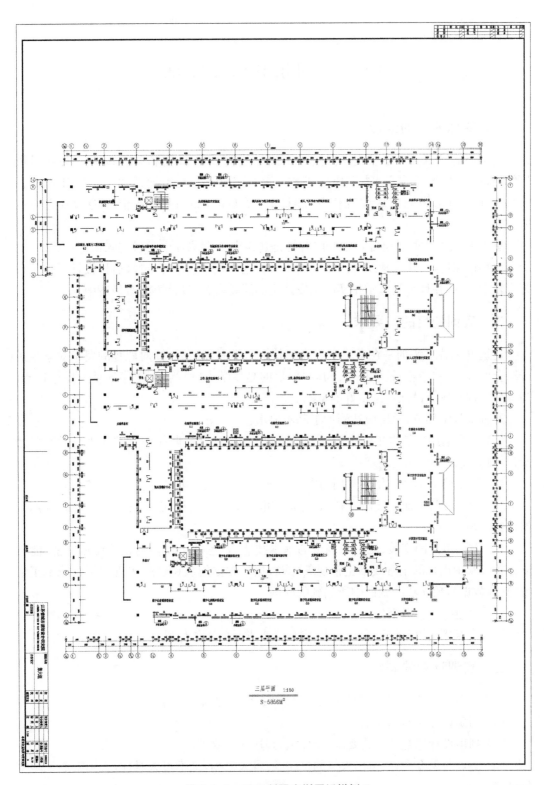

图 5.1.5 CAD 制图实训图纸样例 5

第二节　建筑电工技术实训

一、实训内容的选择

实训内容选择得是否合适,直接关系到学生完成的情况和教学效果。必须根据教学要求、学生实际水平、能完成的工作量和实验条件,恰当地选题。争取让不同程度的学生经过努力能完成课程任务在巩固所学知识,提高基本技能和能力等方面有所收获。

建筑电工技术实训题目其主要内容均是建筑电工学课程中学过的知识,具有一定的实用性和趣味性,反映了建筑电工学的新水平。这些题目包含综合性题目,设计指标不仅符合教学要求,并且都是从学生实际出发选定的课题内容,设计方法难易适中。

二、实训的目的与要求

建筑电工技术实训是在学生学习完建筑电工学课程之后,针对课程的要求对学生进行综合训练的一个实践教学环节。其主要目的是使学生掌握各种工序的基本操作技能,为综合实训及毕业设计奠定良好的基础。

通过本教学环节,学生应达到如下基本要求:

(1)综合运用建筑电工学中所学到的理论知识,结合实训任务要求适当自学某些新知识,独立完成一个课题的理论设计。

(2)能正确地选择和使用常用的电工仪表、电子仪器和电工设备。

(3)通过查阅手册和文献资料,熟悉常用电子器件的类型和特性,并掌握合理选用元器件的原则。

(4)掌握电路的安装、测量与调试的基本技能,熟悉电子仪器的正确使用方法,能独立分析实验中出现的正常或不正常现象(或数据),独立解决调试中出现的正常或不正常现象(或数据),独立解决调试中所遇到的问题。

(5)学会撰写实训报告。

(6)培养严谨的工作态度和严肃认真、实事求是的工作作风。

三、实训计划的制定

实训必须给学生分发实训任务书,制定时必须考虑以下几方面:

(1)明确设计目的和要求。

(2)列出设计课题及相关要求,做什么,到达什么要求。

(3)实训对怎么做,应给出大概的思路,不可太模糊,又不可太具体,否则限制了学生的创造能力。

(4)任务书应对提交的作品的形式作出相应的规范,对考核的标准做明确的说明。

四、实训的实施

（一）任务分配及组织动员

实训题目不止一个,教师应给出几个可供选择的题目,让学生根据自己的喜好和专长,确定自己的课题。

实训之前,应组织一次实训动员,明确设计目的与要求,教学中讲解必要的电路原理和设计方法,如果需要深化和扩展学过的知识,还要补充讲授有关的内容,帮助学生明确任务、掌握工程设计方法。学生在教师指导下选择设计方案,进行设计计算,完成预设计。学生要对设计的全过程作出系统总结报告,按照一定格式写出设计说明书。

（二）实训任务书下达

根据学生数、题目难易程度及工作量大小,可每生一个课题也可分组分配任务,确定组长,并将具体工作落实到每个学生。

（三）实训过程

1. 所分配课题设计方案的选择与论证

表 5.2.1　课题设计方案的选择

课题一：安装调试三相异步电动机顺序起动控制线路	
设计任务	（1）按图纸要求正确熟练地安装三相异步电动机顺序起动控制线路; （2）按钮盒不固定在板上,电源和电动机配线按钮接线要接到端子排上,要注明引出端子标号
设计要求	接触器 KM1 的另一常开触头(线号为 6、7)串联在接触器 KM2 线圈的控制电路中,当按下 SB11 使电机 M1 起动运转,再按下 SB21,电机 M2 才会起动运转,若要停 M2 电机,则只要按下 SB22,如 M1,M2 都停机,则只要按下 SB12 即可
方案论证	方案：按照图纸要求熟练地安装,布线要横平竖直;检查各个接线端子是否连接牢固。线头上的线号是否同电路原理图相符合,绝缘导线是否符合规定,保护导线是否已可靠连接
课题二：单相电度表的安装线路	
设计任务	正确连接单相电表与照明线路
设计要求	（1）单相电度表的接线有直接接入和经互感器接入两种方式。前者适用于低电压(220 V)、小电流(5～10 A)。电度表在接线时除了必须将电流线与负载串联、电压线圈与负载并联外,还必须遵守"发电机端"接线规则,即电流线圈和电压线圈的"发电机端"应共接在电源同一极; （2）经检查接线无误后,接通交流电源,此时负载照明灯正常发光,电度表的铝盘转动,计度器上的数字也相应转动。若操作中出现不正常故障,则应立即断开电源,分析故障并加以排除后,再进行通电实验
方案论证	方案：电度表本身带有接线盒,盒内共有四个接线端子。根据要求,电度表的接线原则一般是："火线 1 进 2 出,零线 3 进 4 出"。"进"端接电源,"出"端接负载。如果出现电度表接线端子排列与此不同的情况,应根据厂家提供的接线图进行正确连接

续　表

课题三：三相异步电动机直接起动控制线路设计	
设计任务	设计三相异步电动机直接起动控制线路
设计要求	低压断路器中装有用于过载保护,熔断器主要作短路保护,建议连接导线要采用规定的颜色,导线的绝缘和耐压要符合电路要求,每一根连接导线在接近端子处的线头上必须套上标有线号的套管;进行布线要求走线横平竖直、整齐、合理,接点不得松动,不得承受拉力,接地线和其他导线接头,同样应套上标有线号的套管
方案论证	方案:按照图纸要求熟练地安装,布线要横平竖直;检查各个接线端子是否连接牢固。线头上的线号是否同电路原理图相符合,绝缘导线是否符合规定,保护导线是否已可靠连接

学生自选题目: 学生可根据本实训的目的与要求自选题目,经过指导教师鉴定、允许后可将自选题目作为本实训的题目。

2. 设计过程(含计算、数据分析,图纸绘制等)

设计过程要包含相应的电路设计图及原理解释、理论计算、推理、对理论值和实验值进行比较分析及误差计算等。

3. 学生实训说明书撰写

实训说明书如表5.2.2所示。

表5.2.2　实训说明书样表

1. 绪论
　　1.1　相关背景知识
　　1.2　实训条件
　　1.3　实训课程设计目的
　　1.4　实训课程设计的任务
　　1.5　实训课程设计的技术指标
2. 基本原理
　　2.1　原理框图
　　2.2　总体设计思路
3. 各组成部分的工作原理
　　3.1　XXX电路
　　　　3.1.1　XXX电路图(截图)
　　　　3.1.2　XXX电路的工作原理(所用元件、原理分析,公式推理,元件参数)
　　　　3.1.3　XXX电路参数的计算(其中包含理论计算和实测数值的比较)
　　3.2　YYY电路
　　……
4. 实验室调试及分析
　　4.1　元件清单
　　4.2　调试照片
　　4.3　调试结果与分析
5. 设计小结

4. 实训过程文件

(1)学生填写设计日志。

(2)教师填写指导记录。

5. 实训答辩

（1）实训结束，应组织学生答辩，考查学生对所设计的问题理解是否正确，基本知识是否扎实，是否能分析电路总产生的问题，并提供解决的方法。

（2）答辩成绩标准：

90分：答辩中能正确回答所有问题，回答正确，基本知识扎实，能分析电路中可能出现的一切问题及解决问题的方法。

80分：答辩中能正确回答一些问题，回答正确，基本知识较扎实，能分析电路中可能出现的一般问题及解决问题的方法。

70分：答辩中回答问题基本正确，基本知识一般，尚能分析电路中可能出现的小问题及解决问题的方法。

60分：答辩中能正确回答简单问题，能分析电路中出现基本的问题及解决问题的方法。

60分以下：答辩中不能回答问题，基本知识不扎实。设计中有创新思想的可适当加分。

五、实训的成绩评定与总结

（一）实训成绩组成

平时成绩，主要考查学生设计态度、考勤等，占30%。

理论设计与总结报告：包括方案论证、电路工作原理、单元电路设计计算、元器件的选择、总电路工作原理、总图与总结设计工作、写出设计说明书。理论设计与总结报告成绩占总分40%。

答辩：考核成绩占总分30%。

其中理论设计与总结报告成绩判断标准如下：

90分：设计认真，很好地完成设计任务。方案论证正确，电路工作原理清楚，单元电路设计计算正确，元器件的选择正确合理和总电路工作原理分析正确及画出的总电路图规范，总结完整，设计说明书规范。

80分：设计认真，较好地完成设计任务。方案论证正确，单元电路设计计算无明显错误，元器件的选择正确和总电路工作原理分析较清楚及画出的总电路图较规范，总结较完整，设计说明书较规范。

70分：基本完成设计任务。总电路工作原理分析较清楚。单元电路设计计算和元器件的选择有一些小错误。总结一般，设计说明书不够规范。

60分：未完成所有的设计任务。总电路工作原理分析不够清楚。单元电路设计计算和元器件的选择有错误，设计说明书不规范。

60分以下：只完成设计任务的小部分，总电路工作原理分析不清楚。单元电路设计计算和元器件的选择有错误，设计说明书不规范。

（二）学生的实训小结

设计的收获、对实践能力提高认识等。

（三）指导教师的工作小结

包括总体情况，取得的成绩和收获，存在的问题，改进建议与措施等

（四）设计文件的归档

实训教学大纲、任务书、学生设计说明书及图纸、实训小结、实训过程文件等。

六、参考文献

[1] 秦曾煌.电工技术(第六版)[M].北京：高等教育出版社.

[2] 姚海彬.电工技术(电工学)第二版.[M].北京：高等教育出版社.

七、实训报告例

异步电动机正反转控制线路故障检查及排除。

（一）引言

1. 实训目的

（1）掌握异步电动机正反转控制线路工作原理。

（2）掌握异步电动机正反转控制线路故障检查、分析及排除方法。

（3）培养学生的分析问题与解决问题的能力。

2. 实训内容

（1）按照电气线路图完成异步电动机正反转控制线路故障检查。

（2）观察故障现象，书面分析可能的故障原因。

（3）排除故障，书面写出实际故障点。

（二）故障分析

一般应用万用表、兆欧表、钳形电流表等仪表来进行检查。

使用电压法及电阻法来进行电路通电或断电情况下检查。

（1）电压法。用万用表的交流电压档的适当量程测量线路中各点电压是否正常，如图 5.2.1 所示。

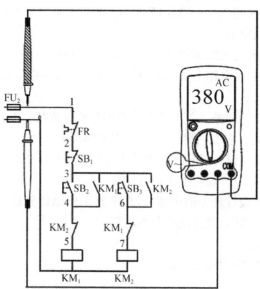

图 5.2.1　电压法检测线路

（2）电阻法。用万用表电阻档测量电气元件是否断路或短路,如图 5.2.2 所示。连接导线有无断线,如图 5.2.3 所示。

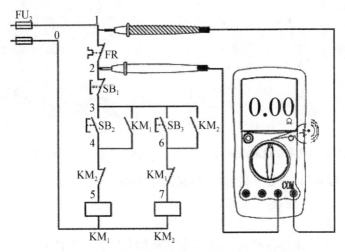

图 5.2.2 电阻法检测电气元件是否断路或短路

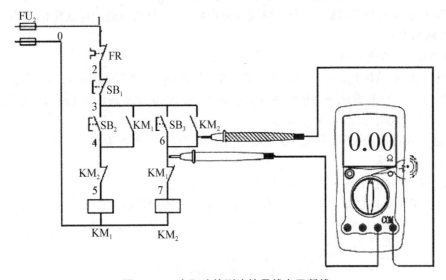

图 5.2.3 电阻法检测连接导线有无断线

（3）用兆欧表检查。测量电动机的绝缘电阻,以判断绕组是否绝缘损坏或与外壳短路。测量时应注意额定电压 500 V 以下的电气设备绝缘电阻时,可选 500 V 或 1 000 V 兆欧表。额定电压 500 V 以上的电气设备绝缘电阻时,可选 2 500 V 兆欧表。500 V 以下的电气设备绝缘电阻应大于 0.5 MΩ。测量电动机的绝缘电阻方法,如图 5.2.4 所示。

（4）用钳形电流表检查。测量电动机的三相绕组电流是否平衡,判断绕组有无短路,或有无因其他机械原因引起的过载等。如图 5.2.5 所示。

（三）实训步骤及结果分析

1. 实训步骤

（1）观察故障现象。

图 5.2.4　兆欧表检查电动机的绝缘电阻

图 5.2.5　钳形电流表检查电动机的电流

（2）根据故障现象，简要分析可能引起故障的原因。

（3）用万用表进行检查，寻找故障点。

（4）排除故障。

（5）检修时，不得损坏电器元件，严禁扩大故障范围或产生新的故障。

（6）用万用表电阻档测量时必须切断总电源。

（7）观察故障现象，填写入卷。根据故障现象，简要分析可能引起故障的原因。

2.　结果分析

故障现象：全部工作失灵。

分析可能的故障原因：供电是否正常、熔丝是否损坏、热继电器是否过载保护。控制电路中，1 号线→FR 常闭→2 号线→SB1 常闭→3 号线、0 号线→KM1（KM2）线圈该线路中任意一根导线损坏，或者元件损坏。

写出实际故障点：FR 常闭→2 号线→SB1 常闭中 2 号线断路。

（四）参考文献

[1] 秦曾煌.电工技术(第六版)[M].北京：高等教育出版社.

[2] 姚海彬.电工技术(电工学)第二版[M].高等教育出版社.

第三节　电子技术实训

一、实训内容的选择

实训内容选择得是否合适，直接关系到学生完成的情况和教学效果。必须根据教学要求、学生实际水平、能完成的工作量和实验条件，恰当地选题。争取让不同程度的学生经过努力能完成课程任务在巩固所学知识，提高基本技能和能力等方面有所收获。

模拟电子技术实训题目其主要内容均是电子电路课程中学过的知识，而且多是应用集成电路组成的实用电子装置，具有一定的实用性和趣味性，反映了模拟电子技术的新水平。这些题目以模拟电路为主，还有包含数学和模拟电路的综合性题目。它们的设计指标不仅符合教学要求，并且都是从学生实际出发选定的课题内容，设计方法难易适中。

实训必须给学生分发实训任务书,制定时必须考虑以下几方面:

(1) 明确设计目的和要求。

(2) 列出设计课题及相关要求,做什么,到达什么要求。

(3) 实训对怎么做,应给出大概的思路,不可太模糊,又不可太具体,否则限制了学生的创造能力。

(4) 任务书应对提交的作品的形式作出相应的规范,对考核的标准做明确的说明。

二、实训的目的与要求

电子技术实训是在学生学习完电子技术课程之后,针对课程的要求对学生进行综合训练的一个实践教学环节。通过本次实训所要达到的目的和要求是:使学生掌握电路设计的一般步骤,进一步掌握模拟电路和数字电路的理论设计方法及工程设计方法,逐步熟悉开展科学实践的程序和方法。提高学生在数字集成电路应用方面的技能,树立严谨的科学作风,培养学生综合运用理论知识,联系实际要求作出独立设计,并进行安装调试的实际工作能力,为以后的毕业设计打下坚实的基础。

通过本教学环节,学生应达到如下基本要求:

(1) 综合运用电子技术中所学到的理论知识,结合实训任务要求适当自学某些新知识,独立完成一个课题的理论设计。

(2) 会运用 EDA 工具(如 EWB、PSPICE、Multisim 等),对所作出的理论设计进行模拟仿真测试,进一步完善理论设计。

(3) 通过查阅手册和文献资料,熟悉常用电子器件的类型和特性,并掌握合理选用元器件的原则。

(4) 掌握电路的安装、测量与调试的基本技能,熟习电子仪器的正确使用方法,能独立分析实验中出现的正常或不正常现象(或数据),独立解决调试中出现的正常或不正常现象(或数据),独立解决调试中所遇到的问题。

(5) 学会撰写实训报告。

三、实训计划制定

以《电子技术实训》教学大纲为依据,结合实训目的和要求,选择合适的图纸,然后根据图纸制定具体的实训计划。实训计划时间分配如表 5.3.1 所示。

表 5.3.1　电子技术实训时间分配表

序　号	实　习　内　容	实习时间(天/周)
1	(1) 在实训室讲解案例原理图,本次实训安排及要求。 (2) 拆卸旧印刷板,提出焊接要求。 (3) 学生根据原理图计算各级静态工作点,在实训记录本做记录	0.5 天
2	(1) 发放元器件。 (2) 讲解用万用表进行五种基本测量(测电压、电阻、晶体管 β、电流、判别电容好坏及二极管、三极管型号和管脚)	0.5 天

续　表

序　号	实　习　内　容	实习时间(天/周)
3	(1) 画出装配图,熟悉从原理图到印刷电路图的转换。 (2) 安装元器件	0.5 天
4	(1) 安装焊接。 (2) 静态工作点测试	1 天
5	(1) 学会使用示波器、直流稳压电源和信号发生器。 (2) 动态测试(测 Au)	0.5 天
6	(1) 动态测试、排除故障。 (2) 试听	1 天
7	(1) 准备给成绩优秀者进行面试。 (2) 撰写实训报告	1 天

四、实训的实施

（一）任务分配及组织动员

实训题目不止一个,教师应给出几个可供选择的题目,让学生根据自己的喜好和专长,确定自己的课题。

实训之前,应组织一次实训动员,明确设计目的与要求,教学中讲解必要的电路原理和设计方法,如果需要深化和扩展学过的知识,还要补充讲授有关的内容,帮助学生明确任务、掌握工程设计方法。学生在教师指导下选择设计方案,进行设计计算,完成预设计。学生要对设计的全过程作出系统总结报告,按照一定格式写出设计说明书。

（二）实训任务书下达

根据学生数、题目难易程度及工作量大小,可每生一个课题也可分组分配任务,确定组长,并具体工作落实到每个学生。

（三）实训过程

1. 所分配课题设计方案的选择与论证

表 5.3.2　课题设计方案的选择

课题一：四路彩灯	
设计任务	共有四个彩灯,分别实现三个过程,构成一个循环共 12 秒
设计要求	(1) 第一个过程要求四个灯依次点亮,共 4 秒。 (2) 第二个过程要求四个灯依次熄灭,共 4 秒,先亮者后灭。 (3) 最后 4 秒要求四个灯同时亮一下灭一下,共闪 4 下
方案论证	方案:把四路彩灯接在 74LS194 的 Q0～Q3 上,SR 稳定接一高电平,SL 稳定接地电位,而 D0～D3 接周期为 1 秒的方波信号
课题二：八路抢答器的设计	
设计任务	设计一个竞赛用八路抢答器

续　表

	课题二：八路抢答器的设计
设计要求	（1）主持人按下抢答"开始"按钮，同时喇叭发出"嘀"的一声，八路抢答开始。 （2）八路抢答按钮的编号分别为1～8，一次只能有一人抢答成功。 （3）当某一路抢答成功时，发光二极管立即点亮，并在数码管上显示该路的号数，直到主持人按复位开关为止，其他人再抢答无效。 （4）主持人按"复位"按钮后，必须下次重新抢按"开始"按钮才能继续抢答
方案论证	方案：把八路的开关量转变成对应的数字来显示，而显示译码器接收的是 BCD 码，所以这里要用到 8-3 线编码器

	课题三：音量可调音频功率放大电路设计
设计任务	设计音调可调的音频功率放大电路
设计要求	（1）最大输出功率为 8 W。 （2）负载阻抗为 8 Ω。 （3）非线性失真系数不大于 3%。 （4）输入端短路时，噪声输出电压的有效值不超过 10 mV，直流输出电压不超过 50 mV，静态电源电流不超过 100 mA。 （5）阻抗不小于 50 kΩ。 （6）具有音调控制功能，即用两只电位器分别调节高音和低音。当输入信号为 1 kHz 时，输出为 0 dB；当输出为 100 Hz 正弦波时，调节低音电位器可以使输出功率变化 ±12 dB；当输入信号为 10 kHz 正弦波时，调节电位器也可以使输出功率变化 ±12 dB。 （7）频率响应 80 Hz～6 kHz，即 BW＝6 kHz
方案论证	方案：（1）采用集成音频功率放大芯片 LM386 来完成设计，音调用电位器调节。 （2）采用分立元件来设计，构成推挽式放大电路

学生自选题目：学生可根据本实训的目的与要求自选题目，经过指导教师鉴定、允许后可将自选题目作为本实训的题目。

2. 设计过程（含计算、数据分析，图纸绘制等）

设计过程要包含相应的电路设计图及原理解释、理论计算、推理、对理论值和实验值进行比较分析及误差计算等。

3. 学生实训说明书撰写

实训说明书如表 5.3.3 所示。

表 5.3.3　实训说明书样例

1. 绪论
　　1.1　相关背景知识
　　1.2　课程设计条件
　　1.3　课程设计目的
　　1.4　课程设计的任务
　　1.5　课程设计的技术指标
2. 基本原理
　　2.1　原理框图
　　2.2　总体设计思路

3. 各组成部分的工作原理
　3.1　XXX 电路
　　3.1.1　XXX 电路图（截图）
　　3.1.2　XXX 电路的工作原理（所用元件、原理分析，公式推理，元件参数）
　　3.1.3　XXX 电路参数的计算（其中包含理论计算和实测数值的比较）
　3.2　YYY 电路
　……
4. 电路仿真结果
　4.1　XXX 电路的仿真结果（截图）
　4.2　YYY 电路的仿真结果（截图）
　4.3　……
5. 实验室调试及分析
　5.1　元件清单
　5.2　调试照片
　5.3　调试结果与分析
6. 设计小结

　4. 实训过程文件

（1）学生填写设计日志。

（2）教师填写指导记录。

　5. 实训答辩

（1）实训结束，应组织学生答辩，考查学生对所设计的问题理解是否正确，基本知识是否扎实，是否能分析电路中产生的问题，并提供解决的方法。

（2）答辩成绩标准：

90 分：答辩中能正确回答所有问题，回答正确，基本知识扎实，能分析电路中可能出现的一切问题及解决问题的方法。

80 分：答辩中能正确回答一些问题，回答正确，基本知识较扎实，能分析电路中可能出现的一般问题及解决问题的方法。

70 分：答辩中回答问题基本正确，基本知识一般，尚能分析电路中可能出现的小问题及解决问题的方法。

60 分：答辩中能正确回答简单问题，能分析电路中出现基本的问题及解决问题的方法。

60 分以下：答辩中不能回答问题，基本知识不扎实。设计中有创新思想的可适当加分。

五、实训成绩评定与总结

（一）实训成绩组成

平时成绩：主要考查学生设计态度、考勤等，占 30％。

理论设计与总结报告：包括方案论证、电路工作原理、单元电路设计计算、元器件的选择、总电路工作原理、总图与总结设计工作、写出设计说明书。理论设计与总结报告成绩占总分 40％。

答辩：考核成绩占总分 30％。

其中理论设计与总结报告成绩判断标准如下：

90分：设计认真，很好地完成设计任务。方案论证正确，电路工作原理清楚，单元电路设计计算正确，元器件的选择正确合理和总电路工作原理分析正确及画出的总电路图规范，总结完整，设计说明书规范。

80分：设计认真，较好地完成设计任务。方案论证正确，单元电路设计计算无明显错误，元器件的选择正确和总电路工作原理分析较清楚及画出的总电路图较规范，总结较完整，设计说明书较规范。

70分：基本完成设计任务。总电路工作原理分析较清楚。单元电路设计计算和元器件的选择有一些小错误。总结一般，设计说明书不够规范。

60分：未完成所有的设计任务。总电路工作原理分析不够清楚。单元电路设计计算和元器件的选择有错误，设计说明书不规范。

60分以下：只完成设计任务的小部分，总电路工作原理分析不清楚。单元电路设计计算和元器件的选择有错误，设计说明书不规范。

（二）学生的实训小结

设计的收获、对实践能力提高认识等。

（三）指导教师的工作小结

包括总体情况，取得的成绩和收获，存在的问题，改进建议与措施等。

（四）设计文件的归档

实训教学大纲、任务书、学生设计说明书及图纸、实训小结、实训过程文件等。

六、参考文献

[1] 集成电路手册分编委员会. 中外集成电路简明速查手册——TTL、CMOS 电路[M]. 北京：电子工业出版社，1997.

[2] 赵负图. 数字逻辑集成电路手册[M]. 北京：化学工业出版社，2005.

[3] 康华光. 数字电子技术[M]. 北京：高等教育出版社，2006.

七、实训报告

设计举例：四路彩灯

（一）设计任务

共有四个彩灯，分别实现三个过程，构成一个循环共 12 秒。

（1）第一个过程要求四个灯依次点亮，共 4 秒。

（2）第二个过程要求四个灯依次熄灭，共 4 秒，先亮者后灭。

（3）最后 4 秒要求四个灯同时亮一下灭一下，共闪 4 下。

（二）设计方案

方案：把四路彩灯接在 74LS194 的 Q0～Q3 上，SR 稳定接一高电平，SL 稳定接地电位，而 D0～D3 接周期为 1 秒的方波信号。时钟信号在整个 12 秒时间应该是前 8 秒为 1 Hz 的频率，后 4 秒变为 2 Hz 的频率，可以用 555 定时器产生 2 Hz 的方波信号，再用 D 触发器分频产生 1 Hz 的方波信号，二者分别与控制信号相与再通过或门即可得到 CLK 信号。

（三）各单元电路设计

1. 时钟信号电路设计

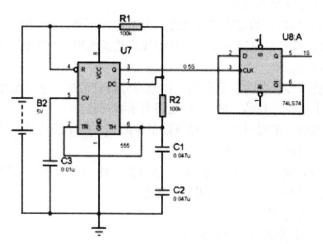

图 5.3.1　用 555 产生的 2 Hz 及 1 Hz 方波信号

2. 四路彩灯仿真图

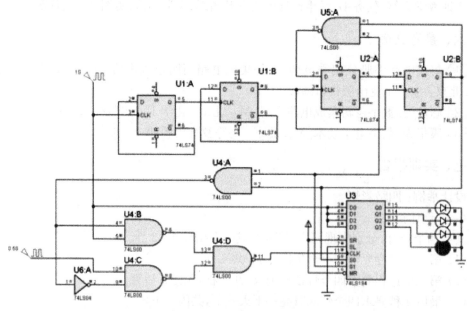

图 5.3.2　四路彩灯仿真图

连接电路如图 5.3.2 所示，其中省去了 555 及二分频电路，直接用数字脉冲源进行仿真。另外，图中所有 D 触发器的异步输入端在实际电路连接时最好接高电平。产生时钟的电路用与非逻辑替代了与或逻辑，因为与非门的应用最普遍。

第四节 建筑电气控制及 PLC 实训

一、实训目的与要求

（1）了解常用电气控制装置的设计方法、步骤和设计原则。

（2）学以致用，巩固书本知识。通过训练，使学生初步设计具有电气控制装置的能力，从而培养学生独立工作和创造的能力。

（3）进行一次工程技术的基本训练。培养学生查阅书籍、参考资料、产品手册、工具书的能力，上网查询信息的能力，运用计算机进行工程绘图的能力，编制技术文件的能力等，从而提高学生解决实际工程技术问题的能力。

二、实训任务

（一）参考题目

1. 四层简易电梯电气控制系统

电梯的上、下行由一台电动机拖动，电动机正转为电梯上升，反转为下降。一层有上升呼叫按钮 SB11 和指示灯 H11，二层有上升呼叫按钮 SB21 和指示灯 H21 以及下降呼叫按钮 SB22 和指示灯 H22，三层有上升呼叫按钮 SB31 和指示灯 H31 以及下降呼叫按钮 SB32 和指示灯 H32，四层有下降呼叫按钮 SB41 和指示灯 H41。一至四层有到位行程开关 ST1～ST4。电梯内有一至四层呼叫按钮 SB1～SB4 和指示灯 H1～H4；电梯开门和关门按钮 SB5 和 SB6，电梯开门和关门分别通过电磁铁 YA1 和 YA2 控制，关门到位由行程开关 ST5 检测。此外还有电梯载重超限检测压力继电器 KP 以及故障报警电铃 HA。

2. 锅炉车间输煤机组控制

设计的原始资料和控制要求：输煤机组的拖动系统由 6 台三相异步电动机 M1～M6 和一台磁选料器 YA 组成。SA1 为手动/自动转换开关，SB1 和 SB2 为自动开车/停车按钮，SB3 为事故紧急停车按钮，SB4～SB9 为 6 个控制按钮，手动时单机操作使用。HA 为开车/停车时讯响器，提示在输煤机组附近的工作人员输煤机准备起动请注意安全。HL1～HL6 为 M1～M6 电动机运行指示，HL7 为手动运行指示，HL8 为紧急停车指示，HL9 为系统运行正常指示，HL10 为系统故障指示。

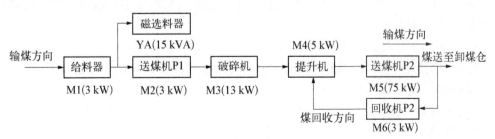

图 5.4.1　输煤机组控制系统示意图

3. 工作台自动往返控制线路

设计的原始资料和控制要求：

工作台自动往返由四个行程开关来控制，其中 SQ1 和 SQ2 装在机床床身上，用来控制工作台的自动往返，SQ3 和 SQ4 用作终端保护，控制工作台的极限位置，当工作台到达极限位置时，工作台 T 形槽中的挡块会碰撞 SQ3 或 SQ4，从而切断控制线路，电机 M 停止转动，工作台停止移动。

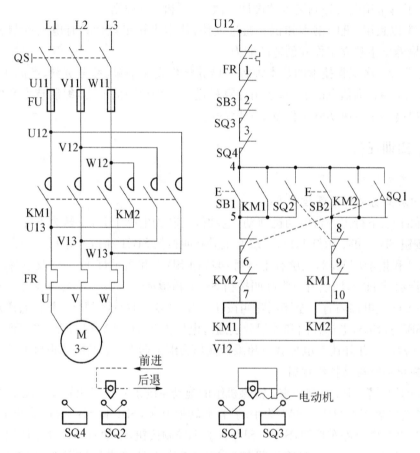

图 5.4.2   工作台自动往返控制线路图

4. 学生自选题目

学生可根据本实训的目的与要求自选题目，经过指导教师鉴定、允许后可将自选题目作为本实训的题目。

（二）实训任务及工作量的要求

每一学生在教师指导下，独立完成一个电气控制与 PLC 设计。工作量如下：

（1）电路原理图。

（2）程序流程图。

（3）仿真调试。

（4）设计说明书，内含能编译通过的源程序（有必要的注释）。

三、实训时间安排

实训时间安排如表 5.4.1 所示。

表 5.4.1　实训时间安排表

时　间	设计内容及任务
星期一、二	讲解设计课题内容、布置设计任务及要求,熟悉课题,初步设计
星期三、四	PLC 输入输出接线图,初步设计
星期五	梯形图,控制面板图初步设计
星期一、二	PLC 输入输出接线图,梯形图,控制面板图的修改及完善
星期三、四	绘图,写说明书及操作使用说明
星期五	完善上述设计内容,装订说明书,抽查答辩

四、参考文献

[1] 陈建明. 电气控制与 PLC 应用[M]. 北京：电子工业出版社. 2010.

[2] 王阿根. 电气可编程控制原理与应用[M]. 北京：清华大学出版社. 2010.

[3] 马小军,束长宝,王阿根. 可编程控制器及其应用[M]. 南京：东南大学出版社. 2007.

[4] 钟肇新,范建东. 可编程控制器原理(第 3 版)[M]. 广州：华南理工大学出版社. 2004.

[5] 郁汉琪. 电气控制与可编程控制器应用技术[M]. 南京：东南大学出版社. 2010.

[6] 国家标准汇编. 电气制图及图形符号[S].

五、实训成绩评定

设计报告,占总成绩 30％；现场系统调试占总成绩 20％；答辩占总成绩 30％；设计期间表现占总成绩 20％。

考核成绩分为优、良、中、及格和不及格。

六、实训报告例

小型 SBR 废水处理 PLC 电气控制系统课程设计

（一）引言

1. 设计目的

（1）设计小型 SBR 废水处理 PLC 电气控制系统。

（2）掌握 PLC 的编程软件平台、定时器、计数器、传送指令、主子程序等有关指令的编程方法。

（3）熟悉 PLC 与上位机通信、软件调试的方法。

（4）培养学生的综合设计设计能力、分析问题与解决问题的能力。

2. 要实现的目标

（1）控制装置选用 PLC 作为系统的控制核心,根据工艺要求合理选配 PLC 机型和 I/

O接口。

(2) 可执行手动/自动两种方式,应能按照工艺要求编辑程序并可实时整定参数。

(3) 电动阀上驱动电动机为正、反转双向运行,因此要在PLC控制回路加互锁功能。

(4) PLC的接地应按手册中的要求设计,并在图中表示或说明。

(5) 为了设备安全运行,考虑必要的保护措施,如电动机过热保护、控制系统短路保护等。

(6) 绘制电气原理图:包括主电路、控制电路、PLC硬件电路,编制PLC的I/O接口功能表。

(7) 选择电器元件、编制元器件目录表。

(8) 绘制接线图、电控柜布置图和配线图、控制面板布置图和配线图等。

(9) 采用梯形图或指令表编制PLC控制程序。

(二) 系统总体方案设计

1. 总体方案说明

(1) SBR废水处理系统控制对象电动机均由交流接触器完成起、停控制,电动阀电动机要采用正、反转控制。

(2) 污水池、清水池、中水水箱水位检测开关,在选型时考虑抗干扰性能,选用电极考虑耐腐蚀性。

(3) 电动阀上驱动电动机,其内部设有过载保护开关,为常闭触点,作为电动阀过载保护信号,PLC控制电路考虑该信号逻辑关系。

(4) 1♯清水泵、2♯清水泵、罗茨风机电动机、电动阀电动机分别采用热继电器实现过载保护,其热继电器的常开触点通过中间继电器转换后,作为PLC的输入信号,用以完成各个电动机系统的过载保护。

(5) 罗茨风机的控制要求在无负载条件下起动或停机,需要在曝气管路上设置排空电磁阀。

(6) 主电路用断路器,各负载回路和控制回路以及PLC控制回路采用熔断器,实现短路保护。

(7) 电控箱设置在控制室内。控制面板与电控箱内的电器板用BVR型铜导线连接,电控箱与执行装置之间采用端子板连接。

(8) PLC选用继电器输出型。

(9) PLC自身配有24 V直流电源,外接负载时考虑其供电容量。PLC接地端采用第三种接地方式,提高抗干扰能力。

2. SBR废水处理电气控制原理图设计

(1) 主电路设计　SBR废水处理电气控制系统主电路如图5.4.3所示。

① 主回路中交流接触器KM1、KM2、KM3分别控制1♯清水泵M1、2♯清水泵M2、曝气风机M3;交流接触器KM4、KM5控制电动阀电动机M4,通过正、反转完成开起阀门和关闭阀门的功能。

② 电动机M1、M2、M3、M4由热继电器FR1、FR2、FR3、FR4实现过载保护。电动阀电动机M4控制器内还装有常闭热保护开关,对阀门电动机M4实现双重保护。

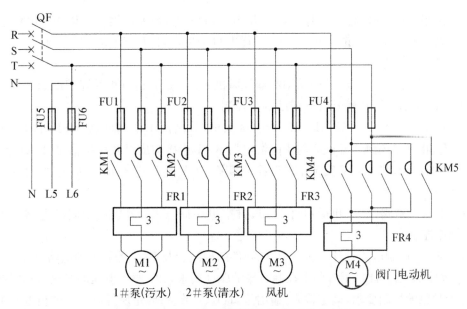

图 5.4.3 SBR 废水处理电气控制系统主电路

③ QF 为电源总开关,既可完成主电路的短路保护,又起到分断三相交流电源的作用,使用和维修方便。

④ 熔断器 FU1、FU2、FU3、FU4 分别实现各负载回路的短路保护。FU5、FU6 分别完成交流控制回路和 PLC 控制回路的短路保护。

(2) 交流控制电路设计 SBR 废水处理系统交流控制电路如图 5.4.4 所示。

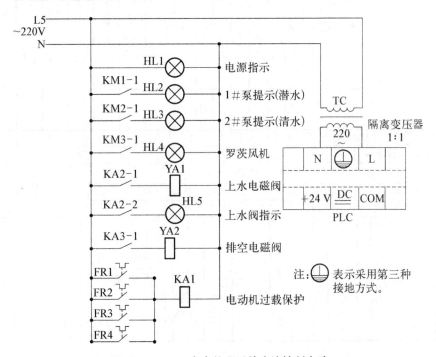

图 5.4.4 SBR 废水处理系统交流控制电路

① 控制电路有电源指示 HL。PLC 供电回路采用隔离变压器 TC,以防止电源干扰。

② 隔离变压器 TC 的选用根据 PLC 耗电量配置,可以配置标准型、变比 1∶1、容量 100 VA 隔离变压器。

③ 1♯清水泵 M1、2♯清水泵 M2、曝气风机 M3 分别有运行指示灯 HL1、HL2、HL3,由 KM1、KM2、KM3 接触器常开辅助触点控制。

④ 4 台电动机 M1、M2、M3、M4 的过载保护,分别由 4 个热继电器 FR1、FR2、FR3、FR4 实现,将其常闭触点并联后与中间继电器 KA1 连接构成过载保护信号,KA1 还起到电压转换的作用,将 220 V 交流信号转换成直流 24 V 信号送入 PLC 完成过载保护控制功能。

⑤ 上水电磁阀 YA1 和指示灯 HL1、排空电磁阀 YA2,分别由中间继电器 KA2 和 KA3 触点控制。

(3) PLC 控制电路设计   包括 PLC 硬件结构配置及 PLC 控制原理电路设计。

① 硬件结构设计。了解各个控制对象的驱动要求,如:驱动电压的等级、负载的性质等;分析对象的控制要求,确定输入/输出接口(I/O)数量;确定所控制参数的精度及类型,如:对开关量、模拟量的控制、用户程序存储器的存储容量等,选择适合的 PLC 机型及外设,完成 PLC 硬件结构配置。

② 根据上述硬件选型及工艺要求,绘制 PLC 控制电路原理图,绘制 PLC 控制电路,编制 I/O 接口功能表。图 5.4.5 为 SBR 废水处理系统 PLC 控制电路原理图,L6 作为

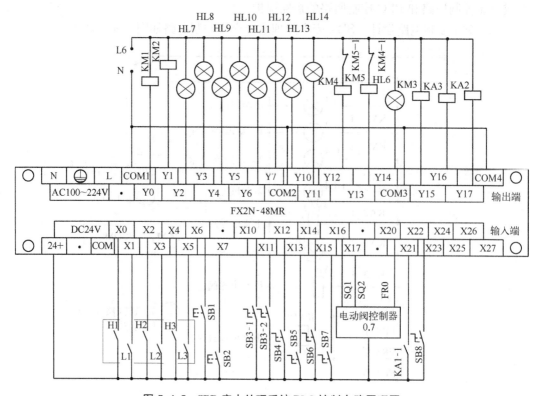

图 5.4.5   SBR 废水处理系统 PLC 控制电路原理图

PLC 输出回路的电源,分别向输出回路的负载供电,输出回路所有 COM 端短接后接入电源 N 端。

③ KM4 和 KM5 接触器线圈支路,设计了互锁电路,以防止误操作故障。

④ PLC 输入回路中,信号电源由 PLC 本身的 24 V 直流电源提供,所有输入 COM 端短接后接入 PLC 电源 DC24 V 的(+)端。输入口如果有有源信号装置,需要考虑信号装置的电源等级和容量,最好不要使用 PLC 自身的 24 V 直流电源,以防止电源过载损坏或影响其他输入口的信号质量。

⑤ PLC 采用继电器输出,每个输出点额定控制容量为 AC250 V,2 A。

⑥ 根据上述设计,对照主回路检查交流控制回路、PLC 控制回路、各种保护联锁电路、PLC 控制程序等,全部符合设计要求后,绘制出最终的电气原理图。

⑦ 根据设计方案选择的电气元件,编制原理图的元器件目录表。

表 5.4.2 SBR 废水处理系统元器件目录表

序号	文字符号	名　称	数量	规格型号	备　注
1	M1~M4	电动机	4	Y 系列	三相交流异步电动机
2	FR1~FR4	热继电器	4	JR16B-20/3	参照电动机整定电流
3	FU1~FU4	熔断器	12	RL1-15	熔体 2~10 A
4	FU5,FU6	熔断器	2	RT16-32X	熔体 2 A
5	QF	断路器	1	C45AD	脱扣电流 10 A
6	TC	隔离变压器	1	BK-100	变比 1:1,AC220 V
7	SB1	起动按钮	1	LAY37	绿色
8	SB2	停止按钮	1	LAY37	红色
9	SB3	转换开关	1	LAY37-D2	手动/自动转换
10	SB4~SB8	手动开关	5	LAY37-D2	黑色
11	KM1~KM4	交流接触器	4	DJX-9	线圈电压:AC220 V
12	KA1~KA3	中间继电器	3	HH52P	线圈电压:AC220 V
13	HL1~HL15	指示灯	15	AD16-22	LED 显示,AC220 V
14	YA1	电磁阀	1	ZCT-50A	线圈电压:AC220 V
15	YA2	电磁阀	1	ZCT-15A	线圈电压:AC220 V
16	YA3	电动阀门装置	1	LQA20-1	AC380,60 W
17	PLC	可编程序控制器	1	FX2N-48MR	继电器输出

(三)系统调试及结果分析

1. 系统调试及解决问题

通过调试,发现程序需实现的控制要求较多,实现起来较为复杂,将程序改为主子程序结构可将程序简化,一目了然,减少错误。并且确保接线无误,电压和接地都要正确。

2. 结果分析

通过分析可以达到设计的目的。

（四）结束语

通过本次实训成功设计出了控制程序。这次实训使我们对 PLC 的编程与控制有了更加深入的了解,操作更加娴熟,也进一步了解了 PLC 这门课程的重要性。

（五）参考文献

马秀坤. s7 - 200plc 与数字调速系统的原理及应用[M]. 北京：国防工业出版社. 2009.

第六章 课程设计

第一节 楼宇自动化技术课程设计

一、课程设计方案的制定

（一）课程设计的性质和任务

《楼宇自动化技术》是建筑电气与智能化专业的一门专业核心课程。随着科学技术的进步，越来越多的现代控制技术、通信技术、计算机技术用于楼宇自控领域，该课程所涉及的知识面更加宽广，知识更新更快，同时也是学生比较难以掌握的一门课程。通过楼宇自动化课程设计，把课堂上的理论知识与工程实际相结合，对增加学生专业知识的理解很有好处。运用实际智能化系统工程施工招标文件作为课程设计的题目，可以增加学生的知识面和自信心。

本课程设计要求通过某一楼控系统工程招标文件，编制相应的楼控系统的投标文件。把楼宇自动化理论知识与实际工程设计相联系，使学生能初步独立完成楼控系统的工程方案设计。培养学生根据楼控系统（建筑设备监控系统）施工工程招标文件，结合课程理论知识，初步学会阅读招标文件，并根据招标文件，熟悉楼宇自控系统投标文件的编制；通过本次课程设计，巩固课程学习知识，并加深对所学的理解深度；目前，能够独立完成楼控系统设计的人才资源紧缺，希望学生通过本次课程设计的一次预演，能尽快适应工程中楼控系统投标文件的编制，使学生在实际工作中能尽快适应新的工作岗位；培养学生综合分析和解决问题的能力以及严谨、扎实的工作作风。

（二）要求

学生应达到：

（1）熟悉并准确掌握楼宇自动化有关专业术语，并理解其内涵和范畴。

（2）了解并初步掌握楼宇自控系统工程主要特征和需求。

（3）使学生掌握楼宇自控系统投标文件的格式规范和要求。

（4）通过对招标文件的阅读和研究，使学生能针对该投标工程，进行初步的工程设计分析。

（5）初步了解目前市场上的主要楼控产品品牌、主要特点和价位情况。

（三）课程设计的内容及要求

《楼宇自动化技术》课程设计的选题要符合教学目的和基本要求，设计内容体现应用型本科教育理念，实用型强，并设计具有一定的深度，使学生通过本次课程设计，完成一次实际招投标工程楼宇自控系统技术标编制的演练。

本课程设计由指导教师提供几份较为完整的不同建筑工程智能化系统工程的招标文件，招标文件中，对楼控系统的工程技术设计有明确的要求，学生根据招标文件，结合其他参考资料，包括产品信息，完成一份楼宇自控系统的投标标书（技术标）。

课程设计文件中，最终结果为一份完整的技术标投标文件，内容包括：

（1）业主需求分析。

（2）方案设计目标。

（3）楼宇自控系统的优点。

（4）系统组成。

（5）设备控制范围。

（6）系统设备清单等方面的设计。

（四）图表内容与要求

（1）完成楼控系统设备原理图。

（2）完成设备清单表。

（3）施工图采用 AUTOCAD 软件绘制。

（4）图标用 A4 纸张打印。

（五）其他内容与要求

（1）完成某大楼的楼宇自控系统投标文件一份。

（2）报价书要求端正、清洁、完整，并装订成册。

（六）注意问题

（1）加强过程管理，提高学生自觉性和独立性。自觉性建立在对课程设计的重要性及各项环节的必要性的充分认识和理解的基础上，自觉性主要表现在要主动、积极，要遵守各项纪律。独立性要求同学独立思考，独立解决问题，不依赖教师，不依赖教材。

（2）应切实注意技术标的正确、熟练、规范，正确是基础，熟练出效率，规范才能保证正确、熟练。

（3）学会使用规范、手册及各种参考图集，尽可能少依赖教材。

（4）同组同学之间要注意协作配合，也可以小组形式共同完成，增强学生团体协作能力。

（5）指导教师应加强辅导。

二、课程设计的开展

（一）任务分配及组织动员

课程设计之前，应组织一次课程设计动员，对于课程设计需要的知识点让学生提前准备，通过组织动员，明确课程设计目的与要求。指导教师根据课程设计中需要的材料，重点的讲解所需要文献、资料的类型和文献的阅读方法,进而明确课程设计的任务、组织、纪律和相应要求等。

本课程设计学生可以根据自己的兴趣,任选以下一个题目来完成:

1. 南京市检察院办公大楼楼宇自控系统设计

根据教师提供的南京市检察院办公大楼招标文件和图纸,完成楼宇自控系统技术标设计,主要要求为:

（1）对于工程概况、需求分析、设计理念进行阐述;

（2）提交一份南京市检察院办公大楼楼控系统投标工程设计方案文本,要求格式正确,内容设计合理。

2. 江苏省教育电视台综合楼楼宇自控系统设计

根据教师提供的江苏省教育电视台综合楼招标文件和图纸,完成楼宇自控系统技术标设计,主要要求为:

（1）对于工程概况、需求分析、设计理念进行阐述;

（2）提交一份江苏省教育电视台综合楼楼控系统投标工程设计方案文本,要求格式正确,内容设计合理。

3. 江苏省肿瘤医院病房楼楼宇自控系统设计

根据教师提供的江苏省肿瘤医院病房楼招标文件和图纸,完成楼宇自控系统技术标设计,主要要求为:

（1）对于工程概况、需求分析、设计理念进行阐述。

（2）提交一份江苏省肿瘤医院病房楼楼控系统投标工程设计方案文本,要求格式正确,内容设计合理。

4. 姜堰市行政中心大楼楼宇自控系统设计

根据教师提供的姜堰市行政中心大楼招标文件和图纸,完成楼宇自控系统技术标设计,主要要求为:

（1）对于工程概况、需求分析、设计理念进行阐述。

（2）提交一份姜堰市行政中心大楼楼控系统投标工程设计方案文本,要求格式正确,内容设计合理。

5. 宿迁市市府新区商务写字楼楼宇自控系统设计

根据教师提供的宿迁市市府新区商务写字楼招标文件和图纸,完成楼宇自控系统技术标设计,主要要求为:

（1）对于工程概况、需求分析、设计理念进行阐述。

（2）提交一份宿迁市市府新区商务写字楼楼控系统投标工程设计方案文本,要求格式正确,内容设计合理。

6. 自拟题目

学生可根据本课程设计的目的与要求自选题目,题目必须为某一大楼的楼宇自控系统设计,经过指导教师鉴定、允许后可将自选题目作为本课程设计的题目。

（二）课程设计任务书下达

根据学生数、题目难易程度及工作量大小,可每生一个课题也可分组分配任务,确定组长,并具体工作落实到每个学生。

（三）上交材料要求

每一学生在教师指导下,独立完成一个工程量清单投标报价文件设计。工作量如下:

(1) 业主需求分析。

(2) 方案设计目标。

(3) 楼宇自控系统的优点。

(4) 系统组成。

(5) 设备控制范围。

(6) 系统设备清单。

三、课程设计成绩评定与总结

（一）课程设计成绩评定

课程设计成绩由课程设计报告和平时考核成绩组成,其中设计报告占总成绩 60%,平时考核成绩占 40%。

课程设计报告成绩根据标书文件的规范性、设计的合理性和数据计算的准确性进行评定。

平时成绩由课程设计答辩、出勤情况、学习态度、是否独立完成设计等几方面评定。课程设计的成绩按优秀、良好、中等、及格和不及格五级评定,设计文件评定标准为:

优秀:投标报价文件格式正确、报价规范;报价策略分析全面,且有一定的创新性;内容全面、正确,书写整洁无误,独立完成,符合设计设计要求,设计规范合理。

良好:基本达到上述要求。

中等:能够完成计算要求和设计内容。

及格:基本完成计算和设计要求及内容。

不及格:未达到上述要求工程计算和设计方案。

（二）课程设计总结

经过为期一周的课程设计之后,对《楼宇自动化技术》课程设计情况进行全面、客观的总结,对取得的成绩予以肯定,更主要的是找到不足之处,以便在下次课程设计中加以改进和提高。课程设计总结主要包括以下几个方面:

(1) 对学生的组织纪律性、团结协作精神进行评价。

(2) 教师对资料的整合性进行总结,教师要提供给学生尽可能高效率的资料,让学生能尽快通过阅读材料,知道如何准确地完成课程设计。

(3) 教师对学生完成课程设计组织管理,包括时间分配、分组情况、内容的适合性进行总结。

(4) 对学生完成课程设计报告的质量进行总结。

(5) 对学生通过本课程设计,提高业务水平能力、知识能力等进行评价总结。

四、课程设计时间安排

课程设计时间安排如表 6.1.1 所示。

表 6.1.1 课程设计时间安排表

序 号	任 务	所需时间	备 注
1	指导教师提供楼控系统工程施工招标文件,布置任务、明确课程设计目标和要求	0.5 工作日	教师授课
2	学会阅读理解楼控系统(建筑设备监控系统)招标文件,并根据招标文件熟悉投标文件的编写格式	1 工作日	教师指导下完成
3	根据楼控产品的市场情况,初步学会选用设计方案中的楼控产品	0.5 工作日	教师指导下完成
4	编制一份楼控系统投标文件的工程设计方案	2 工作日	学生独立完成
5	撰写课程设计报告	0.5 工作日	学生课外完成
6	答辩	0.5 工作日	集中答辩

五、课程设计报告例

江苏省教育电视台楼宇自控系统技术方案

（一）楼宇自控系统需求分析

1. 项目情况简介

江苏省教育电视台综合楼建成后将是一座高层演播办公楼,总建筑面积 15 369 m²,高 44.7 m,地面以上十一层,地下一层,整个工程采用中央空调系统。为实现安全、舒适、高效、节能的目的,要求采用目前国际上最先进的楼宇自动化技术,将制冷系统、空调系统、新风系统、变配电系统、照明系统、给排水系统及电梯系统等统一管理起来,实现先进性和兼容性,并提供方便升级与二次开发的可能性。

2. 系统需求分析图表

系统需求分析如表 6.1.2 所示。

表 6.1.2 受控设备名称与控制功能

序 号	设 备 名 称	数量	控 制 功 能	备 注
冷/热源系统				
1	风冷热泵式冷热水机组	3		
			机组运行状态监测	
			机组故障报警	
			机组启/停控制	
			冷冻水供回水温度监测	
			冷冻水供回水压差监测	
			冷冻水供回水旁通阀控制	

序　号	设 备 名 称	数量	控 制 功 能	备　注
冷/热源系统				
			冷冻水回水水流监测	
2	空调循环水泵	4		
			水泵运行状态监测	
			水泵故障报警	
			水泵启/停控制	
新风机组系统				
	新风机组	12		
			送风温度监测	
			风机启/停控制	
			风机运行状态监测	
			过滤器淤塞报警	
			防冻数字动作报警	
			水流控制阀调节控制	
			风阀调节控制	
空调系统				
	空调机组	5		
			回风温/湿度监测	
			新风温/湿度监测	
			回风机启停控制	
			回风机运行状态监测	
			回风机故障报警	
			送风机启/停控制	
			送风机运行状态监测	
			送风机故障报警	
			过滤器淤塞报警	
			防冻数字动作报警	
			加湿阀控制	
			水流控制阀调节控制	
			新风、回风风门调节控制	

续 表

序 号	设 备 名 称	数量	控 制 功 能	备 注
给排水系统				
	生活水泵	2		
			生活泵状态监测	
			生活泵故障报警	
			生活泵起/停控制	
	生活水箱	1		
	生活水池	1		
			生活水箱高低液位监测	
			生活水池高低液位监测	
	污水井	8		
			污水井液位	
	潜水泵	10		
			潜水泵状态监测	
			潜水泵故障报警	
			潜水泵起/停控制	
照明系统				
			普通照明状态监测	
			普通照明开/关控制	
			泛光照明状态监测	
			泛光照明开/关控制	
送排风系统				
	送风机	4		
			送风机状态监测	
			送机故障报警	
			送风机启/停控制	
	排风机	4		
			排风机状态监测	
			排风机故障报警	
			排风机启/停控制	

序　号	设 备 名 称	数量	控 制 功 能	备　注
变配电系统				
			变压器	
			电压监测	
			电流监测	
			有功功率监测	
			功率因数监测	
			断路器状态	
			母联开关的状态监测	
电梯监控系统				
	电梯	2		
			电梯运行方向	
			电梯运行状态监测	
			电梯故障报警	

（二）楼宇自控系统设计说明

1. 设计指导思想

（1）系统稳定可靠。保证设备自控系统长期可靠地运行和系统各项指标长期保持稳定,减少设备维护维修费用。系统设备除了智能控制器、系统控制软件外的控制部件、执行部件、各类传感器及各类阀体均选用知名产品。

（2）节能。该楼宇设备自控系统在保证人员舒适性、办公自动化设备及仓库储存环境要求条件下,尽可能节约能源,以实现采用设备自控系统所带来的经济效益。

（3）系统可扩充。自控系统设计方案充分考虑系统的可扩充性,当用户有新的需求时,不必更改现有系统的前提下,可以实现用户的扩充要求。

（4）系统结构简单。对所选用的设备自控系统产品,技术上要有一定的先进性,系统结构应力求简单,便于工程安装调试及系统维护。

（5）系统易操作。设备自控系统要求用户操作界面采用全中文设计,操作简单,易于掌握。

（6）降低设备管理成本。由于集中监控所有机电设备,减少了设备操作与管理人员,因而可大大降低设备运行的管理成本。

2. 设计标准或设计依据

系统的设计标准为中国国内相关的专业设计标准,如 BAS 系统国家标准 JGJ/T16-92、民用建筑电气设计规范和国际设计标准及有关业主提供的系统需求和设计图纸及相关技术资料。

3. 系统方案设计与设备选型

根据以上设计依据及设计指导思想并在仔细分析系统需求的基础上我们选用海湾公司研制开发的 HW－BA5500 楼宇控制系统作为本项目的楼宇自控系统。该系统集当今世界之先进的计算机技术、通信技术、控制技术和显示技术为一体,代表楼宇控制技术的发展方向。本系统所有传感器、执行器和阀门均由瑞士兰吉尔·驷法公司生产和制造,其产品无论在技术的先进性,还是在产品的质量上,都处于同行业的领先地位。

系统具体组成如下:

中央控制站、现场控制器、通信网络、传感器和变送器、控制阀门和执行机构。

(1) 中央控制站:中央处理机将系统的所有数据进行存储,可随时调出查阅,应对现场各种设备的运行状态等参数数据进行实时监控;中央控制站配置高速打印机,用于系统的信息及报表打印;并配备不间断电源(UPS:实时为中央处理机和打印机提供不间断电源)。

(2) 现场控制器:本系统采用的现场控制器为 HW－BA5010 系列。该控制器可完全独立工作,每一子站均带独立的计算机接口。在中央系统停止工作时,所有的控制器之间的通讯不会中断。在断电后可自启动。控制器具有锂电池后备,在正常操作时,电池不会起作用,电池失效后会产生低电压警报,以保证电池的及时更换,同时具有自诊断功能。

总之,HW－BA5010 系列控制器是具有高可靠性、体积小、低能耗,环境适应性强、可稳定连续运行的基于大容量微处理器的现场控制器。

(3) 系统通信:网络为目前世界上最先进的 LonWorks 控制网络,实现控制器之间的点对点(PEER TO PEER)通信自由拓扑,通信速率为 78 K。同时配有 OP 手提终端接口和接口以连接 1 台 PC 或手提电脑。

(4) 系统方案的先进性。根据以上的设计原则和设计标准,系统设计的先进性体现在如下几个方面:

系统结构——真正的全分布型控制系统,系统可靠性高。

系统网络拓扑——网络为 PEER TO PEER 同层通信网络,先进的通信网络,保证了系统通信和连续控制要求。

系统现场控制器——基于大容量微处理机的可完全独立控制。

系统软件——完善的系统软件,满足系统的各种控制要求和管理模式。

开放的系统——正是基于开放的系统设计思想,充分考虑了与其他系统的可兼容性,基于 WINDOWS95/98 WINDOWS NT 的软件平台,使系统之间更加易于互相通信。

系统升级与扩展——由于全部采用模块化设计,因此系统升级与扩展极为方便,可同时提供免费软件升级。

(三) 楼宇自控系统的具体监控说明

1. 软件功能

(1) 图形中心。系统软件采用 WINDOWS95/98、WIMDOWS NT 操作系统对系统进行管理,提供了一个功能强大的操作环境。本系统采用的软件为网络化的软件,实现了多用户的联网,软件系统为模块化设计,分为:

基本功能,包括人机界面、时间表、彩色图像、报警处理、系统输入管理和后备管理。

任意可选用模块：网络功能、通信功能、能源管理趋势记录、历史记录、报表生成、报告生成、彩色图像编辑、图形化程序编辑（TOUCHMAK）、数据库编辑。

系统报警分为 10 个级别，并可直接进行控制器内部物理单元报警，如：控制器通过自诊断功能检查出各种故障信息、报警位置等。各种报警功能可通过声音、信息、打印和屏幕显示，并可通过电子信箱、传真、寻呼机传递报警。报警历史文件的处理不少于10 000 个输入，所有测量数据可存储 2 年以上。

动态彩色图像的数量可按需要进行编制，其生成方式为 TOUCHVEW 方式，各种图形符号库内的图形符号集齐全，选择快速而准确，并可选择某些动态值直接在屏幕上定义，以长期显示或设置功能键，以直接快速地显示图像。

系统输入口管理分为 999 个级别，可按权限、管理区域等划分，具有三维入口管理功能。

（2）场控制器软件，也为模块化设计，软件可方便地修改，具有以下基本的软件程序：

读数字输入（报警、脉冲记数、联锁）。

读综合输入（独立可选择为模拟或数字输入）。

数字输出（控制 Z 模拟输出控制收制器，设定值控制）。

最佳启停顺序。

报警处理：可以检测来自数字量或模拟量输入的报警信号。一个模拟输入信号能够与预先设定的上/下限相比较，当输入信号超出界限，就会产生报警信号。用户可定义时间延迟以避免误报。

开关延迟。

脉冲记数（只限数字量输入）。

可选择设备运行时间测量，每一个设备可以设运行极限，设备超过运行时间后可以发出维修报警。

时间通道设置，包括按星期、小时、分、起停时间和假日表，单独一天或一个周期代替。

（3）功能总结：基本系统包括彩色图示、警报处理、时间调度、系统入口控制和备份，是一套独立的 WINDOWS 应用程序，与所有开发协议兼容并支持使用所有图形界面，其硬件设备包括 PC 机、显示器、键盘、鼠标和打印机。

高级过程控制程序全部图形化，自由编程，控制回路及特性曲线均为功能模块形式。

通过移动网络监视工具与现场操作接口。

在同一层同层网络中与其他单元进行同层通信。

基本软件：参数可被修改，这些参数存储在 RAM 中，它在电源故障时由备用的电池保护，为防止发生故障，应用软件和参数存储在 FLASH 中，参数在运行过程中可由系统软件或者移动网络监视工具改变设置。

彩色图像功能：反映实时数据的符号化彩色动态图像；通过屏幕界面直接更改数据及运行状态；自动显示检索，屏幕功能按钮，屏幕计算功能；实时数据采集。

报警处理功能：循环存储当前报警状态；打印报警发生与报警处理的时间；十个报警级别；报警联锁；报警按优先级和时间顺序显示。

时间功能：自动闰年计时，夏时制转换；多种日期、时间显示方式；对各项分别按星期及特别指定时间表进行启停控制;特别指定时间表优先。

系统通道控制功能:操作者识别;为系统中各项目定义权限等级;操作者控制等级定义;后备显示功能;命令退出;密码口令。

备份功能:全系统详细备份;系统改变部分备份。

(4) 可选功能:网络功能:操作者间的通信;通过 LONMARK 通信;为和其他硬件通信服务的驱动器。

趋势记录功能:系统数据的收集存储;事件驱动的趋势记录的启停;时间状态记录。

能量管理:能量图;能量消耗报告。

彩色图形编辑功能:编制图形的强有力的工具;可扩充的标准图形符号库;运行时间仿真;移动工具箱。

程序编辑功能:顺序逻辑功能和特殊功能的全过程控制程序;程序码编辑。

数据库生成功能:行之有效的编程工具;数据输入、输出和转换。

2. 系统实现描述

(1) 空调系统:作为该楼宇的主要组成部分,空调系统由 5 台全空气调节机组、12 台新风机组、8 台送风/排风机组成,采用 HW5000 系统进行控制,使江苏省教育电视台的房间及公共区域的温度、湿度保持在要求的范围内,同时达到管理方便、节省能源、延长设备使用寿命的目的。

空调系统主要监控功能如下:全空气调节机组;回风温度、湿度自动控制;送风温度、湿度自动控制;过滤器堵塞报警;机组定时启停控制;连锁保护控制;重要场所的环境控制;新风机组;送风温度、湿度自动控制;过滤器堵塞报警;机组定时启停控制;连锁保护控制。

通风系统即送排风系统,用以对空气不能进行自然流动的场所(如地下室、车库等)强制进行空气置换。通风系统控制功能一般有以下几方面:监视地下室的温度及一氧化碳的浓度;监视排风机运行状态和过载报警;根据消防系统信息控制排风机。

(2) 冷热水机组系统。系统主要采用了 HW59XX 种类型控制器。主要被控设备有冷热水机组、空调循环泵。前端设备有水管温度传感器、水流压差变送器、阀门执行器、流量计、空气压差开关。控制器控制冷热水机组、冷冻水泵、风机的启停,水管温度传感器主要监测冷冻水和冷却水的供回水温度;水流压差变送器监测系统的冷冻水和冷却水的压力;流量计主要监测系统冷冻水的流量;阀门执行器主要根据系统传来的温度等各项信号指标,由系统决定阀门的开度,决定系统的制冷量,实现能耗降低;空气压差开关监测冷却塔风机的工作情况,起到异常报警的功能。系统监控功能如下:

监视冷水机组、冷冻水泵、冷却水泵、冷却塔风扇的运行状态,并用水流开关监视水流状态。

监视冷水机组的故障报警。

测量冷冻水的供、回水温度、压力和供水流量,测量冷却水的供、回水温度、供水压力。

根据冷冻水供水流量及供、回温差计算大厦冷负荷,据此自动计算制冷机运行台数,节约能源。

冷水机组联锁控制,冷水机自动启停时,相应控制冷冻水、冷却水控制阀的打开和关断。

冷冻水压差控制,根据冷冻水供回水压差,自动调节旁通调节阀,维持恒压供水。

自动启停控制:通过监测室内外的温湿度,并根据运行时间表控制冷冻系统的启停。尽可能的延迟开动冷冻系统,尽可能的提前关闭冷冻系统,使系统总体运行时间最少。

平衡开机控制,在有多台冷冻机的情况下,通过统计每台设备运行时间,决定各台冷冻机启停的顺序,使所有的系统运行时间趋于平衡,设备得到合理利用。

冷冻水再设定:通过监测冷冻水供水温度、冷冻水回水温度、冷冻水流量、室外温度、室外湿度等参数,调节冷冻水的设定温度,使其在保证环境舒适的同时保持尽可能高的温度,以达到节能的目的。

监测室外空气温度:通过监测室外温湿度,计算焓值,根据焓值决定冷冻水温度设定值大小。

冷却水控制:通过调节冷却塔风机开启的数量或冷却水旁通阀门来达到控制冷却水温的目的。

运行报告:提供冷冻系统运行情况的报告,包括冷冻水供回水温度、冷却水供回水温度、流量、运行时间、开启次数、用电量等。

(3)给排水系统。包括水泵、水箱或水池、阀门、液位数字、水流指示器等设备。

水泵监视运行状态、过载报警、水流状态和水压。根据水压和水箱液面的数值,控制水泵的数值,实现水泵调动切换。调节水流调节阀门,控制送水温度。

水箱、水池压力监视、高低液位,超限报警。累计各设备运行时间,提示管理人员定时维修。根据各泵运行时间,自动切换主备泵,平衡各设备运行时间。

目前,绝大多数给排水设备生产厂家均可以提供给排水系统的自动控制方案和技术,因此,与供货厂家合作,令其提供遥控接口和端子,通过楼宇控制模块接入系统,是最经济和最合理的实现方案。

(4)变配电系统。是大楼的心脏,对它的监测是非常必要的,变配电系统自身一般有相对完善的监控和保护方案,但管理中心要求能够实时了解和控制变配电室的情况,因此,基本上是个遥测和遥控的问题。对变配电系统监控的内容根据用户的要求,其监控功能包括:

配电柜:监视电流、电压、频率、有功功率、无功功率、功率因数、用电量等。监视数字、接触器的状态及异常报警。

变压器:监视主变压器的温度,根据变压器的温度启停冷却风机,出现异常情况及时报警;监视高低压断路器、母连开关、配电开关的开关状态及事故跳闸报警;测量高压侧的电压、电流、功率因数、有功功率及有功电度脉冲量,对总用电量进行记录和统计,对高峰负荷、日用电量、平均用电量等指标进行分析和管理;监视各变压器低压侧的电压和三相电流,监视负荷平衡情况作分析和调整;监视变压器温度,越限报警电力管理部门对高压端安装的设备有严格的要求,一般应慎重征求意见。最好由电力部门提供标准测量信号和遥控输入输出端子,通过安装数据测控仪表实现智能化管理。

(5)照明系统。现代建筑中照明系统的用电量是相当大的,因此,照明系统的控制水平和程度直接反映了大楼的智能水平。照明系统的控制方案如下:

室外：室外灯光主要为装饰用灯，如彩灯、射灯、霓虹灯、广告灯、喷泉灯、屋顶灯等。该部分控制主要包括根据时间和日历设定控制灯光的启停，根据室外环境光线强弱决定灯光启停，监视用电安全，及时反映系统故障等。

室内：室内的灯光主要为大厅、走廊、楼梯、停车场、会议室、公共娱乐场所等，该部分控制功能如下：人流高峰时打开全部灯光；晚间打开部分灯光；夜间打开少量灯光；紧急情况下打开报警灯光；根据日期和室内照度自动确定每日灯光系统开始运行和关闭的时间；根据门锁状态控制灯光开闭。

（6）电梯系统。一般都配由厂家配套提供的控制器来控制运行状态，所以对电梯系统的监控主要集中于在监控中心对电梯运行状况进行监视，以及在紧急情况下或特殊情况下对电梯的控制。具体功能如下：监视电梯运行状态，在紧急状态下报警；管理电梯在高低峰时间的运行；累计电梯运行时间；火警情况下自动停到底层。

（7）中央管理系统。本方案采用 HW5000 系统直接对上述系统进行监控，系统设一个管理工作站，工作站设在中央制冷机房，完成对大厦设备的运行状态和运行参数的监视和控制。工作站包括微机、彩色显示器、高速打印机、UPS 电源、通信接口等。虽然在采用先进现场总线技术的系统中，中控室更多只具有概念上的意义，但依然是管理人员了解系统运行状态，设置系统运行参数，实施紧急事故处理的主要平台。中控室系统主要应具有以下功能：

能以多种方式（系统图、设备组态图、平面图等）显示系统运行状态和各种运行参数；能够自动或手动对系统运行进行设定和调整；能够自动记录系统运行数据；能够提供工具，分析系统运行情况，优化系统设置；提供全中文界面，方便管理；所有的管理工作可由较少的人员完成；中控室设备集成应统一、协调、紧凑。在 KINGVIEW 系统软件的支持下可实现如下功能：彩色图形实时监控设备运行状态，显示设备运行参数；实现参数超范围报警，可对报警信号设置多重级别。

打印报表功能，用户可以选择性打印报表或画面，打印操作数据、原始记录、历史数据、设备运行/故障的时间累计、数据统计分析等等。

系统安全功能，系统功能操作按安全级别划分可多达 999 级，每级划分都有密码保护，可防止无关人员或无权人员访问或误操作系统，保证了系统可靠运行。

可进行数据处理分析、优化运算、实现最优控制，特别适合于能源管理系统。

编制设备运行工作时间表，可预先设置好在一天、一周或全年的启停时间，自动执行。

完善的系统诊断功能，可保证系统故障的快速显示及发出相应报警信号以便于及时检修，减少停机时间。

（四）项目技术服务

1. 工程项目的组织管理

在签订合同后，我公司立即组织一个经过业主认可的项目实施小组（包括一工程现场管理小组和一维护培训及后勤服务小组）来负责本工程的具体实施，该项目实施小组由一具有丰富 BAS 工程经验的高级工程师担任高级项目经理，全权负责本项目组的一切工作，如负责计划、组织、协调、联系该工程的实施，是我公司项目实施小组与业主人员的唯一接口。

（1）现场管理小组主要负责系统设计、施工安装、调试等工作。人员组成为：

组 成 人 员	人　　数	工 作 职 责	技 术 职 称
项目经理	1	负责全面管理	高级工程师
项目工程师	2	负责具体设计调试	工程师

（2）维护培训及后勤服务小组主要负责系统维护、技术培训、技术监管、设备订货、报关验货、发运货物等后勤工作，具体人员组成为：

组 成 人 员	人　　数	工 作 职 责	技 术 职 称
培训工程师	1	负责系统培训维护	工程师
合同管理员	2	负责供货及后勤	

（3）建议业主也建立与我公司职责相同或相近的项目管理小组，便于对项目进行有效、快捷的管理。

2．工程项目的深化施工设计

在项目合同签订后，我公司将开展深化施工设计。

（1）施工图设计：编制综合管线及预留件等全套施工安装布线图纸、端子接线图纸、自控系统图及所有设备的详细安装图纸等。

要求图纸标有明确的尺寸标高和详细的安装说明。此等图纸要认真考虑到建筑上的修改或设备及安装上的修改，并准确地在安装图上反映出来。

此等图纸经业主及设计院核查认可，在设备到货前一周提交。

（2）编制系统应用软件。

3．设备及系统安装

我公司可承包整个系统的设备安装工作。由我公司指定的具有自控安装经验的专业施工人员具体实施，我公司指派专人负责整个工程的安装指导工作。

安装工作包括：全部自控设备（传感器、变送器、控制器、自控阀门、中央监控系统）的安装；全部自控电缆（控制电缆、通信电缆）、管线的供应及敷设。

安装过程中严格按照国内电气安装规范和其他有关规定进行自控电缆、管线敷设。业主负责质量监督和验收。

安装过程中严格按照国内自控系统设备安装规范和其他有关规定，并同时满足自控设备的安装说明书规定要求。

进行自控安装时，与其他专业需发生接触时，需业主统一协调。

六、课程设计主要参考文献

[1]《××建筑设备监控系统招标文件》.

[2] 陈志新.楼宇自动化技术[M].北京：中国电力出版社.2009.

[3] 陈虹.楼宇自动化技术与应用[M].北京：机械工业出版社.2005.

第二节　建筑供配电与照明课程设计

一、课程设计方案的制定

（一）课程设计的性质和任务

《建筑配电与照明》是楼宇智能化专业房地产开发与经营方向的重要专业课,为了加强学生对基本理论的理解和《建筑配电与照明》设计规范条文的应用,培养学生独立分析问题和解决问题的能力,必须在讲完有关课程内容后,安排 1 周的课程设计,以提高学生的综合运用理论知识的工程能力。课程设计既是知识深化、拓宽知识面的重要过程,也是对学生综合素质与工程实践能力的全面锻炼,是实现培养目标的重要阶段。通过课程设计,着重培养学生综合分析和解决问题的能力以及严谨、扎实的工作作风。为学生将来走上工作岗位,顺利完成设计任务奠定基础。

课程设计的任务是,通过进一步的设计训练,使学生系统掌握电气照明工程理论和知识,学会电气照明工程的设计方法,掌握电气照明工程设计步骤,提高电气照明设计的基本技能。利用先进的设计技术、设计手段,使用新光源、新技术,根据不同情况,合理地选择照明方式和方案,熟练地进行电气照明设计计算和计算机辅助设计,并学会利用各种设计资料,完成电气照明工程课程设计任务。

（二）要求

学生应达到：

（1）熟悉建筑供配电与照明系统的常用规范,通过各种渠道收集相关资料;综合运用所学基础理论知识和专业知识,独立分析和解决电气工程设计中一般工程技术问题;

（2）具有将《建筑供配电与照明》课程所学理论知识综合应用于工程实践的能力,提高绘制工程图,增强作为现代电气工程师应具备的基本技能。

（3）了解建筑供配电与照明设计程序,能使用手册、标准图集和产品样本,了解有关的设计规范。

（4）能多角度观察问题和抓住工程技术关键,通过社会调研,收集资料,提出新的设计方案和设计思路,在设计中得到体现。

（5）掌握电气工程制图的原理、方法,能正确表达设计意图。

（三）课程设计的内容及要求

《建筑配电与照明》课程设计的选题要符合教学基本要求,设计内容要有足够的深度,使学生达到本专业基本能力的训练。对学习好、能力强的学生,可适当加深加宽。

某大学实验楼或办公楼的照明工程设计。具体要求：

（1）主要房间（包括实验室、合班教室、计算机室和办公室）的一般照明平均照度不小于 200 lx,并尽量均匀。

（2）黑板（白板）采用局部照明,平均照度不小于 300 lx。

（3）教室前墙上应安装三组插座,一组供教学电视用,另两组供其他电化教学设备用。

（4）无空调的教室中设置吊扇。

（5）计算机室设置空调，预留空调三相插座。

（6）语音室设置空调，预留空调三相插座。

（7）语音室装设四台电视，预留单向插座。

（8）计算机房前墙白板下安装两组单相插座，教师办公间等安装足够的单相插座，机房内有足够的插座供计算机用。

（9）其他按常规设计。

（10）建议完成形式及时间，根据电气照明工程课程设计的要求，在一周内按时、独立完成设计任务，提交的成果是电气照明工程的系统图、平面布置图、完整的计算说明书等。

（四）图纸内容与要求

（1）完整的照明工程设计施工图一套。

（2）图纸一律用 A2 号白纸绘制。

（3）照明平面图均应由 AutoCAD 绘制。

（4）图纸要求端正、清洁、完整，并装订成册。

（五）其他内容与要求

（1）完整的计算书一份。

（2）计算纸一律用 A4 号白纸编写。

（3）计算书要求端正、清洁、完整，并装订成册。

（六）注意问题

（1）加强过程管理，提高学生自觉性和独立性。自觉性建立在对课程设计的重要性及各项环节的必要性的充分认识和理解的基础上，自觉性主要表现在要主动、积极，要遵守各项纪律。独立性要求同学独立思考，独立解决问题，不依赖教师，不依赖教材。

（2）应切实注意电气工程设计的正确、熟练、规范，正确是基础，熟练出效率，规范才能保证正确、熟练。

（3）学会使用规范、手册及各种参考图集，尽可能少依赖教材。

（4）同组同学之间要注意协作配合，互帮互学、共同进步。

（5）指导教师应加强辅导。

二、课程设计的开展

（一）任务分配及组织动员

课程设计之前，应组织一次课程设计动员，明确设计目的与要求，教学中讲解必要的电路原理和设计方法，如果需要深化和扩展学过的知识，还要补充讲授有关的内容，帮助学生明确任务、掌握工程设计方法。学生在教师指导下选择设计方案，进行设计计算，完成预设计。学生要对设计的全过程作出系统总结报告，按照一定格式写出设计说明书。

（二）课程设计任务书下达

根据学生数、题目难易程度及工作量大小，可每生一个课题也可分组分配任务，确定组长，并具体工作落实到每个学生。

（三）上交材料要求

1. 计算书

（1）供配电系统接线方式的确定

控制箱要进行编号，回路要进行编号，以区分回路。

（2）照明器的计算及设计（包含走廊）

每个房间照明器个数的确定及每个房间需要的设备（插座1 kW，空调1 kW，其他电器容量自己查找）。照明器个数取整，详细计算。

（3）负荷计算

① 每个房间的计算负荷（表）。

② 每个楼层的计算负荷（表）。

（4）短路计算

（5）导线的选取及其敷设方式的确定（在供配电系统图上标识）

2. 图纸

照明工程图

（1）平面图。详细材料表，如什么插座，容量是多大等。

（2）系统图（一般每个楼层一个照明箱，一个插座箱）。

（3）控制箱系统接线。

独立完成，查找相关规范，上交的时候要简要说明自己设计的内容。

三、课程设计成绩评定与总结

（一）课程设计成绩评定

课程设计成绩根据平时考勤、设计成果质量按五级记分评定方法评定。凡成绩不及格者，必须重修。平时考查主要检查学生的出勤情况、学习态度、是否独立完成设计等几方面。设计成果的检查，着重检查设计图纸和计算书的完整性和正确性。成绩的评定要按课程的目的要求，突出学生独立解决工程实际问题的能力和创新性的评定。

课程设计的成绩按优秀、良好、中等、及格和不及格五级评定。参考标准如表6.2.1所示。

表 6. 2. 1　成绩评定标准

实践环节名称	考核单元名称	考核内容	考核方法	考 核 标 准	最低技能要求	负责单位
	计算部分	计算书内容	检查批改	优秀：工程计算内容全面、正确，书写整洁无误，独立完成，符合设计规范要求。 良好：基本达到上述要求。 中等：能够完成计算要求及内容。 及格：基本完成计算要求及内容。 不及格：未达到上述要求	及格	机电工程学院

实践环节名称	考核单元名称	考核内容	考核方法	考　核　标　准	最低技能要求	负责单位
电气照明工程系统图和平面布置图纸	图纸质量	检查批改	优秀：设计方案合理，图纸完整无误，图面整洁，独立完成，较好符合制图标准要求。 良好：基本达到上述要求。 中等：能够完成绘图要求及内容。 及格：基本完成绘图要求及内容。 不及格：未达到上述要求	及格	机电工程学院

（二）课程设计总结

经过一周的时间，《建筑供配电与照明》课程设计顺利结束，各项教学任务已圆满完成，现对课程设计过程及中间存在的主要问题做一下简要总结。

1. 确保学生明确课程设计的目的和任务

楼宇智能化专业《建筑供配电与照明》课程设计的主要目的是为了加强学生对基本理论的理解和《建筑配电与照明》设计规范条文的应用，培养学生独立分析问题和解决问题的能力，必须在讲完有关课程内容后，安排1周的课程设计，以提高学生的综合运用理论知识的工程能力。课程设计既是知识深化、拓宽知识面的重要过程，也是对学生综合素质与工程实践能力的全面锻炼，是实现培养目标的重要阶段。通过课程设计，着重培养学生综合分析和解决问题的能力以及严谨、扎实的工作作风。为学生将来走上工作岗位，顺利完成设计任务奠定基础。

课程设计的任务是，通过进一步的设计训练，使学生系统掌握电气照明工程理论和知识，学会电气照明工程的设计方法，掌握电气照明工程设计步骤，提高电气照明设计的基本技能。利用先进的设计技术、设计手段，使用新光源、新技术，根据不同情况，合理地选择照明方式和方案，熟练地进行电气照明设计计算和计算机辅助设计，并学会利用各种设计资料，完成电气照明工程课程设计任务。必须要让学生明确这一任务，以确保课程设计的顺利进行。

2. 提出具体要求

学生在课内理论学习从未进行过系统设计，因此当学生拿到实训任务时，往往不知从何下手。作为指导老师要教授学生如何分解任务，明确总体思路，以免耽误不必要的时间甚至于本末倒置。同时把具体要求明确，以便让学生顺利开展设计。

3. 随时答疑，解决好具体问题

学生在设计过程中会遇到各种各样的问题，作为指导老师应该随时解决同学们的疑惑，以便使其顺利设计。随时设计的具体开展，设计中涉及的一些问题也会慢慢出现，这时要随时解决好同学们的疑难问题，以使设计科学合理，同时也使学生明确设计中应该注意的问题，从而积累设计经验，以便将来走向设计岗位工作时，能够很快适应，并设计出合理方案。

四、课程设计时间安排

课程设计任务和时间安排如表 6.2.2 所示。

表 6.2.2 课程设计时间安排表

序 号	任 务	所需时间	备 注
1	布置任务、选题	0.5工作日	教师授课
2	学生查找资料,确定设计思路、设计方法与步骤	0.5工作日	在实验室完成
3	计算书的设计与计算	2工作日	在实验室完成
4	根据计算和设计结果进行图纸的绘制	1.5工作日	在实验室完成
5	课程设计答辩	0.5工作日	

五、课程设计报告例

照明课程设计说明

本次课程设计,我们小组同学分工协作,依照国标,以所学知识为基础,查阅资料,集体讨论,共同完成了对实验楼一层的照明设计和电气设计。照明设计主要是照明器、空调、插座的选型、数量、负荷的确定与计算,及具体的布放要求。电气设计主要是布放完成后,留有余量,对用电设备进行电缆的选线、布线的拓扑结构和变压器选型、短路电流计算。并且给出了计算书、系统图、平面图,列出了设备清单,作了必要的接地防雷、等电位处理,使整个方案有较好的实际可操作性。

建筑供配电与照明计算书

(一)供配电系统接线方式的确定

(见供配电平面图)

(二)照明器的个数及计算

所有房间屋顶顶棚反射比取 0.7,因照明器一律采取吸顶式布置,故,$p_{cc}=p=0.7$,墙壁平均反射比 p_w 取 50%,p_{fc} 取 20%。普通实验室、办公室等维护系数 K 取 0.8,特别的房间会另外予以指出。本次计算,采取利用系数法计算照度。根据国标白皮书《建筑照明设计标准》GB 50034—2004,一般房间平均照度取 300 lx 以上,网络中心取 500 lx 以上,卫生间 100 lx。采用局部照明,保证 300 lx 以上。同时,根据显色指数 $Ra \geq 80$ 等要求,选择各方面参数利用且又节能安全的直管型 40RR 荧光灯(为主照明器),并双管并列式安装。工作面 H 一律取 0.75 m。房间高度一律取 4 m,天花板距屋面板之间用于暗敷布线,留 0.5 m,地板高 0.5 m。

A区:

1. 计算机基础实验室(1)

$$RCR = \frac{5h_r(l+w)}{l \times w} = \frac{5 \times 2.25 \times (23.6+7.4)}{23.6 \times 7.4} \approx 2,则 U = 0.79$$

$$N = \frac{300 \times 23.6 \times 7.4}{0.79 \times 0.8 \times 2\,000} = 41.44,取 42 根。$$

2. 计算机基础实验室(2)

$$RCR = \frac{5 \times 2.25 \times (32+7.4)}{32 \times 7.4} \approx 2, \begin{matrix} 1 & 0.89 \\ 1.87 & x \\ 2 & 0.79 \end{matrix} 则 \frac{x-0.89}{0.79-0.89} = \frac{1.87-1}{2-1},$$

$$U = x = 0.89 - (1.87-1) \times 0.1 = 0.803$$

$$N = \frac{300 \times 32 \times 7.4}{0.803 \times 0.8 \times 2\,000} = 55.29,取\ 56\ 根。$$

3. 计算机基础实验室(3)、(4)、(5)

$$RCR = \frac{5 \times 2.25 \times (15.8 + 7.4)}{15 \times 7.4} \approx 2.23,\ U = 0.89 - (2.23 - 1) \times 0.1 = 0.767$$

$$N = \frac{300 \times 15.8 \times 7.4}{0.767 \times 0.8 \times 2\,000} = 28.58,取\ 30\ 根。$$

4. 局部照明

室内照度要求理论上已经达到 300 lx,为保证实际效果,另外配置 4 支 15RR。

5. 办公室(1)、(2)

因为不规则,分成两部分,详见图。

[1 部分]

$$RCR = \frac{5 \times 2.25 \times (5.1 + 5.1)}{5.1 \times 5.1} \approx 4.41,\ U = 0.61 - (4.41 - 4) \times 0.06 = 0.585\,4$$

$$N = \frac{300 \times 5.1 \times 5.1}{0.585\,4 \times 0.8 \times 2\,000} = 8.33,取\ 10\ 根。$$

[2 部分]

$$RCR = \frac{5 \times 2.25 \times (3.5 + 3.3)}{3.5 \times 3.3} \approx 6.62,\ U = 0.49 - 0.62 \times 0.05 = 0.459$$

$$N = \frac{300 \times 3.5 \times 3.3}{0.459 \times 0.8 \times 2\,000} = 4.72,取\ 6\ 根。$$

6. 计算机基础实验(6)

$$RCR = \frac{5 \times 2.25 \times (8 + 10.33)}{8 \times 10.33} \approx 2.5,\ U = 0.79 - (2.5 \times 0.09 - 2 \times 0.09) = 0.745$$

$$N = \frac{300 \times 8 \times 10.33}{0.745 \times 0.8 \times 2\,000} = 20.74,取\ 24\ 根。$$

7. 计算机基础监控实验室

$$RCR = \frac{5 \times 2.25 \times (9.4 + 5)}{9.4 \times 5} \approx 3.45,\ U = 0.7 - (3.45 \times 0.09 - 3 \times 0.09) = 0.659\,5$$

$$N = \frac{300 \times 9.4 \times 5}{0.659\,5 \times 0.8 \times 2\,000} = 13.36,取\ 16\ 根。$$

8. 卫生间

取 100 lx 为标准,选用 11 - HH 型荧光灯。

$$RCR = \frac{5 \times 2.25 \times (7.8 + 7.4)}{7.8 \times 7.4} \approx 2.96,\ U = 0.79 - (2.96 \times 0.09 - 2 \times 0.09) = 0.703\,6$$

$$N = \frac{300 \times 7.8 \times 7.4}{0.703\,6 \times 0.8 \times 900} = 11.39,取\ 12\ 根。$$

B 区:

1. 扭转实验室

$$RCR = \frac{5 \times 2.25 \times (9.4 + 10.3)}{9.4 \times 10.3} \approx 2.29,$$

$$U = 0.79 - (2.96 \times 0.09 - 2 \times 0.09) = 0.769\ 3$$

$$N = \frac{300 \times 9.4 \times 10.3}{0.769\ 3 \times 0.8 \times 2\ 000} = 23.76,取\ 24\ 根。$$

2. 变配电房

$$RCR = \frac{5 \times 2.25 \times (16.6 + 9)}{16.6 \times 9} \approx 1.93, U = 0.89 - (1.93 - 1) \times 0.1 = 0.797$$

$$N = \frac{300 \times 16.6 \times 9}{0.797 \times 0.8 \times 2\ 000} \approx 32,取\ 32\ 根。$$

3. 力学机械性实验室

$$RCR = \frac{5 \times 2.25 \times (9.4 + 15.6)}{9.4 \times 15.6} \approx 1.89, U = 0.89 - (1.89 - 1) \times 0.1 = 0.801$$

$$N = \frac{300 \times 9.4 \times 15.6}{0.801 \times 0.8 \times 2\ 000} = 34.33,取\ 36\ 根。$$

4. 值班、消防、安防同计算机基础实验室监控实验室。

5. 道路工程实验室、桥梁工程实验室

$$RCR = \frac{5 \times 2.25 \times (7.8 + 7.4)}{7.8 \times 7.4} \approx 2.96, U = 0.79 - (2.96 - 2) \times 0.09 = 0.703\ 6$$

$$N = \frac{300 \times 7.8 \times 7.4}{0.703\ 6 \times 0.8 \times 2\ 000} = 15.38,取\ 16\ 根。$$

6. 岩土实验室

$$RCR = \frac{5 \times 2.25 \times (16 + 7.4)}{16 \times 7.4} \approx 2.4, U = 0.89 - (2.4 - 1) \times 0.1 = 0.85$$

$$N = \frac{300 \times 16 \times 7.4}{0.85 \times 0.8 \times 2\ 000} = 29.85,取\ 30\ 根。$$

7. 测量实验室

$$RCR = \frac{5 \times 2.25 \times (20.2 + 7.4)}{20.2 \times 7.4} \approx 2.08, U = 0.79 - (2.08 - 2) \times 0.09 = 0.782\ 8$$

$$N = \frac{300 \times 20.2 \times 7.4}{0.782\ 8 \times 0.8 \times 2\ 000} = 35.8,取\ 36\ 根。$$

8. 道路工程实验室(4.2 * 6.9)

$$RCR = \frac{5 \times 2.25 \times (4.2 + 6.9)}{4.2 \times 6.9} \approx 4.31, U = 0.594\ 1$$

$$N = \frac{300 \times 4.2 \times 6.9}{0.594\ 1 \times 0.8 \times 2\ 000} = 9.91,取\ 10\ 根。$$

C 区:

1. 汽车发动机控制实验室

因为环境清洁度一般,K 取 0.7。

$$RCR = \frac{5 \times 2.25 \times (12 + 7.4)}{12 \times 7.4} \approx 2.46, \frac{2.46 - 2}{3 - 2} = \frac{x - 0.79}{0.7 - 0.79}, U = 0.748\ 6$$

$$N = \frac{300 \times 12 \times 7.4}{0.748\ 6 \times 0.7 \times 2\ 000} = 25.41, \text{取 26 根}.$$

2. 钳工车间

因为环境清洁度一般, K 取 0.7。

$$RCR = \frac{5 \times 2.25 \times (16 + 7.4)}{16 \times 7.4} \approx 2.22, U = 0.79 - (2.22 - 2) \times 0.09 = 0.77$$

$$N = \frac{300 \times 16 \times 7.4}{0.77 \times 0.7 \times 2\ 000} = 32.95, \text{取 34 根}.$$

3. 汽车实验室(电器)

$$RCR = \frac{5 \times 2.25 \times (11.8 + 7.4)}{11.8 \times 7.4} \approx 2.47, U = 0.79 - (2.47 - 2) \times 0.09 = 0.75$$

$$N = \frac{300 \times 11.8 \times 7.4}{0.75 \times 0.7 \times 2\ 000} = 24.94, \text{取 26 根}.$$

4. 汽车电控技术实验室

因为环境清洁, 故 K 取 0.8, 下同。

$$RCR = \frac{5 \times 2.25 \times (11.8 + 7.8)}{11.8 \times 7.8} \approx 2.4, U = 0.79 - (2.4 - 2) \times 0.09 = 0.754$$

$$N = \frac{300 \times 11.8 \times 7.8}{0.754 \times 0.8 \times 2\ 000} \approx 22.89, \text{取 24 根}.$$

5. 电力自动化、汽车底盘结构、电机拖动与控制、电气智能实验室

$$RCR = \frac{5 \times 2.25 \times (12 + 8)}{12 \times 8} \approx 2.34, U = 0.79 - (2.34 - 2) \times 0.09 = 0.759\ 4$$

$$N = \frac{300 \times 12 \times 8}{0.759\ 4 \times 0.8 \times 2\ 000} \approx 23.7, \text{取 24 根}.$$

6. 机械制图实验室

因为不规则, 分成三部分。

$$RCR = \frac{5 \times 2.25 \times (5.1 + 2.3)}{5.1 \times 2.3} \approx 7.09, U = 0.44$$

$$N = \frac{300 \times 5.1 \times 2.3}{0.44 \times 0.8 \times 2\ 000} \approx 5, \text{取 6 根}.$$

$$RCR = \frac{5 \times 2.25 \times (1.9 + 2.8)}{1.9 \times 2.8} \approx 10, U = 0.32$$

$$N = \frac{300 \times 1.9 \times 2.8}{0.32 \times 0.8 \times 2\ 000} \approx 10, \text{取 4 根}. E_{av}$$

$$RCR = \frac{5 \times 2.25 \times (7 + 7)}{7 \times 7} \approx 3.21,$$

$$U = 0.7 - (3.21 - 3) \times 0.09 = 0.681\ 1$$

$$N = \frac{300 \times 7 \times 7}{0.681\ 1 \times 0.8 \times 2\ 000} \approx 13.48, \text{取 14 根}.$$

7. 网络中心

平均照度 E_{av} 取 500 lx。

$$RCR = \frac{5 \times 2.25 \times (4.2 + 6.9)}{4.2 \times 6.9} \approx 4.31, \frac{4.31 - 4}{5 - 4} = \frac{x - 0.61}{0.55 - 0.61},$$

$$U = 0.61 - 0.31 \times 0.06 = 0.591\,4$$

$$N = \frac{300 \times 4.2 \times 6.9}{0.591\,4 \times 0.8 \times 2\,000} \approx 15.31, \text{取 16 根}.$$

8. 东西走廊

E_{av} 取 200 lx，以地面为工作面。

$$RCR = \frac{5 \times 3 \times (2.4 + 71.6)}{2.4 \times 71.6} \approx 6.46, \frac{0.46}{1} = \frac{x - 0.49}{-0.05}, U = 0.467$$

$$N = \frac{200 \times 2.4 \times 71.6}{0.467 \times 0.8 \times 2\,000} \approx 46, \text{取 46 根}.$$

9. 南北走廊

$$RCR = \frac{5 \times 3 \times (2.6 + 82.4)}{2.6 \times 82.4} \approx 5.95, U = 0.49$$

$$N = \frac{200 \times 2.6 \times 82.4}{0.49 \times 0.8 \times 2\,000} \approx 54.65, \text{取 56 根}.$$

10. 安全指示灯

走廊上每隔 30 米布放两支高效 LED 灯。

注：缺省房间或计算步骤，因房间尺寸或参数与前例相同，故略去。

（三）负荷计算

（四）短路计算

由上三负荷计算知，$S_{30} = 1\,125.86$ kV·A(不考虑其他层)，选用两台变压器，则有 $S_{nt} = 0.7 \times S_{30} = 0.7 \times 1\,125.86 = 788.102$ kV·A，查表后选用 S9-800 型主变压器，2 台并列运行。$S_n = 800$ kV·A，$n_{uk} = 4.5$，地区变电所供一条长 4 km 的 6 kV 电缆线，断流容量为 300 MV·A。

则：

（1）电力系统电抗 $X_1 = \dfrac{U_{c2}^2}{S_{oc}} = \dfrac{(0.4 \text{ kV})^2}{300 \text{ MV·A}} = 5.33 \times 10^{-4}$ Ω。

（2）电缆电抗 $X_2 = X_0 l \left(\dfrac{U_{C2}}{U_{C1}}\right)^2 = 0.08 \times 4 \times \left(\dfrac{0.4}{6.3}\right)^2 = 1.29 \times 10^{-3}$ Ω。

（3）电力变压器电抗 $X_3 = X_4 = \dfrac{\eta_{UK} U_c^2}{100 S_N} = \dfrac{4.5 \times (0.4)^2}{100 \times 800} = 9 \times 10^{-6}$ kΩ = 9×10^{-3} Ω。

（4）则短路的等效电阻为

$$X_{\sum} = X_1 + X_2 + X_3 \times \frac{1}{2} = 5.33 \times 10^{-4} + 1.29 \times 10^{-3} + \frac{9 \times 10^{-3}}{2} = 6.323 \times 10^{-3} \text{Ω}.$$

短路电流等参数为

$$I_K^{(3)} = \frac{U_{C2}}{\sqrt{3} \times X_\Sigma} = \frac{0.4 \text{ kV}}{\sqrt{3} \times 6.323 \times 10^{-3} \, \Omega} = 36.5 \text{ kA}。$$

$$I_K^{(3)} = I_\infty^{(3)} = I^{(3)} = 36.5 \text{ kA}。$$

$$i_{sh}^{(3)} = 1.84 \times I_K^{(3)} = 67.16 \text{ kA}, I_{sh}^{(3)} = 1.09 I^{(3)} = 39.785 \text{ kA}。$$

$$S_k = \sqrt{3} UI = \sqrt{3} \times 0.4 \text{ kV} \times 36.5 \text{ kA} = 25.29 \text{ kV} \cdot \text{A}。$$

（五）导线的选取及其敷设方式的确定（在供配电系统图上标识）

照 度 计 算 书

工程名：工科楼一层课程设计

计算者：第一组

计算时间：2011 年 12 月 26 日

参考标准：《建筑照明设计标准》/GB 50034—2004

参考手册：《照明设计手册》第二版：

计算方法：利用系数平均照度法

1. 房间参数

房间类别，照度要求值：300.00 lx，功率密度不超过 11.00 W/m²。

房间名称：计算机实验室 1。

房间长度 L：16.00 m 房间宽度 B：6.00 m 计算高度 H：2.25 m。

顶棚反射比（%）：70。

墙反射比（%）：50。

地面反射比（%）：20。

2. 灯具参数

型号：荧光灯直管型 40RR+11－HH 型。

单灯具光源数：42+4 个。

灯具光通量：2 000 lx。

灯具光源功率：40 W,11 W。

镇流器类型：TLD 标准型。

镇流器功率：0.00。

3. 其他参数

维护系数：见计算书。

照度要求：300.00 lx。

功率密度要求：11.00 W/m²。

4. 计算结果

建议灯具数：46。

计算照度：300.00 lx。

5. 校验结果

要求平均照度：300.00 lx。

实际计算平均照度：300.37 lx。

符合规范照度要求！

要求功率密度：11.00 W/m²。

实际功率密度：11.03 W/m²。

符合规范节能要求！

表 6.2.3 参数结果列表

房 间	房间长度 L/m	房间宽度 B/m	计算高度 H/m	灯具型号	建议灯具数量	实际计算平均照度/lx	实际功率密度/(W/m²)
计算机实验室 2	21.00	5.00	2.25	荧光灯直管型 40RR + 11 - HH 型	60	300.15	11.01
计算机实验室 3	10.70	6.00	2.25	荧光灯直管型 40RR + 11 - HH 型	34	300.23	11.08
计算机基础实验室监控	6.50	3.53	2.25	荧光灯直管型 40RR	16	300.16	11.71
办公室	4.90	3.50	2.25	荧光灯直管型 40RR	16	300.47	11.62
卫生间	5.00	4.80	2.25	荧光灯 11 - HH 型	12	300.80	11.92
楼道东西	53.00	2.00	2.25	荧光灯直管型 40RR	46	300.11	11.71
安全出口	4.90	2.00	2.25	高效节能 LED	4	300.82	11.04
变配电房	10.70	6.00	2.25	荧光灯直管型 40RR	32	300.74	11.03
测量实验室	13.70	6.00	2.25	荧光灯直管型 40RR + 11 - HH 型	40	300.53	11.75
道路工程实验室	5.10	6.00	2.25	荧光灯直管型 40RR + 11 - HH 型	20	300.12	11.82
岩土实验室	10.50	6.00	2.25	荧光灯直管型 40RR + 11 - HH 型	32	300.18	11.16
流转实验室	6.90	6.50	2.25	荧光灯直管型 40RR + 11 - HH 型	28	300.84	11.33
力学机械性	10.70	6.50	2.25	荧光灯直管型 40RR + 11 - HH 型	40	300.91	11.19
钳工车间	10.70	4.80	2.25	荧光灯直管型 40RR + 11 - HH 型	38	300.37	11.48

续　表

房　　间	房间长度 L/m	房间宽度 B/m	计算高度 H/m	灯具型号	建议灯具数量	实际计算平均照度/lx	实际功率密度/W/m²
汽车电气实验室	7.70	4.80	2.25	荧光灯直管型 40RR + 11 - HH 型	30	300.33	11.34
汽车电控技术实验室	7.90	4.80	2.25	荧光灯直管型 40RR + 11 - HH 型	26	300.28	11.27
电力自动化实验室	10.10	4.80	2.25	荧光灯直管型 40RR + 11 - HH 型	28	300.96	11.66
网络中心	4.80	3.30	2.25	荧光灯直管型	16	300.11	11.25
汽车发电机结构实验室	10.10	6.00	2.25	荧光灯直管型 40RR + 11 - HH 型	30	300.10	11.06
机械制图模型室	6.50	6.50	2.25	荧光灯直管型 40RR + 11 - HH 型	24	300.71	11.49
南北走廊	58.50	2.00	2.25	荧光灯直管型 40RR	56	300.62	11.74

注：缺省房间因房间尺寸,工作性质与已算房间相同,故略去。

表 6.2.4　设备清单

房　间　名　称	荧光灯数量		插座数量（个）		空调数量（台）	BLX 型铝芯穿塑料管	
	直管型 40RR（个）	11 - HH 型（个）	三相	单		5 根单芯线	3 根单芯线
计算机基础实验室 1	42	4	2	150	2	25	80
计算机基础实验室 2	56	4	2	200	2	25	90
计算机基础实验室 3	30	4	2	100	2	25	65
计算机基础实验室 4	30	4	2	100	2	25	65
计算机基础实验室 5	30	4	2	100	2	25	65
计算机基础实验室 6	24	4	2	100	2	25	65
计算机基础实验室监控	16	0	1	10	1	25	30
办公室 1	16	0	1	5	1	25	30
办公室 2	16	0	1	5	1	25	30
卫生间	0	12	0	0	0	0	15
电梯	0	4	0	0	0	0	15
楼道东西	46	0	0	0	0	0	15
安全出口	4(高效节能 LED)	0	0	0	0	0	0

续 表

房 间 名 称	荧光灯数量		插座数量(个)		空调数量(台)	BLX 型铝芯穿塑料管	
	直管型 40RR (个)	11 - HH 型(个)	三相	单		5 根 单芯线	3 根 单芯线
变配电房	32	0	1	5	1	25	30
测量实验室	36	4	2	30	2	25	40
道路工程实验室 1	16	4	1	30	1	25	40
道路工程实验室 2	16	4	1	30	1	25	40
道路工程实验室 3	16	4	1	30	1	25	40
道路工程实验室 4	10	0	1	30	1	25	40
岩土实验室	28	4	1	30	2	25	40
桥梁工程实验室 1	16	4	1	30	1	25	40
桥梁工程实验室 2	16	4	1	30	1	25	40
桥梁工程实验室 3	16	4	1	30	1	25	40
办公室 1	16	0	1	10	1	25	40
办公室 2	18	0	1	10	1	25	40
卫生间	0	12	0	0	0	0	15
走廊东西	46	0	0	0	0	0	15
电梯	0	4	0	0	0	0	15
安全出口	4(高效节能 LED)		0	0	0	0	0
值班消防安防	16	0	2	10	1	25	30
流转实验室	24	4	1	20	1	25	35
力学机械性	36	4	1	30	2	25	40
钳工车间	34	4	2	30	2	25	40
汽车电器实验室	26	4	2	30	2	25	40
汽车电控技术实验室	22	4	2	30	2	25	40
电力自动化实验室	24	4	2	30	2	25	40
网络中心	16	0	2	10	1	25	30
汽车发电机 结构实验室	26	4	2	30	2	25	40
汽车底盘 结构实验室	24	4	2	30	2	25	40
电机拖动与 控制实验室	24	4	2	30	2	25	40
电气智能实验室	24	4	2	30	2	25	40
卫生间	0	12	0	0	0	0	15
机械制图模型室	24	0	2	20	2	25	35
走廊	46	0	0	0	0	25	15

续　表

房 间 名 称	荧光灯数量		插座数量(个)		空调数量(台)	BLX 型铝芯穿塑料管	
	直管型40RR(个)	11-HH型(个)	三相	单		5根单芯线	3根单芯线
电梯	0	4	0	0	0	25	15
安全出口指示灯	4LED		0	0	0	25	15
CAD/CAM 实验室	20	4	1	30	1	25	40
办公室	16	0	1	10	1	25	40
南北走廊	56	0	0	0	0	0	15
总和	1 046	148+12(高效节能 LED)	54	1 435	54	975	1 725

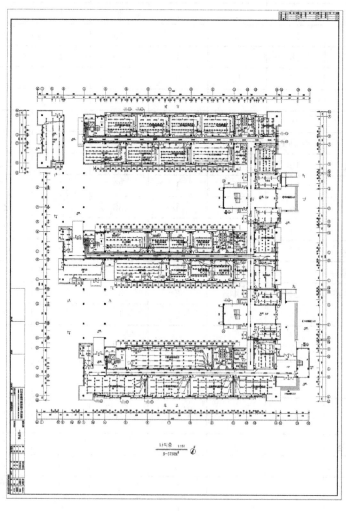

图 6.2.1　配电配线平面图

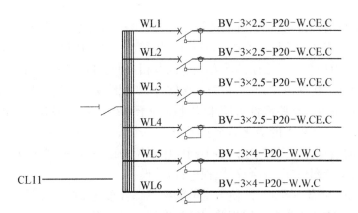

图 6.2.2　控制箱系统接线图

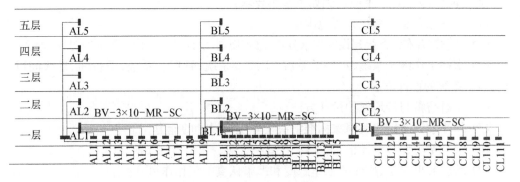

图 6.2.3　配电系统图

六、课程设计主要参考文献

[1] 魏明.建筑供配电与照明[M].重庆：重庆大学出版社.2005.

[2] 建筑照明设计标准(GB 50034—2004)[S].

[3] 孙建民.电气照明技术[M].北京：中国建筑工业出版社.1998.

[4] 王晓东.电气照明技术[M].北京：机械工业出版社.2004.

[5] 孙建民.照明基础课程设计指导书(第 1 版).南京：南京建筑工程学院.1998.

[6] 俞丽华.电气照明[M].上海：同济大学出版社.1990.

[7] 朱小清.照明技术手册[M].北京：机械工业出版社.1995.

[8] 国家标准电气制图电气图用图形符号图册[S].

第三节　综合布线系统课程设计

一、课程设计方案的制定

（一）课程设计目的与要求

综合布线是建筑物内或建筑群之间的一个模块化、灵活性极高的信息传输通道。是智能建筑的"信息高速公路"。它既能使语音、数据、图像设备和交换设备与其他信息管理系统彼此相连,也能使这些设备与外部通信网相连接。它包括建筑物外部网络和电信线路的连接点与应用系统设备之间的所有线缆以及相关的连接部件。综合布线由不同系列和规格的部件组成,包括传输介质、相关连接硬件(如配线架、连接器、插座、插头、适配器)以及电气保护设备等。这些部件可用来构建各种子系统。它们都有各自的具体用途,不仅易于实施,而且能随需求的变化而平稳升级。一个设计良好的综合布线对其服务的设备应具有一定的独立性,并能互连许多不同应用系统的设备,如模拟式或数字式的公共系统设备,也应能支持图像(电视会议、监视电视)等设备。

通过综合布线系统课程设计,使学生能够熟悉综合布线系统的建设流程、掌握各子系统的设计方法,并能初步掌握应用相关国家标准解决实际工程设计的能力。

通过本教学环节,学生应达到如下基本要求:

(1) 了解综合布线系统设置范围。

(2) 熟悉综合布线系统建设的需求分析、总体规划、设计、施工、验收和维护的基本流程。

(3) 掌握工作区子系统、水平子系统、干线子系统、管理子系统、设备间、进线间以及建筑群子系统的设计方法。

(4) 了解防雷与接地保护设计方法。

(5) 初步掌握应用相关国家标准解决实际工程设计的能力。

(6) 学会撰写课程设计报告。

(7) 培养实事求是、严谨的工作态度和严肃认真的工作作风。

(二) 课程设计内容选择依据

课程设计内容的选择是否合适,直接关系到学生的完成情况和教学效果。必须根据教学要求、学生实际水平、工作量和实验条件,进行恰当的选题。基本要求是让学生经过努力能完成课程任务,并在巩固所学知识、提高基本技能和能力等方面有所收获。

综合布线系统课程设计要求以一单体建筑为设计对象,通过应用所学的《综合布线系统》的相关知识,完成该建筑综合布线系统的方案及相关子系统设计。需要的背景知识在课程教学中均已讲授,设计指标不仅符合教学要求及国家规范,并且都是从学生实际出发选定的课题内容,设计方法难易适中。

(三) 课程设计任务书的制定

课程设计必须给学生分发课程设计任务书,制定时必须考虑以下几方面:

(1) 明确设计目的和要求。

(2) 列出设计课题及相关要求,做什么,达到什么要求。

(3) 课程设计对怎么做,应给出大概的思路,不可太模糊,又不可太具体,否则限制了学生的创造能力。

(4) 对任务书应对提交的作品的形式作出相应的规范,并对考核的标准作出明确的说明。

二、课程设计的开展

(一) 任务分配及组织动员

课程设计题目不止一个,教师应给出几个可供选择的题目,让学生根据自己的喜好和专长,确定自己的课题。

课程设计之前,应组织一次课程设计动员,明确设计目的与要求,教学中讲解必要的背景知识和设计方法,如果需要深化和扩展学过的知识,还要补充讲授有关的内容,帮助学生明确任务、掌握工程设计方法。学生在教师指导下选择设计方案,进行设计计算,完成预设计。学生要对设计的全过程作出系统总结报告,按照一定格式写出设计说明书。

(二)课程设计任务书下达

根据学生数、题目难易程度及工作量大小,可每生一个课题也可分组分配任务,确定组长,并具体工作落实到每个学生。

(三)课程设计过程

1. 所分配课题设计方案的选择与论证

表 6.3.1 课题设计方案

课题一:江宁校区行政楼综合布线系统设计	
设计任务	对江宁校区行政楼的综合布线系统进行设计
设计要求	行政楼综合布线系统设计需综合考虑到电信网、计算机网及安全防范和建筑设备控制系统的要求。本设计应达到下述要求: (1)掌握综合布线系统建设的基本流程。 (2)熟悉综合布线系统需求分析方法、总体规划方法,了解可行性报告的撰写要点。 (3)掌握综合布线的进线间、设备间、水平子系统、干线子系统、管理子系统的设计方法。 (4)熟悉行政楼工作区设计的基本要点与信息点配置方式。 (5)正确进行设计计算。 (6)熟悉综合布线系统施工及验收规范。 (7)初步掌握运用相关国家标准解决实际工程设计的能力
方案论证	根据江宁校区行政楼的建筑平面图,进行各子系统的设计,并进行工程预算,完成相关图纸的绘制
课题二:南京栖湖大酒店综合布线系统设计	
设计任务	对栖湖大酒店综合布线系统进行设计,主要包括各个子系统的详细设计,尤其是设备间和管理间的设计。此外,还要给出用户需求点数、详细的设计过程以及产品的选型
设计要求	酒店综合布线系统设计需综合考虑到电信网、计算机网、有线电视网及安全防范和消防的要求。本设计应达到下述要求: (1)掌握综合布线系统建设的基本流程。 (2)熟悉综合布线系统需求分析方法、总体规划方法,了解可行性报告的撰写要点。 (3)掌握综合布线的进线间、设备间、水平子系统、干线子系统、管理子系统的设计方法。 (4)熟悉酒店综合布线的要点与信息点配置方式。 (5)正确进行设计计算。 (6)熟悉综合布线系统施工及验收规范。 (7)初步掌握运用相关国家标准解决实际工程设计的能力
方案论证	根据栖湖大酒店的建筑平面图,进行各子系统的设计,并进行工程预算,完成相关图纸的绘制

课题三：安徽工业大学图书馆综合布线系统设计	
设计任务	对图书馆综合布线系统设计,需综合考虑计算机网络、电话通信等的要求
设计要求	要求将电话、计算机、服务器、网络设备与管理设备连接为一个整体,能够高速传输语音、数据和图片。本设计应达到下述要求: (1) 掌握综合布线系统建设的基本流程。 (2) 掌握综合布线的进线间、设备间、水平子系统、干线子系统、管理子系统的设计方法。 (3) 熟悉防雷与接地的设计。 (4) 正确进行设计计算。 (5) 熟悉综合布线系统施工及验收规范。 (6) 初步掌握运用相关国家标准解决实际工程设计的能力
方案论证	根据安徽工业大学图书馆的建筑平面图,进行各子系统的设计,并进行工程预算,完成相关图纸的绘制
课题四：马陆清水湾小区综合布线系统设计	
设计任务	对马陆清水湾小区的综合布线系统进行设计
设计要求	小区综合布线系统设计需综合考虑到电信网、计算机网、有线电视网及安全防范和建筑设备控制系统的要求。本设计应达到下述要求: (1) 掌握综合布线系统建设的基本流程。 (2) 熟悉综合布线系统需求分析方法、总体规划方法,了解可行性报告的撰写要点。 (3) 掌握综合布线的进线间、设备间、水平子系统、干线子系统、管理子系统的设计方法。 (4) 熟悉建筑群子系统综合布线的设计要点。 (5) 正确进行设计计算。 (6) 熟悉综合布线系统施工及验收规范。 (7) 初步掌握运用相关国家标准解决实际工程设计的能力
方案论证	根据马陆清水湾小区的建筑平面图,进行各子系统的设计,并进行工程预算,完成相关图纸的绘制

学生自选题目: 学生可根据本课程设计的目的与要求自选题目,经过指导教师鉴定、允许后可将自选题目作为本课程设计的题目。

2. 设计过程(含计算、数据分析,图纸绘制等)

设计过程要包含相应的建筑施工图、设计计算、校核、工程预算等。

3. 学生课程设计说明书的撰写

课程设计说明书如表 6.3.2 所示。

表 6.3.2　课程设计说明书

1. 绪论
　1.1　相关背景知识
　1.2　课程设计条件
　1.3　课程设计目的
　1.4　课程设计的任务
　1.5　课程设计的技术指标

续　表

2. 设计说明与要求
3. 系统设计计算
4. 工程预算
5. 设计图纸
6. 讨论

4. 课程设计过程文件

（1）学生填写设计日志。

（2）教师填写指导记录。

5. 课程设计答辩

课程设计结束，应组织学生答辩，考查学生对所设计的问题理解是否正确，基本知识是否扎实，是否能进行综合布线系统的设计。

三、课程设计成绩评定与总结

（一）课程设计成绩组成

表 6.3.3　成绩评定组成比例

序　号	组　　　成	比　　　例
1	设计报告	50%
2	答辩成绩	30%
3	设计期间表现	20%

各组成部分评判基本标准如下：

1. 设计报告成绩评判标准

90 分：设计认真，很好地完成设计任务。系统方案正确，各子系统设计与计算正确，有关产品选型正确合理，图纸设计正确，总结完整，设计说明书规范。

80 分：设计认真，较好地完成设计任务。系统方案正确，各子系统设计与计算无明显错误，有关产品选型基本合理，图纸设计基本正确，总结较完整，设计说明书较规范。

70 分：基本完成设计任务。系统方案基本正确，各子系统设计与计算有一些小错误，有关产品选型基本合理，图纸设计有些小错误，总结一般，设计说明书不够规范。

60 分：未完成所有的设计任务。系统方案有小错误，各子系统设计与产品选型不恰当，图纸设计有错误，总结一般，设计说明书不规范。

60 分以下：只完成设计任务的小部分，系统方案设计存在较大错误，设计说明书不规范。

设计中有创新思想的可适当加分。

2. 答辩成绩评判标准

90 分：答辩中能正确回答所有问题，回答正确，基本知识扎实，能分析综合布线系统设计中可能出现的大部分问题,并能说明这些问题的解决方法。

80 分:答辩中能正确回答一些问题,回答正确,基本知识较扎实,能分析综合布线系统设计中可能出现的一般问题,并能说明这些问题的解决方法。

70 分:答辩中回答问题基本正确,基本知识一般,尚能分析综合布线系统设计中可能出现的小问题,并能说明这些问题的解决方法。

60 分:答辩中回答问题基本正确,基本知识一般,只能分析综合布线系统设计中出现的基本问题,并能说明这些问题的解决方法。

60 分以下:答辩中不能回答问题,基本知识不扎实。

3. 设计期间表现,主要考查学生设计态度、考勤等,占 20%

(二)学生的课程设计小结

设计的收获、对实践能力提高认识等。

(三)指导教师的工作小结

包括总体情况,取得的成绩和收获,存在的问题,改进建议与措施等。

(四)设计文件的归档

课程设计教学大纲、任务书、学生设计说明书及图纸、课程设计小结、课程设计过程文件等。对于学生根据本课程设计的目的与要求自选的题目,经过指导教师鉴定、允许后可将自选题目作为本课程设计的题目。

(五)课程设计任务及工作量的要求

课程设计任务及工作量如下:

(1) 建筑综合布线系统的整体系统框架图。

(2) 建筑物各楼层的综合布线图。

(3) 综合布线各子系统的系统配置图(基于 NetViz 环境下的系统配置图)。

(4) 综合布线系统方案设计书(含:各子系统设计计算、信息网络系统架构设计、综合布线系统主要设备配置方案、机房工程设计)。

四、课程设计时间安排

表 6.3.4　课程设计时间安排表

序　号	任　　务	所需时间	备　注
1	布置任务、选题;讲解每个题目的原理	0.5 工作日	教师授课
2	信息网络系统架构设计	1 工作日	在实验室完成
3	综合布线各子系统设计计算	1 工作日	在实验室完成
4	综合布线系统主要设备配置方案	1 工作日	在实验室完成
5	机房工程设计	1 工作日	在实验室完成
6	教师检查结果、答辩	1 工作日	在实验室完成
7	撰写课程设计说明书	1 工作日	学生课外完成

五、课程设计主要参考文献

[1] 韩宁,刘国林.综合布线[M].北京：人民交通出版社.2006.

[2] 谢秉正.建筑智能化系统使用与维修手册[M].南京：江苏科学技术出版社.2005.

[3] 薛颂石.智能建筑综合布线工程的设计施工与验收[M].北京：人民邮电出版社.1998.

[4] 郝文华.网络综合布线设计与案例[M].北京：电子工业出版社.2008.

[5] 刘化君.综合布线系统[M].北京：机械工业出版社.2004.

[6] 徐超汉.智能建筑综合布线系统设计与工程[M].北京：电子工业出版社.2002.

[7] 国标 GB 50311—2007.综合布线系统工程设计规范[S].

[8] 国标 GB 50312—2007.综合布线系统工程验收规范[S].

第四节 安全防范系统课程设计

一、课程设计方案的制定

（一）课程设计的性质和任务

智能建筑是以建筑环境为平台,运用系统工程、系统集成等先进的科学原理和技术,通过对建筑物的结构(建筑环境结构)、系统(各应用系统)、服务(用户需求服务)、管理(物业管理)以及它们之间的内在联系进行最优化设计,而获得一个投资合理、高效、幽雅舒适、便利快捷、高度安全的环境空间。

通过课程设计,使学生了解和掌握各种安全技术防范系统的工作原理、控制要求和适用场合,了解和掌握安全技术防范各子系统的设计方法、设计依据和设计步骤。

（二）要求

学生应达到：

以一单体建筑为设计对象,通过运用所学的《安全防范系统》的相关知识,完成该建筑安全防范系统的方案及相关系统设计。

课程设计报告的具体要求：

（1）熟悉安全防范系统的常用规范,通过各种渠道收集相关资料;综合运用所学基础理论知识和专业知识,独立分析和解决安全防范系统工程设计中一般工程技术问题;

（2）具有将《安全防范系统》课程所学理论知识综合应用于工程实践的能力,提高绘制工程图,增强作为现代建筑电气工程师应具备的基本技能。

（3）了解建筑安全防范系统设计程序,能使用手册、标准图集和产品样本,了解有关的设计规范。

（4）能多角度观察问题和抓住工程技术关键,通过社会调研,收集资料,提出新的设计方案和设计思路,在设计中得到体现。

（5）掌握建筑安全防范系统设计的原理、方法，能正确表达设计意图。

（三）课程设计的内容及要求

以一单体建筑为设计对象，通过运用所学的《安全防范系统》的相关知识，完成该建筑安全防范系统的方案及相关系统的设计。

（四）注意问题

（1）加强过程管理，提高学生自觉性和独立性。自觉性建立在对课程设计的重要性及各项环节的必要性的充分认识和理解的基础上，自觉性主要表现在要主动、积极，要遵守各项纪律。独立性要求同学独立思考，独立解决问题，不依赖教师，不依赖教材。

（2）应切实注意电气工程设计的正确、熟练、规范，正确是基础，熟练出效率，规范才能保证正确、熟练。

（3）学会使用规范、手册及各种参考图集，尽可能少依赖教材。

（4）同组同学之间要注意协作配合，互帮互学、共同进步。

（5）指导教师应加强辅导。

二、课程设计的开展

（一）任务分配及组织动员

课程设计之前，应组织一次课程设计动员，明确设计目的与要求，教学中讲解必要的电路原理和设计方法，如果需要深化和扩展学过的知识，还要补充讲授有关的内容，帮助学生明确任务、掌握工程设计方法。学生在教师指导下选择设计方案，进行设计计算，完成预设计。学生要对设计的全过程作出系统总结报告，按照一定格式写出设计说明书。

（二）课程设计任务书下达

根据学生数、题目难易程度及工作量大小，可每生一个课题也可分组分配任务，确定组长，并具体工作落实到每个学生。

（三）要求上交的材料

（1）建筑安全防范系统的整体系统框架图。

（2）建筑的各楼层的安防布防图。

（3）各安防子系统的系统配置图。

（4）安全防范系统方案设计书（含：系统总体规划、各安防子系统设计、系统联动设计及主要设备配置方案、机房工程设计）。

三、课程设计成绩评定与总结

（一）课程设计成绩评定

课程设计成绩根据平时考勤、设计成果质量按五级记分评定方法评定。凡成绩不及格者，必须重修。平时考查主要检查学生的出勤情况、学习态度、是否独立完成设计等几方面。设计成果的检查，着重检查设计图纸和计算书的完整性和正确性。成绩的评定要按课程的目的要求，突出学生独立解决工程实际问题的能力和创新性的评定。

课程设计的成绩按优秀、良好、中等、及格和不及格五级评定。参考标准如表 6.4.1 所示。

表 6.4.1 成绩评定标准表

实践环节名称	考核单元名称	考核内容	考核方法	考 核 标 准	最低技能要求	负责单位
	方案设计书	方案设计书	检查批改	优秀：工程计算内容全面、正确，书写整洁无误，独立完成，符合设计规范要求。 良好：基本达到上述要求。 中等：能够完成计算要求及内容。 及格：基本完成计算要求及内容。 不及格：未达到上述要求	及格	机电工程学院
	图纸	图纸质量	检查批改	优秀：设计方案合理，图纸完整无误，图面整洁，独立完成，较好符合制图标准要求。 良好：基本达到上述要求。 中等：能够完成绘图要求及内容。 及格：基本完成绘图要求及内容。 不及格：未达到上述要求	及格	机电工程学院

（二）课程设计总结

经过一周的时间课程设计顺利结束，各项教学任务已圆满完成，现对课程设计过程及中间存在的主要问题做一下简要总结。

1. 确保学生明确课程设计目的和任务

楼宇智能化专业学生《安全防范系统》课程设计的主要目的，是为了加强学生对基本理论的理解和《安全防范系统》设计规范条文的应用，培养学生独立分析问题和解决问题的能力，必须在讲完有关课程内容后，安排 1 周的课程设计，以提高学生的综合运用理论知识的工程能力。课程设计既是知识深化、拓宽知识面的重要过程，也是对学生综合素质与工程实践能力的全面锻炼，是实现培养目标的重要阶段。通过课程设计，着重培养学生综合分析和解决问题的能力以及严谨、扎实的工作作风。为学生将来走上工作岗位，顺利完成设计任务奠定基础。

课程设计的任务是，通过进一步的设计训练，使学生系统掌握理论知识，学会电气照明工程的设计方法，掌握电气照明工程设计步骤，提高电气照明设计的基本技能；利用先进的设计技术、设计手段，使用新光源、新技术，根据不同情况，合理地选择照明方式和方案，熟练地进行计算和计算机辅助设计，并学会利用各种设计资料，完成设计任务。必须要让学生明确这一任务，以确保课程设计的顺利进行。

2. 提出具体要求

学生在课内理论学习是从未进行过系统设计，因此当学生拿到实训任务时，往往不知从何下手。作为指导老师要教授学生如何分解任务，明确总体思路，以免耽误不必要的时间甚至于本末倒置。同时把具体要求明确，以便让学生顺利开展设计。

3. 随时答疑,解决好具体问题

学生在设计过程中会遇到各种各样的问题,作为指导老师应该随时解决同学们的疑惑,以便使其顺利设计。随时设计的具体开展,设计中涉及的一些问题也会慢慢出现,这时要随时解决好同学们的疑难问题,以使设计科学合理,同时也使学生明确设计中应该注意的问题,从而积累设计经验,以便将来走向设计岗位工作时,能够很快适应,并设计出合理方案。

四、课程设计时间安排

表 6.4.2　课程设计时间安排表

序　号	内　　　　容	时间(学时/天/周)
1	系统总体规划	1
2	各安防子系统设计	2
3	系统联动设计及主要设备配置方案	1
4	机房工程设计	1
	合　　计	5

五、课程设计主要参考文献

[1]梁华.建筑弱电工程设计手册[M].北京:中国建筑工业出版社.2003.

[2]刘晓胜等.智能小区系统工程技术导论[M].北京:电子工业出版社.2001.

[3]朱林根.21世纪建筑电气设计手册[M].北京:建筑工业出版社.2001.

[4]公共安全行业标准,安全防范工程程序与要求(GA/T 75—94).

[5]公共安全行业标准,安全防范系统通用图形符号(GA/T 74—2000).

[6]公共安全行业标准,视频安防监控系统技术要求(GA/T 367—2001).

[7]公共安全行业标准,入侵报警系统技术要求(GA/T 368—2001).

[8]国标 GB 50198—94,民用闭路监视电视系统工程技术规范[S].

[9]国标 GB/T 16572—1996,防盗报警中心控制台[S].

[10]国标 GB 12663—2001,防盗报警控制器通用技术条件[S].

第五节　建筑消防系统课程设计

一、课程设计方案的制定

(一)课程设计目的与要求

建筑消防系统课程设计是在学生学习完建筑消防系统之后,针对课程的要求对学生进行综合训练的一个实践教学环节。其主要目的是培养学生综合运用理论知识,联系实际要求作出独立设计,并进行校核计算的实际工作能力。

通过本教学环节,学生应达到如下基本要求:

(1) 综合运用建筑消防系统课程设计中所学到的理论知识,结合课程设计任务要求适当自学某些新知识,独立完成一个课题的理论设计。

(2) 加强学生对基本理论的理解和对消防系统设计规范条文的应用,培养学生独立分析问题和解决问题的能力。

(3) 通过查阅手册和文献资料,熟悉常用消防设备的类型和特性,并掌握选择消防设备的原则与国家规范。

(4) 掌握建筑闭式自动喷水灭火系统设计、气体灭火系统设计(二氧化碳及七氟丙烷)、消火栓系统设计及火灾自动报警系统设计。

(5) 学会撰写课程设计报告。

(6) 培养实事求是、严谨的工作态度和严肃认真的工作作风。

(二) 课程设计内容选择依据

课程设计内容选择得是否合适,直接关系到学生完成的情况和教学效果。必须根据教学要求、学生实际水平、能完成的工作量和实验条件,恰当地选题。争取让不同程度的学生经过努力能完成课程任务在巩固所学知识,提高基本技能和能力等方面有所收获。

建筑消防系统课程设计题目其主要内容均是建筑消防系统课程中学过的知识,而且多是应用到实际工程应用中的各类建筑消防系统。它们的设计指标不仅符合教学要求及国家规范,并且都是从学生实际出发选定的课题内容,设计方法难易适中。

(三) 课程设计任务书的制定

课程设计必须给学生分发课程设计任务书,制定时必须考虑以下几方面:明确设计目的和要求;列出设计课题及相关要求,做什么,到达什么要求;课程设计对怎么做,应给出大概的思路,不可太模糊,又不可太具体,否则限制了学生的创造能力;任务书应对提交的作品的形式作出相应的规范,对考核的标准做明确的说明。

二、课程设计的开展

(一) 任务分配及组织动员

课程设计题目不止一个,教师应给出几个可供选择的题目,让学生根据自己的喜好和专长,确定自己的课题。

课程设计之前,应组织一次课程设计动员,明确设计目的与要求,教学中讲解必要的消防系统原理和设计方法,如果需要深化和扩展学过的知识,还要补充讲授有关的内容,帮助学生明确任务、掌握工程设计方法。学生在教师指导下选择设计方案,进行设计计算,完成预设计。学生要对设计的全过程作出系统总结报告,按照一定格式写出设计说明书。

(二) 课程设计任务书下达

根据学生数、题目难易程度及工作量大小,可每生一个课题也可分组分配任务,确定组长,并具体工作落实到每个学生。

（三）课程设计过程

1. 所分配课题设计方案的选择与论证

表 6.5.1　课题设计方案表

课题一：闭式自动喷水灭火系统设计	
设计任务	四海酒家第一层餐厅和第二层餐厅包间、厨房闭式自动喷水灭火系统设计
设计要求	闭式自动喷水灭火系统是一种能够探测火灾并自动启动喷头灭火的固定灭火系统,具有工作性能稳定,安全可靠,维护简便,投资较少,不污染环境等优点,广泛用于各种可以用水灭火的场所。 本设计应达到下述要求： (1) 掌握自动喷水灭火系统设置范围; (2) 掌握自动喷水灭火系统类型、组成和工作原理; (3) 掌握自动喷水灭火系统主要组件和要求; (4) 正确进行管网设计,绘制工程系统图、平面图; (5) 正确进行设计计算; (6) 熟悉自动喷水灭火系统施工及验收规范; (7) 初步掌握运用相关国家标准解决实际工程设计的能力
方案论证	根据报警区域和探测区域,采用自动喷水灭火系统,并完成建筑施工图
课题二：气体灭火系统设计	
设计任务	南京市劳动力市场档案馆自动气体灭火系统设计
设计要求	气体灭火系统是传统的四大固定式灭火系统(水、气体、泡沫、干粉)之一,应用广泛,气体灭火系统是一种能够自动、手动、机械应急启动喷头灭火的固定灭火系统,具有工作性能稳定,安全可靠,维护简便,投资较少,很少污染环境等优点,目前广泛采用的七氟丙烷、IG-541、二氧化碳等气体灭火系统,广泛应用于各种带电设备等不可以用水灭火的场所。 (1) 了解气体灭火系统设置范围; (2) 了解气体灭火系统类型、组成和工作原理; (3) 了解气体灭火系统主要组件和要求; (4) 正确进行管网设计,绘制工程系统图、平面图; (5) 正确进行设计计算; (6) 熟悉气体灭火系统施工及验收规范; (7) 初步掌握运用相关国家标准解决实际工程设计的能力
方案论证	根据报警区域和探测区域,采用气体灭火系统设计,并完成建筑施工图
课题三：火灾自动报警系统设计	
设计任务	某综合楼一,二层火灾监控系统设计
设计要求	设计条件：(由建设方提供图纸) (1) 某综合楼一,二层建筑平面图; (2) 层高 3.3 m; (3) 房间,走道等公共部位设吊顶(一般室内空间吊顶 2.8 m)。 设计要求： (1) 了解火灾自动报警系统保护对象的分级及火灾探测器设置的部位;

续　表

课题三：火灾自动报警系统设计	
设计要求	（2）了解报警区域和探测区域的划分； （3）了解火灾自动报警系统形式的选择和要求； （4）了解消防联动控制的一般要求； （5）掌握如何选择和设置火灾探测器； （6）了解系统的供电和布线； （7）初步掌握运用相关国家标准解决实际工程设计的能力
方案论证	根据报警区域和探测区域，采用火灾监控系统，并完成建筑施工图
课题四：消火栓系统设计	
设计任务	某综合楼一、二层火灾消火栓系统设计
设计要求	（1）了解消火栓系统的布置要求； （2）了解报警区域和探测区域的划分； （3）了解消火栓系统形式的选择和要求； （4）初步掌握运用相关国家标准解决实际工程设计的能力
方案论证	根据要求，进行消火栓系统设计，并完成建筑施工图

学生自选题目：学生可根据本课程设计的目的与要求自选题目（设计的内容为 4 个，可应用于不同的工程案例中），经过指导教师鉴定、允许后可将自选题目作为本课程设计的题目。

2. 设计过程（含计算、数据分析，图纸绘制等）

设计过程要包含相应的建筑施工图、设计计算、校核、工程预算等。

3. 学生课程设计说明书撰写

课程设计说明书如表 6.5.2 所示。

表 6.5.2　课程设计说明书

1. 绪论
  1.1　相关背景知识
  1.2　课程设计条件
  1.3　课程设计目的
  1.4　课程设计的任务
  1.5　课程设计的技术指标
2. 设计说明与要求
3. 系统设计计算
4. 工程预算
5. 工程预算
6. 设计图纸
7. 讨论

4. 课程设计过程文件

（1）学生填写设计日志。

（2）教师填写指导记录。

5. 课程设计答辩

课程设计结束，应组织学生答辩，考查学生对所设计的问题理解是否正确，基本知识是否扎实，是否能分析系统测试产生的问题，并提供解决的方法。

答辩成绩标准：

90分：答辩中能正确回答所有问题，回答正确，基本知识扎实，能分析系统中可能出现的一切问题及解决问题的方法。

80分：答辩中能正确回答一些问题，回答正确，基本知识较扎实，能分析系统中可能出现的一般问题及解决问题的方法。

70分：答辩中回答问题基本正确，基本知识一般，尚能分析系统中可能出现的小问题及解决问题的方法。

60分：答辩中能正确回答简单问题，能分析系统中出现基本的问题及解决问题的方法。

60分以下：答辩中不能回答问题，基本知识不扎实。设计中有创新思想的可适当加分。

三、课程设计成绩评定与总结

（一）课程设计成绩组成

平时成绩，主要考查学生设计态度、考勤等，占30％。

理论设计与总结报告：包括方案论证、消防系统设计计算、消防设备的选择、建筑施工图及工程预算书，写出设计说明书。理论设计与总结报告成绩占总分40％。

答辩：考核成绩占总分30％。

其中理论设计与总结报告成绩判断标准如下：

90分：设计认真，很好地完成设计任务。方案论证正确，系统设计思路清楚，设计计算正确，消防设备的选择正确合理，画出的建筑施工图规范，总结完整，设计说明书规范。

80分：设计认真，较好地完成设计任务。方案论证正确，设计计算无明显错误，消防设备的选择正确，画出的建筑施工图较规范，总结较完整，设计说明书较规范。

70分：基本完成设计任务。系统设计较清楚。设计计算和消防设备的选择有一些小错误。总结一般，设计说明书不够规范。

60分：未完成所有的设计任务。系统设计不够清楚。设计计算和消防设备的选择有错误，设计说明书不规范。

60分以下：只完成设计任务的小部分，系统设计不清楚。设计计算和消防设备的选择有错误，设计说明书不规范。

（二）学生的课程设计小结

设计的收获、对实践能力提高认识等。

（三）指导教师的工作小结

包括总体情况，取得的成绩和收获，存在的问题，改进建议与措施等。

（四）设计文件的归档

课程设计教学大纲、任务书、学生设计说明书及建筑施工图纸、课程设计小结、课程设计过程文件等。

（五）学生自选题目

学生可根据本课程设计的目的与要求自选题目，经过指导教师鉴定、允许后可将自选题目作为本课程设计的题目。

（六）课程设计任务及工作量的要求

每一学生在教师指导下，独立完成 4 个建筑消防系统的设计。工作量如下：

（1）闭式自动喷水灭火系统设计：1.5 周。

（2）气体灭火系统设计（包括二氧化碳与七氟丙烷）：1.5 周。

（3）消火栓系统及火灾自动报警系统设计：1 周。

第六节　智能系统工程预决算课程设计

一、课程设计方案的制定

（一）课程设计的性质和任务

《智能系统工程预决算》是建筑电气与智能化专业必修课，也是该专业的特色课程之一。随着建筑市场与国际的接轨和招投标法的贯彻实施，采用工程量清单计价方式成为当今工程招投标计价的主要方式，该门课程知识也是从事工程建设人员必须掌握的知识内容之一。通过课程理论知识部分的学习，学生已经有了有关定额计价和工程量清单计价的基础知识，通过为期一周的课程设计实践环节，使学生更好地对于概念、方法等加强理解，以适应当前社会实际工作的需要。

本课程设计的任务是，把智能系统预决算理论知识与实际工程造价招投标报价联系起来，使学生能初步独立完成工程量清单计价模式下的投标工程造价。根据建筑工程智能系统（或某子系统）招标文件，初步正确地分析招标文件，制定相应的投标策略；熟悉工程量清单和工程量清单计价格式；正确编制投标报价文件。通过本次课程设计，巩固课程学习知识，并加深对课堂所学的理解深度；同时也是工程投标报价的一次预演，使学生在实际工作中能尽快适应新的工作岗位；培养学生综合分析和解决问题的能力以及严谨、扎实的工作作风。

（二）要求

学生应达到：

（1）加深理解，熟悉并准确掌握工程预决算或工程造价有关专业术语，并理解其内涵和范畴。

（2）了解并熟悉工程招投标的一般流程、规范和要求。

（3）掌握招投标工程报价书的一般格式、规范和要求。

（4）通过对招标文件的阅读和研究，使学生能针对该投标工程，进行初步的投标报价策略分析。

（5）掌握投标报价中规费、定额的选取，并能独立完成投标报价书的编制。

（三）课程设计的内容及要求

《智能系统工程预决算》课程设计的选题要符合教学目的和基本要求，设计内容体现应用型本科教育理念，实用型强，并设计具有一定的深度，使学生通过本次课程设计，完成一次实际招投标工程造价的预演。

本课程设计有指导教师提供一份较为完整的工程招标材料，为《芜湖市中医医院新院区智能化系统工程》（注：也可以采用其他智能系统工程招标文件），该工程招标预估价为3 600万元RMB，工程量清单中几乎涵盖智能化系统工程所有的子系统，具体材料为：

《芜湖市中医医院新院区智能化系统工程》工程量清单（含各子系统）；

《芜湖市中医医院新院区智能化系统工程》专用部分；

《芜湖市中医医院新院区智能化系统工程》招标要求和参数。

工程量清单编制说明。

对学生的具体要求为：

（1）对于工程量清单中，学生任选某一子系统，完成该子系统投标报价书。

（2）学生认真阅读招标文件，对招标文件进行分析，制定相应的投标策略，并阐述其理由。

（3）通过查阅资料，确定投标报价书规费、定额的选取。

（4）通过资料查询，确定投标采用设备品牌。

（5）严格按照《建设工程工程量清单计价规范》GB 50500—2003，2008的格式要求，撰写投标报价书。

（6）掌握各种费用的计算方法。

（7）课程设计提交成果，为某一子系统完整的投标报价书。

（四）图表内容与要求

（1）完成单位工程费汇总表。

（2）完成分部分项工程量清单计价表。

（3）完成措施项目、其他项目费计价表。

（4）完成综合单价分析表。

（5）完成主要材料报价表。

（五）其他内容与要求

（1）完整的某一子系统投标报价书一份。

（2）计算纸一律用A4号白纸编写。

（3）报价书要求端正、清洁、完整，并装订成册。

（六）注意问题

（1）加强过程管理，提高学生自觉性和独立性。自觉性建立在对课程设计的重要性及各项环节的必要性的充分认识和理解的基础上，自觉性主要表现在要主动、积极，要遵守各项纪律。独立性要求同学独立思考，独立解决问题，不依赖教师，不依赖教材。

（2）应切实注意投标报价书设计的正确、熟练、规范，正确是基础，熟练出效率，规范才能保证正确、熟练。

（3）学会使用规范、手册及各种参考图集，尽可能少依赖教材。

（4）同组同学之间要注意协作配合，也可以小组形式工程完成，增强学生团体协作能力。

（5）指导教师应加强辅导。

二、课程设计的开展

（一）任务分配及组织动员

课程设计之前，应组织一次课程设计动员，对于课程设计需要的知识点让学生提前准备，通过组织动员，明确课程设计目的与要求。指导教师根据课程设计中需要的材料，重点的讲解所需要文献、资料的类型和文献的阅读方法，进而明确课程设计的任务、组织、纪律和相应要求等。

本课程设计学生可以根据自己的兴趣，任选以下一个题目来完成：

1. 综合布线系统工程量清单报价

完成综合布线系统投标报价文件，要求：

（1）投标报价文件格式符合《建设工程工程量清单计价规范》GB 50500—2003,2008。

（2）分部分项工程量清单严格按照清单内容计算。措施项目清单和其他项目清单由学生个人根据工程分析确定。综合单价分析表要求完整准确。

2. 医院专用无线网络系统工程量清单报价

完成医院专用无线网络系统投标报价文件，要求：

（1）投标报价文件格式符合《建设工程工程量清单计价规范》GB 50500—2003,2008。

（2）分部分项工程量清单严格按照清单内容计算。措施项目清单和其他项目清单由学生个人根据工程分析确定。综合单价分析表要求完整准确。

3. 有线电视系统工程量清单报价

完成有线电视系统投标报价文件，要求：

（1）投标报价文件格式符合《建设工程工程量清单计价规范》GB 50500—2003,2008。

（2）分部分项工程量清单严格按照清单内容计算。措施项目清单和其他项目清单由学生个人根据工程分析确定。综合单价分析表要求完整准确。

4. 安全保卫监控系统工程量清单报价

完成安全保卫监控系统投标报价文件，要求：

（1）投标报价文件格式符合《建设工程工程量清单计价规范》GB 50500—2003,2008。

（2）分部分项工程量清单严格按照清单内容计算。措施项目清单和其他项目清单由学生个人根据工程分析确定。综合单价分析表要求完整准确。

5. 大屏幕及公共信息发布系统工程量清单报价

完成大屏幕及公共信息发布系统投标报价文件，要求：

（1）投标报价文件格式符合《建设工程工程量清单计价规范》GB 50500—2003,2008。

（2）分部分项工程量清单严格按照清单内容计算。措施项目清单和其他项目清单由学生个人根据工程分析确定。综合单价分析表要求完整准确。

6. 一卡通系统工程量清单报价

完成一卡通系统投标报价文件，要求：

（1）投标报价文件格式符合《建设工程工程量清单计价规范》GB 50500—2003,2008。

（2）分部分项工程量清单严格按照清单内容计算。措施项目清单和其他项目清单由学生个人根据工程分析确定。综合单价分析表要求完整准确。

7. 自拟题目

学生可根据本课程设计的目的与要求自选题目,题目必须为完成某一智能化系统安装工程工程量清单模式下的工程报价设计,经过指导教师鉴定、允许后可将其他自选题目作为本课程设计的题目。

（二）课程设计任务书下达

根据学生数、题目难易程度及工作量大小,可每生一个课题也可分组分配任务,确定组长,并具体工作落实到每个学生。

（三）上交材料要求

每一学生在教师指导下,独立完成一个工程量清单投标报价文件设计。工作量如下:

（1）通过阅读整个招标文件,对该智能化系统工程的概况、设计要求、投标报价策略进行研究。

（2）根据《建设工程工程量清单计价规范》GB 50500—2003、2008,结合课堂所讲解内容,严格掌握工程投标报价文件对格式的要求。

（3）完成单位工程费用汇总表。

（4）完成分部分项工程量清单计价表。

（5）完成措施项目和其他项目计价表。

（6）完成规费和税金清单计价表。

（7）完成综合单价分析表。

三、课程设计成绩评定

（一）课程设计成绩评定

课程设计成绩由课程设计报告和平时考核成绩两部分组成,其中,设计报告占总成绩60%,平时考核成绩占40%。

课程设计报告成绩根据设计文件的规范性、设计的合理性和数据计算的准确性进行评定。

平时成绩由课程设计答辩、出勤情况、学习态度、是否独立完成设计等几方面评定成绩。

课程设计的成绩按优秀、良好、中等、及格和不及格五级评定,设计文件评定标准为:

优秀:投标报价文件格式正确、报价规范;报价策略分析全面,且有一定的创新性;内容全面、正确,书写整洁无误,独立完成,符合设计设计要求,设计规范合理。

良好:基本达到上述要求。

中等:能够完成计算要求和设计内容。

及格:基本完成计算和设计要求及内容。

不及格:未达到上述要求工程计算和设计方案。

（二）课程设计总结

经过为期一周的课程设计之后,对《智能系统工程预决算》课程设计情况进行全面、客观的总结,对取得的成绩予以肯定,更主要的是找到不足之处,以便在下次课程设计中加以改进和提高。课程设计总结主要包括以下几个方面:

(1) 对学生的组织纪律性、团结协作精神进行评价总结。

(2) 教师对资料的整合性进行总结,教师要提供给学生尽可能高效率的资料,让学生能尽快通过阅读材料,知道如何准确地完成课程设计。

(3) 教师对学生完成课程设计组织管理,包括时间分配、分组情况、内容的适合性进行总结。

(4) 对学生完成课程设计报告的质量进行总结。

(5) 对学生通过本课程设计,业务水平能力、知识能力进步水平等评价总结。

四、课程设计时间安排

课程设计时间安排如表 6.6.1 所示。

表 6.6.1　课程设计时间安排表

序 号	任 务	所需时间	备 注
1	指导教师提供招标文件和工程清单,布置任务、明确课程设计目标和要求	1 工作日	教师授课
2	学生自行研究招标文件、选定题目、选定定额	1 工作日	学生自学和教师指导答疑结合
3	根据设计要求,学生编制投标报价文件	2 工作日	教师指导下完成
4	撰写课程设计报告	0.5 工作日	学生课外完成
5	答辩	0.5 工作日	集中答辩

五、课程设计报告例

芜湖市中医医院智能化系统工程
工程量清单报价表

一、设计任务与要求

完成工程量清单报价表,如表 6.6.2 所示。

表 6.6.2　分部分项工程量清单

序 号	项目编码	项目名称	计量单位	工程数量
1	030705004001	6 类非屏蔽模块	个	6 000
2	030204031001	RJ45 单孔斜面面板	个	960
3	030204031002	RJ45 双孔斜面面板	个	2 600
4	031007001001	6 类 4 对非屏蔽双绞线	305 M/箱	800
5	031103020001	室内多模 12 芯光纤	米	1 000

序　号	项目编码	项　目　名　称	计量单位	工程数量
6	031103020002	室外单模 24 芯光纤	m	2 000
7	031103020003	3 类 50 对非屏蔽电缆	305 M/卷	34
8	031102056001	24 口配线架空面板	个	217
9	030705004003	空白模块	个	599
10	031102056002	24 口六类电子配线架	个	200
11	031005002001	扫描仪	台	32
12	031103031001	扫描仪连接线	根	200
13	031103031002	九针智能跳线	根	2 000
14	031103031003	四对 6 类非屏蔽跳线	根	1 000
15	031102056003	24 口机架式光纤配线架	个	54
16	030204031003	24 口配线架多模空面板	个	54
17	031102056004	水平前式理线架	个	54
18	031101071001	LC 模块式耦合器	个	324
19	031103032001	LC - LC 多模双工光纤跳线	根	162
20	031103032002	LC - LC 多模双工光纤跳线	根	54
21	031102056005	水平前式理线架	个	330
22	031102056006	110 机柜式配线架	个	60
23	031103004001	理线槽	个	60
24	031208008001	快球摄像机	台	6
25	031208008002	彩色半球摄像机	台	113
26	031208008003	电梯专用半球摄像机	台	11
27	031208008004	半球摄像机	台	110
28	031208008005	彩色固定摄像机	台	59
29	031208008006	一体化摄像机	台	4
30	031202006001	交换机	台	1
31	031202006002	交换机	台	47
32	031202006003	交换机	台	1
33	031208011001	单路视频编码器	台	73
34	031208011002	四路视频编码器	台	85
35	030705004006	模块	只	48

二、学生提交报价表文件

投 标 总 价

建设单位：＿＿＿＊＊＊＊＊＊＊＿＿＿

工程名称：＿＿＿芜湖市中医医院智能化系统工程＿＿＿

投标总价（小写）：＿＿＿1 586 867.64＿＿＿

（大写）：＿＿＿壹佰伍拾捌萬陆仟捌佰陆拾柒圆陆角肆分＿＿＿

投 标 人：＿＿＿＊＊＊＿＿＿（单位签字盖章）

法定代表人：＿＿＿＊＊＊＊＿＿＿（签字盖章）

编 制 时 间：＿＿＿20＊＊年＊＊月＊＊日＿＿＿

表 6.6.3 单位工程费汇总表

序 号	项 目 名 称	金额（元）
1	分部分项工程量清单计价合计	868 554.29
2	措施项目清单计价合计	22 668.25
3	其他项目清单计价合计	600 000.00
4	规费	42 798.09
5	税金	528 470.1
	合 计	2 062 490.73

表 6.6.4 分部分项工程量清单计价表

序号	项目编码	项目名称	计量单位	工程数量	金额（元）	
					综合单价	合 价
1	030705004001	6 类非屏蔽模块	个	6 000	12.75	76 500.00
2	030204031001	RJ45 单孔斜面面板	个	960	13.96	13 401.60
3	030204031002	RJ45 双孔斜面面板	个	2 600	13.96	36 296.00
4	031007001001	6 类 4 对非屏蔽双绞线	305 M/箱	800	5.31	4 248.00

续 表

序号	项目编码	项 目 名 称	计量单位	工程数量	金额（元）	
					综合单价	合 价
5	0311030200001	室内多模 12 芯光纤	m	1 000.00	15.06	15 060.00
6	0311030200002	室外单模 24 芯光纤	m	2 000.00	13.62	27 240.00
7	031103020003	3 类 50 对非屏蔽电缆	305 M/卷	34	1 262.86	42 937.24
8	031102056001	24 口配线架空面板	个	217	12.95	2 810.15
9	030705004003	空白模块	个	599	15.17	9 086.83
10	031102056002	24 口六类电子配线架	个	200	222.83	44 566.00
11	031005002001	扫描仪	台	32	818.10	26 179.20
12	031103031001	扫描仪连接线	根	200	34.32	6 864.00
13	031103031002	九针智能跳线	根	2 000	34.32	68 640.00
14	031103031003	四对 6 类非屏蔽跳线	根	1 000	34.32	34 320.00
15	031102056003	24 口机架式光纤配线架	个	54	222.83	12 032.82
16	030204031003	24 口配线架多模空面板	个	54	12.45	672.30
17	031102056004	水平前式理线架	个	54	197.31	10 654.74
18	031101071001	LC 模块式耦合器	个	324	274.83	89 044.92
19	031103032001	LC－LC 多模双工光纤跳线	根	162	72.52	11 748.24
20	031103032002	LC－LC 多模双工光纤跳线	根	54	32.94	1 778.76
21	031102056005	水平前式理线架	个	330	124.31	41 022.30
22	031102056006	110 机柜式配线架	个	60	222.83	13 369.80
23	031103004001	理线槽	个	60	23.01	1 380.60
24	031208008001	快球摄像机	台	6	741.23	4 447.38
25	031208008002	彩色半球摄像机	台	113	669.30	75 630.90
26	031208008003	电梯专用半球摄像机	台	11	669.30	7 362.30
27	031208008004	半球摄像机	台	110	669.30	73 623.00
28	031208008005	彩色固定摄像机	台	59	620.75	36 624.25
29	031208008006	一体化摄像机	台	4	991.38	3 965.52
30	031202006001	交换机	台	1	535.24	535.24
31	031202006002	交换机	台	47	363.91	17 103.77
32	031202006003	交换机	台	1	921.25	921.25
33	031208011001	单路视频编码器	台	73	325.69	23 775.37
34	031208011002	四路视频编码器	台	85	325.69	27 683.65
35	030705004003	模块	只	48	146.42	7 028.16
		合 计				868 554.29

表 6.6.5 措施项目清单计价表

序 号	项 目 名 称	金额(元)
01	安全施工	6 948.43
02	临时设施	5 211.33
03	材料与设备检验	1 302.83
04	脚手架	9 205.66
	合 计	22 668.25

表 6.6.6 其他项目清单计价表

序 号	项 目 名 称	金额(元)
01	预留金	600 000.00
	合 计	600 000.00

表 6.6.7 规费、税金清单计价表

序 号	项 目 名 称	金额(元)
01	规费	42 798.09
1.1	工程排污费	1 491.22
1.2	建筑安全监督管理费	2 833.32
1.3	社会保障费	32 806.90
1.4	住房公积金	5 666.65
02	税金	52 847.01
	合 计	95 645.10

表 6.6.8 主要材料价格表

主要材料价格表						
工程名称:芜湖市中医医院智能建筑系统						
序号	材料编号	名 称 规 格	单位	用 量	单 价	合 价
1	10000F	彩色摄像机	台	59	500.00	29 500.00
2	10000F	带预置球型一体机	台	6	550.00	3 300.00
3	10000F	单输出控制模块接口	只	48	20.00	960.00
4	10000F	理线架	个	54	96.00	5 184.00
5	10000F	理线架	条	330	23.00	7 590.00
6	10000F	配线架	条	60	20.00	1 200.00

续　表

		主要材料价格表				
		工程名称：芜湖市中医医院智能建筑系统				
序号	材料编号	名　称　规　格	单位	用　量	单　价	合　价
7	10000F	配线架安装打接	条	254	20.00	5 080.00
8	10000F	球型一体机	台	234	528.00	123 552.00
9	10000F	扫描仪	台	32	800.00	25 600.00
10	10000F	摄录一体机	台	4	850.00	3 400.00
11	10000F	微机矩阵切换设备(≤16 路)	台	1	210.00	210.00
12	10000F	微机矩阵切换设备(≤32 路)	台	1	380.00	380.00
13	10000F	微机矩阵切换设备(≤8 路)	台	47	150.00	7 050.00
14	10000F	音频、视频及脉冲分配器(≤6 路)	台	158	195.00	30 810.00
15	403010	胶合板	m²	0.48	8.42	4.04
16	509015	焊锡	kg	2.88	35.91	103.42
17	509016	焊锡膏	kg	0.96	63.27	60.74
18	510066	冲击钻头	个	2.76	3.60	9.94
19	510123	镀锌铁丝	kg	3	3.65	10.95
20	510125	镀锌铁丝	kg	2	3.65	7.30
21	510141	钢锯条	根	10.6	0.67	7.10
22	510370	镀锌铁丝	kg	8.4	3.75	31.50
23	511007	半圆头镀锌螺栓	套	96	0.26	24.96
24	511141	镀锌精制带帽螺栓	10 套	30.6	5.13	156.98
25	511358	精制螺栓	套	648	0.27	174.96
26	511393	螺栓	套	3 047.76	0.10	304.78
27	511426	木螺钉	10 个	30.9	0.19	5.87
28	602025	防火涂料	kg	1.44	15.68	22.58
29	603030	汽油	kg	10.84	3.81	41.30
30	605052	标志牌	个	60	0.19	11.40
31	605216	塑料护口(钢管用)	个	32.32	0.12	3.88
32	605221	塑料护口(钢管用)	个	137.36	0.43	59.06
33	605308	塑料胀管	个	38.4	0.10	3.84
34	605309	塑料胀管	个	210	0.10	21.00
35	605321	异型塑料管	m	7.2	11.32	81.50

续　表

<table>
<tr><td colspan="7" align="center">主要材料价格表</td></tr>
<tr><td colspan="7" align="center">工程名称：芜湖市中医医院智能建筑系统</td></tr>
<tr><th>序号</th><th>材料编号</th><th>名　称　规　格</th><th>单位</th><th>用　量</th><th>单　价</th><th>合　价</th></tr>
<tr><td>36</td><td>605357</td><td>自黏性塑料带</td><td>卷</td><td>0.2</td><td>11.82</td><td>2.36</td></tr>
<tr><td>37</td><td>608004</td><td>白布</td><td>m</td><td>2.4</td><td>3.42</td><td>8.21</td></tr>
<tr><td>38</td><td>608110</td><td>棉纱头</td><td>kg</td><td>7.9</td><td>6.00</td><td>47.40</td></tr>
<tr><td>39</td><td>608132</td><td>破布</td><td>kg</td><td>3</td><td>5.23</td><td>15.69</td></tr>
<tr><td>40</td><td>608156</td><td>脱脂棉</td><td>kg</td><td>7.22</td><td>17.86</td><td>128.95</td></tr>
<tr><td>41</td><td>613105</td><td>酒精</td><td>kg</td><td>9.72</td><td>8.19</td><td>79.61</td></tr>
<tr><td>42</td><td>706018</td><td>镀锌电缆卡子</td><td>套</td><td>234</td><td>1.40</td><td>327.60</td></tr>
<tr><td>43</td><td>901167</td><td>其他材料费</td><td>元</td><td>34.95</td><td>1.00</td><td>34.95</td></tr>
<tr><td>44</td><td>901216</td><td>校验材料费</td><td>元</td><td>753.948</td><td>1.00</td><td>753.95</td></tr>
<tr><td>45</td><td>902441</td><td>耦合器</td><td>套</td><td>648</td><td>50.00</td><td>32 400.00</td></tr>
<tr><td>46</td><td>911377</td><td>控制电缆(14芯以下)</td><td>m</td><td>1 015</td><td>9.48</td><td>9 622.20</td></tr>
<tr><td>47</td><td>918002</td><td>非屏蔽电缆(50对以内)</td><td>m</td><td>3 468</td><td>10.52</td><td>36 483.36</td></tr>
<tr><td>48</td><td>918002</td><td>双绞线缆</td><td>m</td><td>816</td><td>4.12</td><td>3 361.92</td></tr>
<tr><td>49</td><td>918006</td><td>跳线连接器</td><td>个</td><td>6 464</td><td>12.50</td><td>80 800.00</td></tr>
<tr><td>50</td><td>918007</td><td>8位模块式信息插座(单口)</td><td>个</td><td>6 060</td><td>7.80</td><td>47 268.00</td></tr>
<tr><td>51</td><td>918007</td><td>多模空面板</td><td>个</td><td>54.54</td><td>7.50</td><td>409.05</td></tr>
<tr><td>52</td><td>918007</td><td>空白模块</td><td>个</td><td>604.99</td><td>10.20</td><td>6 170.90</td></tr>
<tr><td>53</td><td>918007</td><td>配线架空面板</td><td>个</td><td>219.17</td><td>8.00</td><td>1 753.36</td></tr>
<tr><td>54</td><td>918007</td><td>斜面面板</td><td>个</td><td>3 595.6</td><td>9.00</td><td>32 360.40</td></tr>
<tr><td>55</td><td>918016</td><td>光纤连接器材</td><td>套</td><td>36.36</td><td>21.00</td><td>763.56</td></tr>
<tr><td>56</td><td>918019</td><td>光纤跳线</td><td>根</td><td>165.24</td><td>54.00</td><td>8 922.96</td></tr>
<tr><td>57</td><td>918019</td><td>尾纤(10 m双头)</td><td>根</td><td>55.08</td><td>15.20</td><td>837.22</td></tr>
<tr><td>58</td><td>918027</td><td>聚乙烯管</td><td>kg</td><td>16.4</td><td>13.30</td><td>218.12</td></tr>
<tr><td>59</td><td>918028</td><td>电缆挂钩</td><td>个</td><td>4 040</td><td>0.30</td><td>1 212.00</td></tr>
<tr><td>60</td><td>918032</td><td>单模光缆</td><td>m</td><td>2 040</td><td>8.48</td><td>17 299.20</td></tr>
<tr><td>61</td><td>918080</td><td>多功能上光清洁剂</td><td>盒</td><td>3.2</td><td>15.30</td><td>48.96</td></tr>
<tr><td>62</td><td>B20071</td><td>塑料线槽</td><td>m</td><td>63</td><td>15.00</td><td>945.00</td></tr>
</table>

六、课程设计主要参考文献

[1] 国标 GB 50500—2005《建设工程工程量清单计价规范》[S].

［2］《安徽省建设工程工程量清单计价规范》(DBJ 34/T‐206—2005).

［3］现行的建筑工程施工规范与工程质量验收标准.

［4］建设单位提供的芜湖市中医医院智能化系统工程设计图纸.

第七节　现场总线网络课程设计

一、课程设计方案的制定

（一）课程设计目的与要求

现场总线网络课程设计以智能楼宇领域应用较为广泛的 LonWorks 总线作为代表,通过对智能楼宇联动控制系统的设计,使学生能够熟悉现场总线产品的特点与选用原则,熟悉现场总线控制系统的基本原理和控制方法,熟悉现场总线应用系统的开发过程与基本开发方法,掌握智能楼宇系统中联动控制功能的实现方法,并能基于 Neuron C 编写楼控系统节点的应用程序。

LonWorks 技术是一个开放的总线平台技术,该技术给各种控制网络应用提供端到端的解决方案。LonWorks 最大的应用领域为楼宇自动化,包括建筑物监控系统的所有领域,即人员控制、电梯和能源管理、消防、照明、保暖、通风、测量、安保等。LonWorks 技术包括监控网络的设计、开发、安装和调试等一整套方法,要使用多种专用的硬件设备和软件。

通过本教学环节,学生应达到如下基本要求:

（1）通过课程设计教学环节,使学生加深对所学课程内容的理解和掌握;熟悉基于现场总线的控制系统的工作原理及结构,具有将课程所学理论知识综合应用于工程实践的能力,增强作为现代建筑电气工程师应具备的基本技能。

（2）结合工程问题,培养提高学生查阅文献与相关资料的能力。

（3）培养锻炼学生结合工程问题独立分析思考和解决问题的能力,通过课程设计,培养学生多角度观察问题的能力与抓住工程技术关键问题的能力。

（4）学会撰写课程设计报告。

（5）培养实事求是、严谨的工作态度和严肃认真的工作作风。

（二）课程设计内容选择依据

课程设计内容的选择是否合适,直接关系到学生的完成情况和教学效果。必须根据教学要求、学生实际水平、工作量和实验条件,进行恰当的选题。基本要求是让学生经过努力能完成课程任务,并在巩固所学知识、提高基本技能和能力等方面有所收获。

现场总线网络课程设计要求以模拟建筑中的各种控制系统为设计对象,通过应用所学的现场总线网络的相关知识,完成各智能楼宇各系统的控制功能与联动控制功能设计。需要的背景知识在课程教学中均已讲授,设计课题根据实验室现有条件,便于学生对设计内容进行检验,亦便于教师直观地验收学生的设计成果。

（三）课程设计任务书的制定

课程设计必须给学生分发课程设计任务书,制定时必须考虑以下几方面:

（1）明确设计目的和要求。

（2）列出设计课题及相关要求，做什么，达到什么要求。

（3）课程设计对怎么做，应给出大概的思路，不可太模糊，又不可太具体，否则限制了学生的创造能力。

（4）对任务书应对提交的作品的形式作出相应的规范，并对考核的标准作出明确的说明。

二、课程设计的开展

（一）任务分配及组织动员

课程设计之前，应组织一次课程设计动员，明确设计目的与要求，教学中讲解必要的背景知识和设计方法，如果需要深化和扩展学过的知识，还要补充讲授有关的内容，帮助学生明确任务、掌握工程设计方法。学生在教师指导下选择设计方案，进行设计计算，完成预设计。学生要对设计的全过程作出系统总结报告，按照一定格式写出设计说明书。

（二）课程设计任务书下达

将学生进行分组，每组分别安排学生进行控制逻辑设计、组态设计与程序编写，确定组长，并将具体工作落实到每个学生。

（三）课程设计过程

1. 课题设计方案的要求与论证

表 6.7.1 课题设计方案

课题名称：基于 LonWorks 的智能楼宇控制系统设计	
设计任务	基于现场总线实验室现有的照明、火灾报警与给排水实验系统，组建基于 LonWorks 的智能楼宇控制系统
设计要求	（1）基于现场总线实验室现有的照明、火灾报警与给排水实验系统，组建基于 LonWorks 网络的楼宇照明、火灾报警与给排水集成系统，并实现各系统的联动控制；要求学生进行控制逻辑的设计，并实现系统的组态设计； （2）要求学生能够运用所学课程的基本理论和设计方法，根据具体问题和实际应用方案的要求；进行方案的总体设计和分析评估； （3）要求学生能够依据相应技术规范进行设计，并按要求进行设计说明书的撰写；说明书格式符合学校要求，文字书写正确、条理清晰
方案论证	构建的基于现场总线实验室现有实验设备的简化的楼宇自动化控制系统至少需实现以下联动控制功能： （1）当水位过低或者过高时，发报警音，并关闭相应阀门； （2）当温感、烟感报警时，自动开启给水阀，同时打开安全指示灯； （3）红外感应入侵后，自动报警，同时开启所有照明灯

2. 设计过程（含控制逻辑设计、组态设计、主要联动控制程序编写等）

（1）定义控制系统的完整功能。开发过程的第一步是定义控制系统的完整功能。对由多节点组成的 LonWorks 控制网络而言，应根据控制系统的总体控制策略，将控制系统划分成若干功能独立的模块或子系统。

（2）节点定义及功能分配。将应用系统划分成多个节点后，由于每个节点都是一个独立的对象，因而必须根据节点的任务进行节点的定义和功能分配。在功能定义时，要充分考虑网络设计中节点的数量和类型、节点间的逻辑连接等问题。

（3）为每个节点定义外部接口。为节点所定义的外部接口大多采用 LonMark 对象。LonMark 对象是网络变量及其行为的定义与配置属性的结合。节点的 LonMark 对象、配置属性和显式报文等这些外部接口对系统中的其他节点是"可见"的。通过定义节点的外部接口，使每个节点的开发具有独立性，同时也降低了网络集成和应用变化所带来的影响。

（4）为节点编写应用程序。根据节点所承担的任务，采用 Neuron C 语言编写节点应用程序，以实现分配给每个节点的功能。应用程序编写主要包括 I/O 对象定义、定时器定义、网络变量和显式报文定义、任务编写和用户自定义函数编写等。

（5）节点硬件设计（此步骤不作要求，略）。

（6）节点应用程序测试。测试节点的工作情况，并测试与节点相连的实际 I/O 设备是否能够正常工作。

（7）将单个节点集成到网络中并测试。通过测试的各个节点可以进行安装组网，并进行网络上的测试。该阶段的主要工作有：

① 将节点安装在合适的位置，用传输介质或网络连接设备进行物理连接。

② 建立与其他节点的逻辑连接。

③ 测试网络上各节点之间的通信情况。

3. 学生课程设计说明书的撰写

课程设计说明书分为以下几个方面去写：

（1）设计说明与要求。

（2）系统总体设计。

（3）控制逻辑与组态设计。

（4）主要联动控制程序编写。

（5）总结与讨论。

4. 课程设计过程文件

（1）学生填写设计日志。

（2）教师填写指导记录。

5. 课程设计答辩

课程设计结束，应组织学生答辩，考查学生对所设计的问题理解是否正确，基本知识是否扎实，是否能进行现场总线控制系统的设计。

三、课程设计成绩评定与总结

（一）课程设计成绩组成

表 6.7.2　课程设计成绩组成

序　号	组　　　成	比　　例
1	设计报告	50％
2	答辩成绩	30％
3	设计期间表现	20％

各组成部分评判基本标准如下：

1. 设计报告成绩评判标准

90分：设计认真，很好地完成设计任务。系统设计方案正确，系统控制逻辑设计与组态设计正确合理，主要联动程序编写正确，图纸设计正确，总结完整，设计说明书规范。

80分：设计认真，较好地完成设计任务。系统设计方案正确，系统控制逻辑设计、组态设计以及主要联动程序编写无明显错误，图纸设计基本正确，总结较完整，设计说明书较规范。

70分：基本完成设计任务。系统设计方案基本正确，系统控制逻辑设计、组态设计以主要联动程序编写有一些小错误，图纸设计有些小错误，总结一般，设计说明书不够规范。

60分：未完成所有的设计任务。系统设计方案有小错误，系统控制逻辑设计、组态设计以主要联动程序编写不恰当，图纸设计有错误，总结一般，设计说明书不规范。

60分以下：只完成设计任务的小部分，系统方案设计存在较大错误，设计说明书不规范。

设计中有创新思想的可适当加分。

2. 答辩成绩评判标准

90分：答辩中能正确回答所有问题，回答正确，基本知识扎实，能分析基于LonWorks的智能楼宇控制系统设计中可能出现的大部分问题，并能说明这些问题的解决方法。

80分：答辩中能正确回答一些问题，回答正确，基本知识较扎实，能分析基于LonWorks的智能楼宇控制系统设计中可能出现的一般问题，并能说明这些问题的解决方法。

70分：答辩中回答问题基本正确，基本知识一般，尚能分析基于LonWorks的智能楼宇控制系统设计中可能出现的小问题，并能说明这些问题的解决方法。

60分：答辩中回答问题基本正确，基本知识一般，只能分析基于LonWorks的智能楼宇控制系统设计中出现的基本问题，并能说明这些问题的解决方法。

60分以下：答辩中不能回答问题，基本知识不扎实。

3. 设计期间表现

主要考查学生设计态度、考勤等，占20%。

（二）学生的课程设计小结

设计的收获、对实践能力提高认识等。

（三）指导教师的工作小结

包括总体情况，取得的成绩和收获，存在的问题，改进建议与措施等。

（四）设计文件的归档

课程设计教学大纲、任务书、学生设计说明书及图纸、课程设计小结、课程设计过程文件等。

（五）课程设计任务及工作量的要求

课程设计任务及工作量如下：

（1）基于LonWorks的智能楼宇控制系统总体设计框图。

（2）系统控制逻辑设计图。

（3）系统组态设计图。

（4）主要联动控制程序。

（5）基于 LonWorks 的智能楼宇控制系统方案设计书。

四、课程设计时间安排

课程设计时间安排如表 6.7.3。

表 6.7.3　课程设计时间安排

序　号	任　　务	所需时间	备　　注
1	布置任务，讲解课程设计的要求	0.5 工作日	教师授课
2	查阅相关资料，进行系统总体设计	1 工作日	在实验室完成
3	控制逻辑设计与系统组态设计	1 工作日	在实验室完成
4	主要联动控制程序设计	1 工作日	在实验室完成
5	教师检查结果、答辩	1 工作日	在实验室完成
6	撰写课程设计说明书	1 工作日	学生课外完成

五、课程设计主要参考文献

［1］高安邦. LonWorks 技术开发和应用［M］. 北京：机械工业出版社. 2009.

［2］李大中. 计算机控制技术与系统［M］. 北京：中国电力出版社. 2009.

［3］杜明芳. 智能建筑系统集成［M］. 北京：中国建筑工业出版社. 2009.

［4］马莉. 智能控制与 LON 网络开发技术［M］. 北京：北京航空航天大学出版社. 2005.

［5］Echelon 公司相关产品与软件应用说明书.

第四篇 综合实践篇

第七章 企业工程实习

第一节 企业工程实习教学大纲

一、企业工程实习目的

《企业工程实习》是建筑电气与智能化专业教学计划中的重要组成部分,它为实现专业培养目标起着重要作用。该实习是促使学生将所学的基础理论、专业知识和基本技能综合运用于工程实践当中去。《企业工程实习》在企业和学校"双师"指导下,参与具体的工程项目设计和实施全过程,使学生初步掌握工程项目设计和施工技能和流程,并能在工程实习中解决存在的问题。

《企业工程实习》课程通过让学生在企业进行为期四周的实习,使学生达到建筑智能化系统开发领域的"基础层"水平,具体要求如下:

(1) 通过实习了解建筑电气与智能化领域工程体系及特点。

(2) 作为企业技术人员的助手参与实际工程,并初步掌握工程项目设计和施工技能与流程。

(3) 通过现场实习了解建筑智能化领域企业组织机构及企业经营管理模式,对施工项目的组成、施工成本的控制、生产要素的管理有所了解。

(4) 参与实际生产工作,灵活运用已学的理论知识解决实际问题,培养学生独立分析问题和解决问题的能力。

(5) 学习广大工人和技术人员的优秀品质,树立刻苦钻研技术,多为祖国社会主义现代化做贡献的思想;学习建筑智能化工程施工质量管理的基本方法,对工程施工质量的过程控制有所了解。了解所参与工程的现行国家有关工程质量检验和管理的标准。

二、企业工程实习内容与要求

(一) 基本内容

1. 建筑智能化系统方案设计能力培养(教学与实训)

内容:以授课为主,学生练习为辅,讲授建筑智能化系统方案设计中要使用到的设计工具。通过学习,使学生增加相关专业知识在应用中的积累,弥补企业应用所涉及知识方面的不足。

2. 建筑智能化系统工程能力培养(教学与实训)

内容:让学生建筑智能化系统工程文档编写及管理的方法,学会在系统方案设计过程中使用相关的设计软件工具。真正体会建筑智能化系统工程项目开发过程中的真实流程和具体的开发细节,使学生在设计和编程能力方面取得进步。

3. 职业素质(团队合作)

内容:对学生进行团队共识与拓展训练,学习如何进行项目进度管理,提高学生在团队合作中的团队意识。

4. 工程实践能力培养(团队合作)

内容:以小组为单位,在企业和学校"双师"指导下,参与具体的工程项目设计和实施全过程,使学生初步掌握工程项目设计和实施技能和流程,并能在实践训练中解决存在的问题。

(二)基本要求

《企业工程实习》课程是教师演示指导与学生实践相结合。有效实施综合实践活动需遵循下列基本要求:

1. 将教师有效指导演示与学生主动实践相结合

综合实践活动的实施,倡导老师有效指导演示与学生主动实践相结合。第一,学生要形成问题意识,善于从实践过程中发现或选择自己感兴趣的问题。第二,在实践的展开阶段,采取小组合作活动的方式。第三,在活动过程中要遵循"亲历实践、主动探究"的原则,处理好认识与实践的关系、体验与建构的关系,倡导亲身体验的学习方法,引导学生深入实践。

教师要对学生的活动加以有效指导,指导教师因根据学生活动主题的需要,设计具体的指导方案。在指导内容上,综合实践活动的指导在根本上是创设学生发现问题的情境,引导学生从问题情境中选择适合自己的实践方法;在活动过程中加强对学生进行活动方法与方式的指导,帮助学生找到适合自己的学习方式和实践方式;在活动总结阶段,指导学生对活动过程、活动方法、活动结果与收获进行有效总结。在指导方式上,综合实践活动倡导团体指导与协同教学。

在《企业工程实习》课程中,将教师有效指导演示与学生实践相结合。教师通过"教"综合实践活动,让学生掌握开发项目具体流程,通过老师的讲解,学生亲自进行实践,在实践中发现问题解决问题,将老师的有效指导与学生的主动实践有机结合起来。

2. 处理好理论与实践的关系,克服形式化倾向

实践是《企业工程实习》课程实施的基本方式。实践的过程是学生基于已有的经验和知识,运用必要的工具,作用于客观对象的过程。

学生的实践过程要建立在一定的理论基础上,克服盲目的实践的局限性。理论是实践的基础,真知来源于实践,学生通过实践形成自主获取知识的能力,并形成对项目开发的整体认识。要切实克服活动形式化、表层化的局限性,需要处理好理论与实践的关系,体现理论-实践一体化课程的特点。

3．以融合的方式设计和实施综合实践活动

在此课程之前，学生已经学习过一些基础课程和专业课程，在实践过程中，学生可以将这些课程运用到实践项目当中来。

4．缩小课程与企业项目开发的差距

在此综合实践课程当中，模拟企业的开发管理模式，选定项目经理和开发人员，明确各成员分工，通过老师的指导开发项目，在实践中发现问题和解决问题，提高学生的团队合作精神。

三、企业工程实习方式

学生在企业教师的指导下完成一个工程项目的设计、开发及制作的全过程，在工程实施过程中，实现了学生"发现问题→解决问题→成效评判→反馈"的不断循环，促进了知识传授与学生能力培养的结合，使学生在学习中实践、在实践中学习，达到提升掌握知识与运用知识能力的目的。

根据以上工程实践能力培养方式，进一步强化了人才培养中的综合性实践教学环节。

在参观完建筑智能化典型工程项目后，分析各工程特点和优点。然后由企业教师确定工程项目要求，给出可选的工程，讲解工程特点，并说明具体的设计流程。具体按照以下步骤进行：

第一步，工程要求提出阶段。

第二步，工程项目小组筹建讨论阶段。

第三步，工程项目小组任务分工阶段。

第四步，需求分析阶段（智能建筑系统建模）。

第五步，工程系统设计阶段。

第六步，工程项目实施阶段。

第七步，质量检测和控制阶段。

第八步，答辩阶段。

企业工程实习项目应选择有应用背景的实际工程项目。供选择的参考题目包括：

（1）智能建筑照明控制系统设计（团队合作开发）。

（2）智能建筑暖通空调控制系统方案设计（团队合作开发）。

（3）既有建筑智能化系统升级与改造方案设计（团队合作开发）。

四、企业工程实习时间分配

表 7.1.1　实习内容及时间分配

序　号	实　习　内　容	实习时间（天）
1	参观建筑智能化领域典型工程	2
2	分析所参观典型工程的特点和优点	1
3	参与工程施工与管理工作	3
4	提出工程项目设计要求	2

序　号	实　习　内　容	实习时间(天)
5	工程项目需求分析(智能建筑系统建模)	2
6	工程项目设计阶段	2
7	系统方案实施阶段	1
8	质量检测和控制阶段	5
9	汇总设计文档、实习报告答辩阶段	2
合　　计		20

第二节　企业工程实习典型教学案例

一、企业工程实习组织形式

《企业工程实习》采取集体参观 2～3 个建筑智能化领域典型工程项目，了解工程概况。在参观结束后，将学生分成 3～4 人一组，到建筑智能化工程实践教育中心的企业实习。

在实习过程中让学生作为技术人员助手的形式参与到具体的工程项目管理与施工，以初步掌握工程项目设计和施工技能与流程。同时通过现场实习了解建筑智能化领域企业组织机构及企业经营管理模式，对施工项目的组成，施工成本的控制，生产要素的管理有所了解。培养独立分析问题和解决问题的能力。然后企业教师提出新的工程项目要求，学生根据要求进行工程项目设计与分析，完成整个工程项目。

在实习结束后撰写实习报告，然后全班同学进行实习总结，交流汇报实习收获，并提交技术文档和实习总结。

二、建筑安全防范工程企业工程实习教学案例

（一）基本内容

在建筑安全防范系统企业，根据企业实际工程系统需求，完成建筑安全系统中的视频监控及周界安防系统的工程安装与调试。

（二）建筑视频监控及周边安防系统常用设备使用简介

1. 硬盘录像机

硬盘录像机(DVR)即是 Digital Video Recorder(也称：Personal video recorder 即 PVR)数字视频录像机或硬盘录像机，我们习惯上称为硬盘录像机。

它是一套进行图像存储处理的计算机系统，具有对图像/语音进行长时间录像、录音、远程监视和控制的功能，DVR 集录像机、画面分割器、云台镜头控制、报警控制、网络传输等五种功能于一身，用一台设备就能取代模拟监控系统一大堆设备的功能，而且在价格上

也逐渐占有优势。

DVR 采用的是数字记录技术,在图像处理、图像储存、检索、备份以及网络传递、远程控制等方面也远远优于模拟监控设备,DVR 代表了电视监控系统的发展方向,是目前市面上电视监控系统的首选产品。

本实训项目中选用的硬盘录像机采用嵌入式 LINUX 操作系统,系统运行稳定,通过的视频压缩和音频压缩技术实现了高画质,低码率,特有的单帧播放功能,可重现细节回放,利于实现细节分析。本设备功能强大,可实现以下功能:

(1) 实时监控。

(2) 手动/自动录像。

(3) 录像查询及回放(支持多种回放模式)。

(4) 录像备份。

(5) 云台、镜头控制。

(6) 视频检测及联动控制。

(7) 外部报警与报警联动录像。

(8) 远程网络操作功能。

硬盘录像机的外形与前后面板说明如图 7.2.1、图 7.2.2 所示。

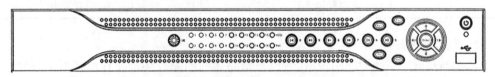

图 7.2.1 硬盘录像机前面板示意图

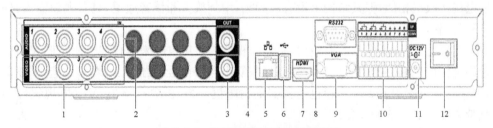

图 7.2.2 硬盘录像机后面板示意图

表 7.2.1 硬盘录像机前面板按钮操作功能表

⏻	电源开关	USB	USB接口
1	上方向键	2	左方向键
3	右方向键	4	下方向键
Enter	确认键	ESC	取消键
REC	录像键	Shift	功能切换键
5	播放/暂停键	Fn	辅助功能键
6	倒放/暂停键	7	快进键

⏻	电 源 开 关	⚡USB	USB 接口
8	慢放键	9	播放下一段键
0	播放上一段键	HDD	硬盘异常指示灯
Net	网络异常指示灯	1 - 16	录像指示灯
IR	遥控器接收窗		

表 7.2.2　硬盘录像机后面板接口说明

1	视频输入	2	音频输入
3	视频 CVBS 输出	4	音频输出
5	网络接口	6	USB 接口
7	HDMI 接口	8	RS - 232 接口
9	视频 VGA 输出	10	报警输入/输出/RS485 接口
11	电源输入孔	12	电源开关

2. 彩色监视器

监视器是监控系统的终端设备,所以被摄物体的图像最终都要在监视器上显现。因此,监视器所表现出来的各种图像质量,最终可以衡量系统的好坏。监视系统的监视器与广播电视接收机相似,但其结构上没有高频头,中频放大和伴音通道,只有视频输入、外同步、场同步和行同步。

随着彩色 CCD 摄像机普遍使用,彩色监视器的使用也越来越普遍。彩色监视器中最重要的是使用了解码器把彩色全电视信号恢复出亮度信号和红(R)、绿(G)、蓝(B)3 色信号,以获得彩色图像的重现。彩色监视器的清晰度一般在 300 - 370TVL(电视线)之间,其频带宽度一般为 6 MHZ。

本项目选用 TCL - MC14 型彩色监视器。两路 AV(BNC)输入、一路 S 端子输入和两路 AV 环通(BNC)输出;可视图像对角线尺寸为 34 CM。

3. 摄像机

摄像机处于监控系统的最前端,是将监控现场的光信号(画面)变成电信号(图像信号),为系统提供信号源的设备。目前市场上最常用的摄像机是"电荷耦合式"摄像机(简称"CCD"摄像机),其光电转换器件均采用了 CCD 器件,即"电荷耦合器件"。摄像机通过镜头把被监视现场的画面成像在 CCD 片子(靶子)上,通过 CCD 本身的电子扫描(即 CCD 电荷转移),把成像的光信号变成电信号,再通过放大、整形等一系列信号处理,最后变为视频信号输出。摄像机种类繁多,其分类如下:

(1)依成像色彩划分:彩色监控摄像机,适用于景物细部辨别,如辨别衣着或景物的颜色。黑白监控摄像机,适用于光线不充足地区及夜间无法安装照明设备的地区,在仅监视景物的位置或移动时,可选用黑白监控摄像机。

(2) 依分辨率灵敏度等划分:影像像素在 38 万以下的为一般型,其中尤以 25 万像素(512×492)、分辨率为 400 线的产品最普遍。影像像素在 38 万以上的高分辨率型。

(3) 按监控摄像机形状划分:主要有枪式监控摄像机、针孔型监控摄像机、半球型监控摄像机。

(4) 按 CCD 靶面大小划分

1 英寸——靶面尺寸为宽 12.7 mm×高 9.6 mm,对角线 16 mm。

2/3 英寸——靶面尺寸为宽 8.8 mm×高 6.6 mm,对角线 11 mm。

1/2 英寸——靶面尺寸为宽 6.4 mm×高 4.8 mm,对角线 8 mm。

1/3 英寸——靶面尺寸为宽 4.8 mm×高 3.6 mm,对角线 6 mm。

1/4 英寸——靶面尺寸为宽 3.2 mm×高 2.4 mm,对角线 4 mm。

(5) 按扫描制式划分:PAL 制和 NTSC 制。

摄像机成像质量的好坏直接影响到整个监控系统的性能,因此怎样正确选择摄像机是设计、组建闭路电视监控系统的一项很重要的工作。CCD 摄像机的技术指标有很多,其中 CCD 尺寸、像素和分辨率等对摄像机的成像质量有很大的影响,是衡量摄像机性能高低的重要依据。

$1/3''$:CCD 的尺寸,其实是说感光器件的面积大小。感光器件的面积越大(即 CCD 面积越大),捕获的光子越多,其成像质量也就越好。所以,CCD 的尺寸与成像质量之间有直接联系。例如,1/3 英寸的摄像机成像质量比 1/4 英寸的摄像机成像质量好,但价钱就要贵。

SONY:生产厂家。市场上大部分摄像头采用的是日本 SONY、SHARP、松下、LG 等公司生产的芯片,现在韩国也有能力生产,但质量稍逊一筹。

彩色:与黑白摄像机相对应。彩色摄像机适用于景物细部辨别,如辨别衣着或景物的颜色。因为颜色而使信息量增大,信息量一般认为是黑白摄像机的四倍。黑白摄像机适用于光线不充足的地区及无法安装照明设备的地区,在只监视景物的位置和移动时,可选用分辨率通常高于彩色摄像机的黑白摄像机。

30 万像素:CCD 的像素,反映图像分辨率和清晰度的一个重要指标,像素的高低与成像质量之间并没有直接联系,只是像素越高则能冲印更大尺寸的照片。比如,1/3 英寸的 300 万像素效果通常好于 1/4 英寸的 400 万像素(后者的感光面积只有前者的 45%)。同尺寸的 CCD 像素增加会导致单个像素的感光面积缩小,有曝光不足的可能;如果在增加 CCD 像素的同时维持现有的图像质量,就必须在维持单个像素面积大小的基础上增大 CCD 的总面积。

420 电视线:CCD 的分辨率,是衡量图像清晰度的参数,常以电视线数(TVL)来表示。指的是当摄像机取等间隔排列的黑白相间条纹时,在监视器(应比摄像机的分辨率高)上能够看到的最多条线数,线数越多,表示清晰度越高。在选配监视器的时候,应选取监视器的分辨率比摄像机的分辨率高一些,才能完全表现摄像机的分辨率。

红外摄像机:配置的防护罩,具有防水功能;配有红外灯板夜视状态下,会发出人们肉眼看不到的红外光线去照亮被拍摄的物体,红外线经物体反射后进入镜头进行成像;机身后面引出两条线,一个是视频接头通过 BNC 接头接到监视器或硬盘录像机,另外一个是 DC12 V 接头,外接 DC12 V 电源,为镜头和红外灯板提供电源。摄像机配有支架,可安装在专用的监控安装支架上,其外形和接线如图 7.2.3 所示。

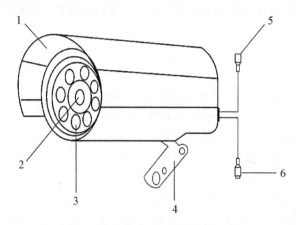

图 7.2.3　红外摄像机的外形及接线

1-防护罩;2-镜头;3-红外灯板;4-支架;5-视频接头(BNC);6-电源接头(DC12 V)

图 7.2.4　不同类型同轴电缆外观

视频线:在电视监控系统中,传输方式的确定,主要是根据传输距离的远近、摄像机的多少以及其他方面的有关要求。一般来说,当各摄像机的安装位置距离监控中心较近时(几百米以内),多采用同轴电缆直接传送;当各摄像机的位置距离监控中心较远时,往往采用射频有线传输或光纤传输方式;当距离远且不需要传送标准动态实时图像时,也可以采用窄带电视技术,用电话线路传输图像。在日常的监控系统中,最常用的是同轴电缆,其外观如图 7.2.4 所示。

表 7.2.3 给出各种型号同轴电缆的规格。

表 7.2.3　不同类型同轴电缆的型号及电气参数

型　　号	外径/mm	重量/(kg/km)	衰减/(dB/km)	最大传输距离/m
SYV-75-2	4	30	15	200
SYV-75-3	5.8	50	13	250
SYV-75-5	7.5	78	8	500
SYV-75-7	10.2	140	7	600
SYV-75-9	13.4	230	5	750

本项目中由于摄像机到监视器的距离不是很远且摄像机的个数不多,所以采用同轴电缆进行传输,其阻抗匹配值为 75 Ω。

根据以上标准,本项目视频线选用 SYV-75-2 同轴电缆。SYV 型电缆特指实心聚乙烯绝缘、聚氯乙烯护套的射频同轴电缆,75 表示该电缆的平均特性阻抗为 75 Ω,2 指电缆的绝缘外径近似值为 2.0 mm。

主动红外对射探测器(见图7.2.5)：对射探测器是利用遮断方式的探测器，当有人横跨过监控区域时，遮断不可见的红外光束而引发报警。它总是成对使用，一个发射一个接收。发射机发出一束或多束人眼无法看到的红外光，形成警戒线，当有物体通过，光束被遮挡，接收机信号发生变化，放大处理后报警。红外对射探测器要选择合适的相应时间：太短容易引起不必要的干扰，如小鸟飞过、小动物通过等；太长了会发生漏报。通常以10 m/s的速度来确定最短遮光时间。安装在窗台或围墙上，是接收机正对发射机，两者间不能有遮挡物遮挡。

被动红外幕帘探测器：被动红外幕帘探测器是根据探测人体红外光谱来工作，当人体在其接收范围内活动时，传感器接收其热源信号，经放大后输入到微处理器，微处理器不断地对红外信号进行采样，经计算后输出信号来控制探测器报警端口。技术参数如表7.2.4所示。

被动红外幕帘探测器下壳用螺钉固定在门和窗的上方，如接线示意图接好线且穿过下盖中的出线孔，用螺钉将电路板固定在下盖内，盖好上盖。探测器应避免靠近空调、风扇、电冰箱、烤箱及可引起温度变化的物体，同时应避免太阳光直射在探测器上。探测器透镜下方不应有物体遮挡，以免影响探测效果。探测器外形和接线示意图如图7.2.6所示。

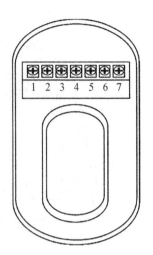

图7.2.5 主动红外对射探测器

1 - +12 V电源正极；2 - GND电源负极；3 - COM公共端；4 - 报警输出常闭；5 - 报警输出常开；6 - 防拆开关输出常闭；7 - 防拆开关公共端

表7.2.4 被动红外幕帘探测器技术参数

工作电压	DC12 V(适应范围 DC9～16 V)
自检时间	60 s
探测方式	被动红外探测
安装方式	壁挂
安装高度	2.2～3.6 m
探测角度	15°
探测范围	高×宽 3.2×3.6(防盗系统) 高×宽 1.8×2.2 m(门禁系统)

使用方法：

● 接通DC12 V电源，指示灯不停地闪烁，探测器进入自检状态，60秒后指示灯熄灭。探测器进入正常监控状态。

● NC/NO跳针是控制报警输出方式，1～2端相连时，继电器为常闭，2～3端相连时，继电器为常开，出厂时跳针设置常闭。

LED ON跳针是用来控制LED是否指示的，不影响探测器的正常工作。

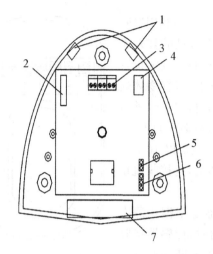
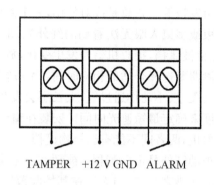

图 7.2.6　被动红外幕帘探测器安装结构图

1-出线孔；2-继电器；3-接线柱；4-防拆开关；5-LED 跳针；6-NC/NO 跳针；7-菲涅尔透镜

+12 V-直流电源正极；GND-直流电源负极；ALARM-继电器输出端口；TAMPER-防拆开关输出端口

（三）系统核心设备硬盘录像机的调试及操作

1. 开机

（1）首先接上监视器和硬盘录像机额的电源线，按下监视器后面的电源开关"I"，即可进入正常工作状态。在开机状态下，按下主机后面的电源开关"O"，即可正常关机。按下硬盘录像机前面板的电源开关按钮，硬盘录像机启动。

图 7.2.7　硬盘系统登录界面

（2）正常开机后，单击鼠标左键或按遥控器上的确认键（Enter）弹出登录对话框，用户在输入框中输入用户名和密码。用户名：888888，密码：888888，如图 7.2.7 所示。

2. 预览

设备正常登录后，直接进入预览画面。在每个预览画面上有叠加的日期、时间、通道名称，屏幕下方有一行表示每个通道的录像及报警状态。默认预览状态为四通道画面预览界面。操作如下：

（1）鼠标左键双击某一通道画面，切换到单通道画面预览。

（2）在鼠标左键双击该通道画面，回到四通道画面预览。

（3）单击鼠标左键的确认键（Enter），进入主菜单界面。

3. 报警设置及报警联动录像

在预览模式下，点击鼠标右键进入主菜单，选择【菜单】>【系统设置】>【报警设置】进入报警设置菜单，如图 7.2.8 所示。

【事件类型】：本机输入：指一般的本机发生的报警输入，

网络输入：指用户通过网络输入报警信号。

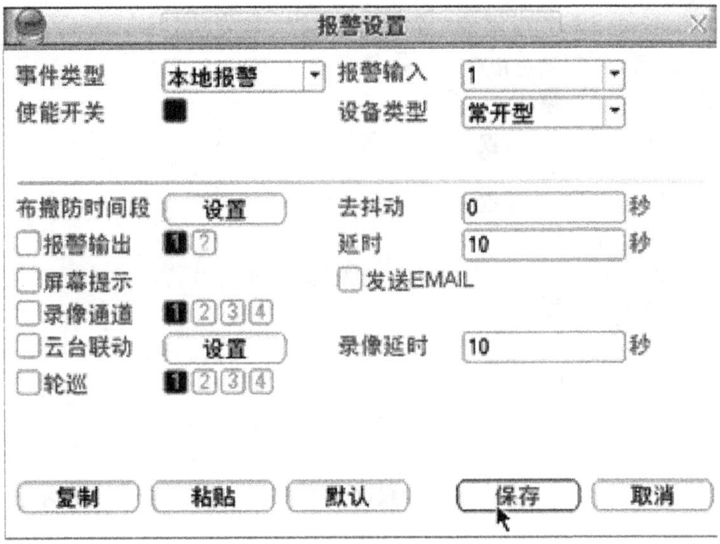

图 7.2.8　报警设置菜单界面

【报警输入】：选择相应的报警通道号。

【使能开关】：反显□表示选中。

【设备类型】：常开/常闭型；根据接入"报警输入的设备电压输出方式"而定。

【时间段】：设置报警的时间段，在设置的时间范围内才会启动录像。选择相应的星期 X 进行设置，每天有六个时间段供设置。时间段前的复选框选中，设置的时间才有效。统一设置请选择【全】。

【报警输出】：报警联动输出端口（可复选），发生报警时可联动相应报警输出设备，第一第二路控制为电源正极的开关量，其第三路为可控 12 V 输出。根据通道选择相对应的报警输出通道。

【延时】表示报警结束时，报警延长一段时间停止，时间以秒为单位，范围在 10～300 间。

【屏幕提示】在本地主机屏幕上提示报警信息。

【发送 EMAIL】反显√选中，表示报警发生时同时发送邮件通知用户。

【录像通道】选择所需的录像通道（可复选），发生报警时，系统自动启动该通道进行录像。

【云台联动】报警发生时，联动云台动作。如联动通道一转至预置点 X。

【录像延时】表示当报警结束时，录像延长一段时间停止，时间以秒为单位，范围在 10～300 间。

【轮巡】反显□设置有报警信号发生时对选择进行录像的通道进行单画面轮巡显示，轮巡置时间在菜单输出模式中设置。

4. 视频检测及联动报警录像

在预览模式下，点击鼠标右键进入主菜单，选择【菜单】>【系统设置】>【视频检测】进入视频检测菜单，如图 7.2.9 所示。

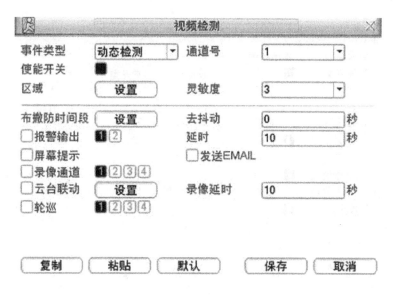

图 7.2.9　视频检测界面

通过分析视频图像,当系统检测到有达到预设灵敏度的移动信号出现时,即开启动态检测报警。

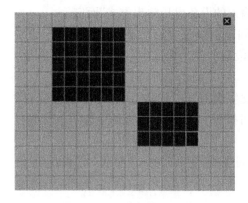

图 7.2.10　动态检测设防

注意:图中的使能开关需要反显☑选中(见图 7.2.10),否则设置的该功能无效。

【事件类型】动态检测:设置通道视频有动静变化时,即启动动态检测报警。

遮挡检测:当设置通道视频画面被遮挡时,即启动遮挡检测报警。

丢失检测:当设置通道视频画面丢失如视频线被剪时,即启动丢失检测报警。

【通道】选择要设置的通道。

【使能开关】反显☑表示选中。

【区域】蒙色区域为动态检测设防区,黑色为不设防区。按<Fn>键切换可设防状态和不设防状态。设防状态时按方向键移动绿色边框方格设置动态检测的区域,设置完毕按下<ENTER>键确定退出动态区域设置,如果按<ESC>键退出动态区域设置则取消对刚才所做的设防。在退出动态检测菜单时必须按下【保存】键才是真正保存了刚才所做的动态检测设防。

【灵敏度】可设置为 1~6 档,其中第 6 档灵敏度最高。

【时间段】设置动态检测的时间段,在设置的时间范围内才会启动录像。选择相应的星期 X 进行设置,每天有六个时间段供设置。时间段前的复选框选中,设置的时间才有效。统一设置请选择【全】。

【报警输出】发生相应报警时,启动联动报警输出端口的外接设备。

【延时】表示报警结束时,报警延长一段时间停止,时间以秒为单位,范围在 10~

300 间。

【屏幕提示】报警时,在本地主机屏幕上提示报警信息。

【发送 EMAIL】反显 $\checkmark$ 选中,表示报警发生时同时发送邮件通知用户。

【录像通道】选择所需的录像通道(可复选),发生报警时,系统自动启动该通道进行录像。

【云台联动】报警发生时,联动云台动作。如联动通道一转至预置点 X。

【录像延时】表示当动态结束时,录像延长一段时间停止,时间以秒为单位,范围在 10~300 间。

【轮巡】反显 □ 设置有报警信号发生时对选择进行录像的通道进行单画面轮巡显示,轮巡设置时间在菜单输出模式中设置。

5. 录像时间的设置

在预览状态下,单击鼠标左键的确认键(Enter)进入主菜单界面:详细设置在【菜单】>【系统设置】>【录像设置】,设置界面如图 7.2.11 所示。

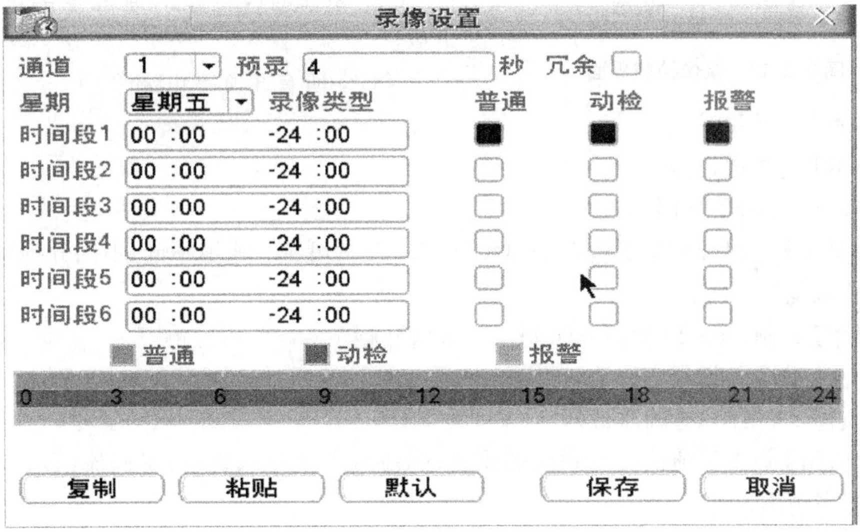

图 7.2.11　录像设置界面

【通道】选择相应的通道进行通道设置,统一对所有通道设置可选择【全】。

【星期】选择相应的通道号进行通道设置,统一对所有通道设置可选择【全】。

【预录】可录动作状态发生前 1~30 s 录像。

【冗余】1U 机器取消冗余功能,能使框为灰显,实际不能操作。

【抓图】开启定时抓图。统一设置请选择【全】。

【时间段】显示当前通道在该段时间内的录像状态,所有通道设置完毕后请按保存键确认。

【普通】在预设时间段内,对应的通道进行自动录像。

【动态】在预设时间段内,对应通道所检测到的动态检测进行预录时间的录像。(需设置相应通道的动态检测设置)

【报警】在预设时间段内,对应通道所检测到的报警信号,进行预录时间的录像。(需设置相应通道的输出设备报警设置)

图中显示的时间段示意图,颜色条表示该时间段对应的录像类型是否有效,绿色为普通录像有效,黄色为动态检测录像有效,红色为报警录像有效。

注:录像控制需选择自动,否则该功能无法实现。

6. 录像开启和停止

单击鼠标右键或在菜单【高级选项】>【录像控制】中可进入录像操作界面。在预览模式下按前面板【录像/●】键或遥控器上的【录像】键可直接进入手动录像操作界面。界面如图7.2.12所示。

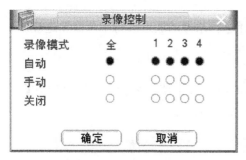

图7.2.12　录像控制界面

自动:录像由录像设置中的设置的(普通、动态检测和报警)录像类型进行录像。

手动:不管目前各通道处于什么状态,执行"手动"按钮后,对应的通道全部进行普通录像。

关闭:所有通道停止录像。

7. 录像画质设置

【通道】选择通道号。

【编码模式】H. 264模式。

【分辨率】主码分辨率类型有D1 CIF QCIF三种可选。通道不同,不同分辨率对应的帧率设置范围也不同。

【帧率】P制:1～25帧/秒;N制:1～30帧/秒。

【码流控制】包括限定码流,可变码流,限定码流下画质不可设置;可变码流下画质可选择画质提供6档,6为画质最好。

【码流值】设置码流值改变画质的质量,码流越大画质越好;参考码流值给用户提供最佳的参考范围。

【音频/视频】图标反显指被使能。主码流视频默认开启,【音频】反显时录像文件为音视频复合流。扩展流1要先选视频才能再选音频。

8. 录像查询、回放及备份

(1)鼠标单击右键选择录像查询或从主菜单选择录像查询,进入录像查询菜单。录像查询和回放界面如图7.2.13所示。

(2)录像查询:单击鼠标左键【录像类型】选择(全部),单击鼠标左键【通道】选择(1),单击鼠标左键【时间】弹出时间设置菜单,时间设置为_____,然后单击鼠标左键单击屏幕右下角【查询】图标,进行录像查询。查询完毕后,结果以列表形式显示,屏幕上列表显示查询时间后的128条录像文件,可按(∧)(∨)键上下查看录像文件或鼠标拖动滑钮查看。

(3)录像回放:选中要进行回放的录像,按下播放画面的【播放】图标或硬盘录像机前面板的【播放/暂停键】,录像进行回放。具体操作如表7.2.5所示。

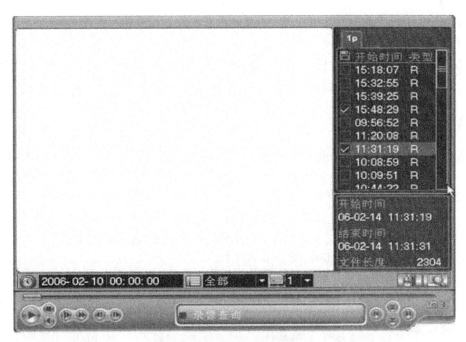

图 7.2.13　录像查询及回放界面

表 7.2.5　录像回放操作步骤

按键顺序	说　　明	备　　注
录像回放快进：快进键	回放状态下，按该键，可进行多种快放模式如快放 1，快放 2 等速度循环切换快进键还可作为慢放键的反向切换键	实际播放速率与版本有关
录像回放慢放：慢放键	回放状态下，按该键，可进行多种慢放模式如慢放 2，慢放 1 等速度循环切换慢放键还可作为快进键的反向切换键	
播放/暂停键	慢放播放时，按该键，可进行播放/暂停循环切换	
播放上一段/下一段	在回放状态下有效，观看同一通道上下段录像可连续按上一段键和下一段键	
倒　　放	正常播放录像文件时，用鼠标左键单击回放控制条面板倒放按钮，录像文件进行倒放，复次单击倒放按钮则暂停倒放录像文件	
手动单帧录像回放	正常播放录像文件暂停进行单帧录像回放	倒放时或单帧录像回放按播放键可进入正常回放状态

（4）录像备份：将存储器，如 U 盘插到硬盘录像机的 USB 接口。在预览模式下，单击鼠标左键进入主菜单，【菜单】＞【文件备份】，进入录像备份菜单。单击鼠标左键【检

测】,系统自动检测到用来备份的设备。

单击鼠标左键【备份】进入文件备份菜单,硬盘录像机的文件备份到设备操作:选择备份设备,选择要备份文件的通道,录像文件开始时间和结束时间,点击【添加】按钮进行核查文件。符合条件的录像文件列出,并在类型前有打勾☑标记,可以继续设置查找时间条件并点击【添加】,此时在已列出的录像文件后面,继续列出新添加的符合查找条件的录像文件。用户可以选择【备份】按钮进行录像文件的备份。对于打勾选中要备份的文件系统根据备份设备的容量给出空间的提示:比如需要空间×× MB,剩余空间×× MB 等,备份过程中页面有进度条提示。备份成功系统将有相应成功提示。如图 7.2.14 所示。

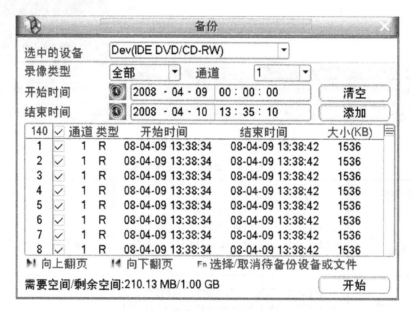

图 7.2.14　录像备份界面

9. 云台设置及云台控制操作

(1)"云台"设置。进行设置前,确认智能解码器的设置如下:把云台电压选择开关拨到 AC24 V 档。将 4 位拨码开关的 1、2 位置于"01"状态,设置波特率为 2 400。将 4 位拨码开关 3、4 位都置于"00"状态,使开关置于"自动匹配控制协议"状态,设置协议为 PELCO - D。将 8 为拨码开关的 0～8 为置于"10000000"状态,设置地址码为:1。

(2)录像机对应设置:

① 鼠标左键单击【通道】选择通道(1),【协议】选择(PELCOD),【地址】选择(1),【波特率】选择(2 400),【数据位】选择(8),【停止位】选择(1),【校验】选择(无)。

② 设完成后,鼠标左键单击【保存】,保存设置并退出云台设置菜单,返回到主菜单,云台设置成功。

(3)录像机上"设置云台"

① 在远程设置菜单中,鼠标左键单击【云台设置】图标,进入云台设置菜单,再鼠标左键单击【通道】选择通道(1),【协议】选择(PELCOD),【地址】选择(1),【波特率】选择

(2 400),【数据位】选择(8),【停止位】选择(1),【校验】选择(无)。

② 设完成后,鼠标左键单击【保存】,保存设置并退出云台设置菜单,云台设置成功。

注意:在云台设置中,如果协议不支持该命令的,以灰色显示,鼠标点击无效。如果设置不正确,将无法通过录像机控制云台。

10. 网络设置及远程监控平台的使用

运行监控平台软件之前,需对硬盘录像机做相应的网络设置,设置正确后方可连接使用。硬盘录像机网络设置如下:

在硬盘录像机预览模式下,点击鼠标右键进入主菜单,选择【菜单】>【系统设置】>【网络设置】进入网络设置菜单。如图 7.2.15 所示。

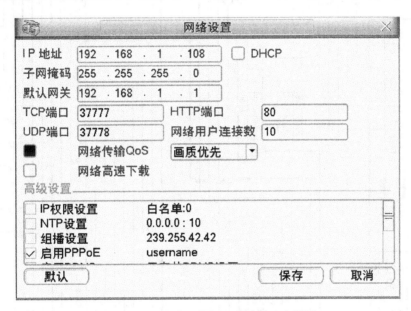

图 7.2.15　网络设置及远程监控平台界面

专业网络视频监控平台软件监控或通过 WED 平台监控,都必须对录像机进行 IP 地址的设定。

鼠标左键单击【设备】的网络管理单元图标,进入网络管理单元菜单,再用鼠标左键单击【远程配置】图标,进入远程配置菜单。选择【网络设置】,设置如下:

网络用户连接数:10;TCP 端口:37 777,HTTP 端口:80。

IP 地址:192.168.1.108;子网掩码:255.255.255.0;默认网关:192.168.1.1。

远程主机:PPPoE;用户名和密码输入 ISP(Internet 服务提供商)提供的 PPPoE 用户名和密码,在【使能】选项前打钩。

保存后重新启动系统。启动后硬盘录像机会自动以 PPPoE 方式建立网络连接,成功后,【IP 地址】上的 IP 将被自动修改为获得的广域网的动态 IP 地址。连接成功后,就可通过专业网络视频监控平台软件监控。

(四) 视频监控及周界安防系统配线接线图例

视频监控及周界安防系统配线接线如图 7.2.16 所示。

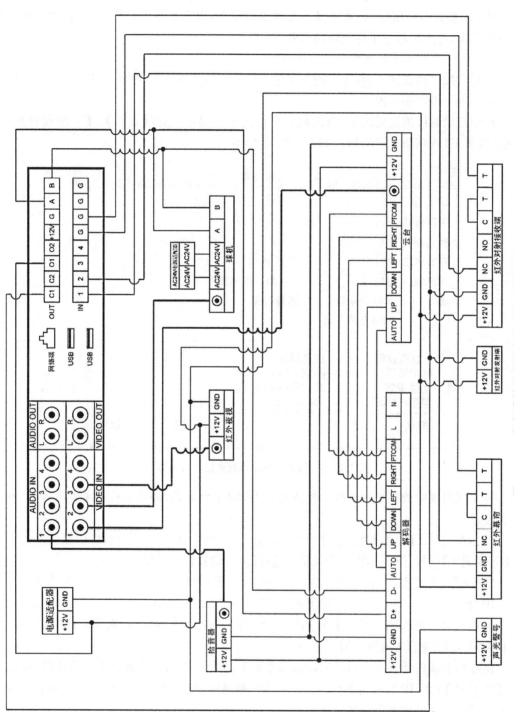

图 7.2.16 视频监控及周界安防系统配线接线图图例

项目实现内容如表7.2.6所示。

表7.2.6 视频监控及周界安防系统工程安装与调试项目实施内容

项 目 名 称	具 体 功 能 实 现 内 容
视频监控及周界安防系统工程安装与调试	1. 监视器能够显示变速球形摄像机所监视的画面 2. 监视器能够显示红外摄像机所监视的画面 3. 能够通过硬盘录像机控制变速球形摄像机的动作 4. 当探测到被动红外幕帘探测器动作时,变速球形摄像机镜头自动对准其所在的位置 5. 当探测到被动红外幕帘探测器动作时,硬盘录像机自动对其所在的视频通道进行录像 6. 当探测到红外摄像机所监视的画面动态变化时,硬盘录像机自动对其所在的视频通道进行录像 7. 当探测到主动红外对射探测器动作时,硬盘录像机自动对其所在的视频通道进行录像 8. 当探测到主动红外对射探测器动作时,启动声光警号

（五）视频监控及周界安防系统工程实习实施过程及安排

视频监控及周界安防系统工程实习实施过程及安排如表7.2.7所示。

表7.2.7 视频监控及周界安防系统工程实习实施过程及安排

序 号	实 习 内 容	实习时间(天)
1	参观建筑智能化安防领域典型工程	2
2	分析所参观典型安防工程的特点和优点	1
	参与工程施工与管理工作	3
3	提出工程项目设计要求	2
4	智能建筑安防系统工程项目需求分析	2
5	工程项目设计阶段	2
6	系统方案实施阶段	4
7	质量检测和控制阶段	2
8	汇总设计文档、实习报告安装部署、答辩阶段	2
	合 计	20

三、建筑智能化企业工程实习教学案例

（一）基本内容

在建筑智能化企业,根据企业实际工程系统需求,完成建筑智能化SAS及BAS系统工程安装与调试。

（二）建筑智能化 SAS 及 BAS 系统核心设备简介

打开 DDC 主机面板，可以看到如图 7.2.17、图 7.2.18 所示画面。

图 7.2.17　DDC 主机板及跳线方法一

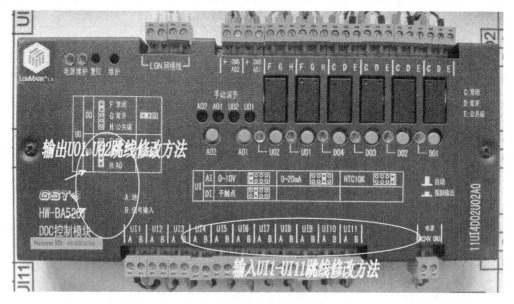

图 7.2.18　DDC 主机面板及跳线方法二

对照外围设备和 DDC 面板上的跳线设置方法将 DDC 主机输入和输出信号属性进行修改。输入如是 0～10 k 电阻信号则对照"NTC10k"进行跳线,开关信号则对照"干触点"进行跳线,0～20 mA 电流信号则对照"0～20 mA"进行跳线,0～10 V 电流信号则对照"0～10 V"进行跳线。输出为数字信号时按照"DO"跳线,模拟量信号时按照"AO"进行跳线。跳线方法为直接用主机自带的短路块连接对应的上下两根插针(如:UI1 是数字信号输入时则短接 UI1 输入跳线的第 2 对插针)。

注:输入 UI1 的跳线为输入跳线的左起第 1 组跳线,UI2 为第 2 组,相应的直至 UI11 为第 11 组跳线。输出 UO2 为输出跳线的左起第 1 组跳线,输出 UO1 为输出跳线的左起第 2 组跳线。UO 用作数字信号输出时则按照 DO 的方式修改跳线,UO 用作模拟信号输出时则按照 AO 的方式修改跳线。

(三) 建筑智能化 SAS 及 BAS 系统配线接线图例

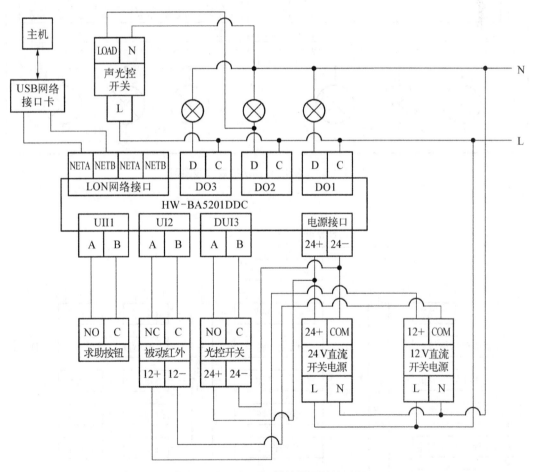

图 7.2.19　单 DDC 模块控制接线图例

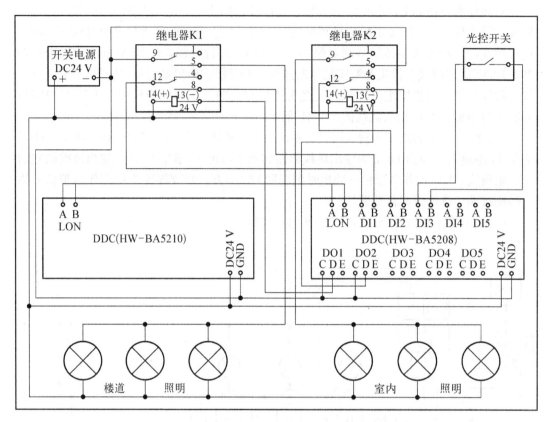

图 7.2.20　多 DDC 模块控制接线图例

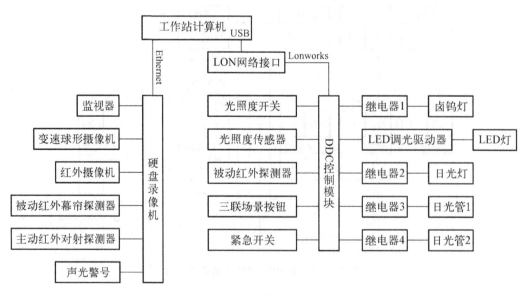

图 7.2.21　建筑智能化 SAS 及 BAS 系统图

项目实现内容如表 7.2.8 所示。

表 7.2.8 建筑智能化 SAS 及 BAS 系统项目具体实现内容

项 目 名 称	具体功能实现内容
SAS 系统 智能控制	1. 在界面中能够显示变速球形摄像机所监视的画面 2. 在界面中能够显示红外摄像机所监视的画面 3. 在界面中能够监视系统的时间 4. 在界面中能够监视被动红外探测器的状态 5. 在界面中能够监视场景的状态 6. 在界面中能够监视紧急开关的状态
BAS 系统 智能控制	1. 每天晚上 6 点,卤钨灯点亮 2. 每天早上 6 点,卤钨灯熄灭 3. 无论任何时间点,当探测到光照度开关动作时,卤钨灯点亮 4. 能够通过光照度传感器的信号对 LED 灯的亮度进行调节 5. 信号变弱时,亮度调高;反之则低 6. 当探测到被动红外探测器动作时,日光灯点亮 7. 在被动红外探测器无动作的情况下,日光灯点亮 10 秒后熄灭 8. 按动"上班"场景按钮,日光管 1 和 2 均点亮 9. 按动"午休"场景按钮,日光管 1 点亮,日光管 2 熄灭 10. 按动"下班"场景按钮,日光管 1 和 2 均熄灭 11. 无论任何情况下,按下紧急开关,卤钨灯、日光灯、日光管 1 及 2 全部点亮并且将 LED 灯的亮度调至最亮

第三节 企业工程实习考核

《企业工程实习》采取企业导师＋校内导师双导师指导制,考核过程中坚持双导师考核和以企业导师为主导的考核制度。同时考核制度以激发学生学习兴趣为原则,最终成绩分为优秀、良好、中等、及格和不及格五个等级。

《企业工程实习》采用企业指导教师评价、校内指导教师评价和小组综合评价相结合的方法评定成绩。小组综合评价考核方式是现场成果展示及答辩,小组每个成员进行现场 PPT 汇报,主要考查学生掌握技能知识的状况、锻炼学生交流能力和团队协作精神。具体鉴定表如表 7.3.1 所示。

一、企业工程实习考核方式与成绩评定标准

本课程采用企业指导教师评价、校内指导教师评价和小组综合评价相结合的方法评定成绩。

企业指导教师评价是企业指导教师针对实习期间各位同学的表现给出的成绩。

校内指导教师评价是校内指导教师针对最终完成的实习总结给出的成绩。

表 7.3.1　建筑电气与智能化专业工程实习鉴定表

班　　级			姓　　名	
			学　　号	
实习名称		指导教师		
实习时间		实习地点		
个人小结		签字(盖章)： 年　　月　　日		
实习单位评价		签字(盖章)： 年　　月　　日		
指导教师意见		签字(盖章)： 年　　月　　日		
分项成绩	企业指导 教师 (50%) 百分制		校内指导 教师 (30%) 百分制		小组综合 评价成绩 (20%) 百分制	
总评成绩						

　　小组综合评价考核方式是现场成果展示及答辩,小组每个成员进行现场口试,主要考查学生掌握技能知识的状况。

　　每个学生的最终成绩由企业指导教师(50%)、校内指导教师(30%)、小组综合评价成绩(20%)综合确定。

二、企业认知实习总结要求

（一）实习总结要求

企业工程实习结束后，要求学生上交 2 000～3 000 字的实习总结，内容应包括下列几部分：

（1）实习鉴定表。

（2）实习企业简介。

（3）实习的收获与认知。

（4）对工程项目的认识与了解。

（5）几点体会。

（二）工程项目设计方案要求

（1）工程项目简介。

（2）工程项目特点。

（3）工程要求。

（4）具体设计方案说明书。

（5）施工组织与管理。

（6）与设计工程有关的现行国家工程质量检验和管理的标准。

第八章 企业专业实践

第一节 企业专业实践教学大纲

一、企业专业实践目的

《企业专业实践》是《企业工程实习》的延续和巩固，它为实现专业培养目标起着重要作用。它能促使学生将所学的专业知识和基本技能综合运用于专业实践当中，在学校和企业"双师"指导下，参与具体的工程项目设计和实施全过程，使学生基本掌握工程项目设计和管理流程，并能在工程实习中解决存在的问题。

《企业专业实践》课程通过让学生在企业进行为期两周的实习，巩固并能综合运用所学知识，同时对后续理论课程有较好的认识，激发学习兴趣。通过实习，达到以下目的：

（1）巩固和丰富所学的专业理论知识。

（2）结合生产实际，增强知识的应用能力和综合能力。

（3）增强分析和解决生产实际问题的能力。

（4）学会调查研究，初步掌握收集资料，获取技术信息的方法和手段。

（5）学习工人、技术人员、管理人员热爱劳动、认真负责的敬业精神和职业道德。

（6）学习建筑智能化工程施工质量管理的基本方法，对工程施工质量的过程控制有所了解。

二、企业专业实践内容与要求

（一）基本内容

建筑智能化工程实践能力培养（团队合作）。

内容：以小组为单位，在企业导师的指导下，通过企业真实的业务系统的训练，使学生能够掌握工程项目设计流程，并能在实践训练中解决存在的问题。在项目实施过程中，实现了学生"发现问题→解决问题→成效评判→反馈"的不断循环，促进了知识传授与学生能力培养的结合，使学生在学习中实践、在实践中学习，达到提升掌握知识与运用知识能力的目的。

企业导师确定工程项目要求,讲解工程项目设计和管理流程。然后对学生分组,分组时需要考虑到学生个体的差异。接下来,每组按照以下步骤进行:

第一步,工程项目分析阶段;第二步,项目小组任务分工阶段;第三步,工程设计阶段;第四步,工程施工与管理阶段;第五步,工程质量检测阶段;第六步,答辩阶段。

企业工程实践项目应选择有应用背景的实际工程项目,具体项目由企业根据企业的实际项目来确定。

(二)基本要求

《企业专业实践》课程是企业导师指导与学生实践相结合。有效实施综合实践活动需遵循下列基本要求:

(1)企业导师指导与学生主动实践相结合。在《企业专业实践》课程中,通过企业导师带领学生进行项目实践,在实践中发现问题解决问题,将老师的有效指导与学生的主动实践有机结合起来。

(2)以团队合作方式设计和实施综合实践活动。在实践过程中,学生可以将《企业工程实习》课程所学的技能和知识运用到实践项目当中。

(3)缩小课程与企业项目开发的差距。在实践中有企业导师选定学生在团队中的角色,明确各成员分工,通过企业导师指导开发项目,在实践中发现问题和解决问题,提高学生团队与企业导师的合作精神。

三、企业专业实践方式

学生在教师的指导下完成一个综合实践项目的设计、开发及制作的全过程,在项目实施过程中,实现了学生"发现问题→解决问题→成效评判→反馈"的不断循环,促进了知识传授与学生能力培养的结合,使学生在学习中实践、在实践中学习,达到提升掌握知识与运用知识能力的目的。

学生分到企业后,企业教师根据实习需要提出工程项目设计要求,并讲解工程项目设计及管理流程,和工程项目设计注意事项。然后让学生带着问题到实际工程中实习

第一步,工程项目分析阶段;第二步,工程整体方案设计阶段;第三步,工程项目比对及再实践;第四步,答辩阶段。

企业工程实习项目应选择有应用背景的实际工程项目。供选择的参考题目包括:

(1)智能建筑照明控制系统设计(团队合作开发)。

(2)智能建筑暖通空调控制系统方案设计(团队合作开发)。

(3)既有建筑智能化系统升级与改造方案设计(团队合作开发)。

四、企业专业实践时间分配

表 8.1.1 实践内容及时间分配

序　号	实　习　内　容	实习时间(天)
1	课程目的说明和任务下达	1
2	工程项目分析	2

序　号	实　习　内　容	实习时间(天)
3	工程整体方案设计	4
4	工程项目比对及再实践	2
5	汇总设计文档、实习报告答辩阶段	1
	合　　计	10

第二节　企业专业实践典型教学案例

一、企业专业实践组织形式

《企业专业实践》采取集中进行课程目说明和任务下达,让学生明白课程性质和任务。然后将同学分成3~4人一组,到建筑智能化工程实践教育中心的企业实习。

实习前企业导师根据实习内容提出工程项目设计要求,并讲解设计流程和注意事项。让学生带着工程设计项目在实习过程中对施工项目的组成,施工成本的控制,生产要素的管理有所了解,并根据实习积累的经验设计工程项目系统方案,完成整个工程项目。

在实习结束后撰写实习报告,然后全班同学进行实习总结,交流汇报实习收获,并提交技术文档和实习总结。

二、建筑供配电与照明企业专业实践教学案例

(一)配线工程施工中的有关规定

(1)埋入墙体或混凝土内的管线,离表面层的净距应不小于15 mm;塑料电线管在砖墙内剔槽设时必须用强度等级不小于M10水泥砂浆抹面保护,其厚度应不小于15 mm。

(2)管路敷设宜沿最短路线并应减少弯曲和重叠交叉。管路超过下列长度时应加装中间盒:无弯曲时,30 m;有一个弯曲,20 m;2个弯曲,15 m;3个弯曲,8 m。

(3)进入灯头盒、开关盒的线管数量不宜超过4根,否则应选用大型盒。

(4)不同回路的线路不应穿于同一根管内,但下列情况除外:

① 电压为50 V及以下。

② 同一设备或同一联动系统设备的电力回路和无妨干扰要求的控制回路。

③ 同一照明灯具的几个回路。

④ 同类照明的几个回路,管内导线根数不应多于8根。住宅内的家用电器供电插座与照明线路可视为同类(但目前住宅内电气设计也将其分管敷设)。

(5)线路中绝缘导体或裸导体的颜色标记:

① 交流三相线路。L1相为黄色,L2相为绿色,L3相为红色,中性线为淡蓝色,保护

线为绿黄双色。

② 直流线路。正极"＋"为棕色，负极"－"为蓝色，接地中性线为淡蓝色。

③ 绿黄双色线只用于标记保护导体，不能用于其他目的。淡蓝色只用于中性线或中间线，线路中包括色来识别的中性线或中间线时，所用颜色必须是淡蓝色。

④ 颜色标志可用规定的颜色或用绝缘导体的绝缘颜色标记在导体的全部长度上，也可标记在易识别的位置上，如端部或可接触到的部位。

（二）插座的安装一般规定

1. 插座的安装高度

插座距地面高度一般为 0.3 m，同一场所安装的插座高度应一致。托儿所、幼儿园及小学校的插座距地面高度不宜小于 1.8 m。

车间及实验室的插座安装高度距地面不宜小于 0.3 m；特殊场所暗装的插座不宜小于 0.15 m；同一室内安装的插座高度差不宜大于 5 mm；并列安装的相同型号的插座高度差不宜大于 1 mm；住宅使用的安全插座，安装高度可为 0.3 m。

2. 插座的接线

（1）单相两孔插座，面对插座的右孔或上孔与相线连接，左孔或下孔与中性线连接，单相三孔插座，面对插座的右孔与相线连接，左孔与中性线连接。

（2）单相三孔、三相四孔及三相无孔插座的接地线或接中性线都应该在上孔，插座的接线端子不应与中性线端子直接连接。

（3）当交流、直流或不同电压等级的插座安装在同一场所时，应有明显的区别，必须选择不同结构、不同规格和不能交换的插座；其配套的插头，应按交流、直流或不同电压等级区别使用。

（4）同一场所的三相插座，其接线的相位必须一致。

（三）建筑供配电系统

建筑供配电系统包括：

1. 10/0.4 kV 变配电系统

变配电系统包括电气照明系统、建筑物防雷系统、接地与安全防护、火灾自动报警系统和智能照明系统等。弱电系统如楼宇自动控制系统、综合布线系统、电话通信系统、视频电视监控系统、安防门禁系统和车库管理系统等由甲方另行委托设计，待各弱电系统设计时进行设计配合。

10/0.4 kV 变配电系统设计：

负荷分级。本工程消防用电设备、变配电室用电、应急照明、网络计算机房、电话机房、总统套房、客梯、生活泵、客房紧急照明等用电负荷均属一级负荷，其他用电负荷均为二级负荷。

2. 低压配电系统

配电方式：低压配电系统采用树干式及放射式相结合的方式，对于单台容量较大的负荷或重要负荷采用放射式供电；对于照明及一般负荷采用树干式供电方式。一级负荷采用双电源供电并在末端设互投装置，二级负荷采用双电源供电于末端互投或采用单电源专用线路供电。

3. 功率因数补偿

酒店工程采用集中和分散相结合的低压自动补偿方式,每台变压器低压母线上装设干式补偿电容电抗器组,对系统进行无功功率自动补偿及谐波抑制处理,以确保在负荷变化的情况下,功率因数在 0.95 以上。荧光灯、气体放电灯单灯就地补偿,功率因数达到 0.9 以上。

电容补偿就是无功补偿或者功率因数补偿。电力系统的用电设备在使用时会产生无功功率,而且通常是电感性的,它会使电源的容量使用效率降低,而通过在系统中适当地增加电容的方式就可以得以改善。

(四) 防雷接地

基础防雷接地应符合设计要求。有防雷引下线位置,应不少于 2 个桩位,桩内筋作为接地体不少于 4 根 $\phi16$ 以下焊接,以上含 $\phi16$ 为两根建筑物结构柱内四根主筋大于 $\phi12$ 通长焊接作为防雷引下线(丝扣连接应垮接焊)。防雷引下线四根主筋宜选用结构柱内外侧,四周并焊接在接地网利用基础底梁内大于 $\phi12$ 两根上层钢筋宜选用外侧与其所经过的承台上层钢筋环形封闭构成基础接地网。

防雷接地是受到雷电袭击(直击、感应或线路引入)时,为防止造成损害的接地系统。常有信号(弱电)防雷地和电源(强电)防雷地之分,区分的原因不仅仅是因为要求接地电阻不同,而且在工程实践中信号防雷地常附在信号独立地上,和电源防雷地分开建设。

机壳安全接地是将系统中平时不带电的金属部分(机柜外壳,操作台外壳等)与地之间形成良好的导电连接,以保护设备和人身安全。原因是系统的供电是强电供电(380 V、220 V 或 110 V),通常情况下机壳等是不带电的,当故障发生(如主机电源故障或其他故障)造成电源的供电火线与外壳等导电金属部件短路时,这些金属部件或外壳就形成了带电体,如果没有很好的接地,那么这带电体和地之间就有很高的电位差,如果人不小心触到这些带电体,那么就会通过人身形成通路,产生危险。因此,必须将金属外壳和地之间作很好的连接,使机壳和地等电位。此外,保护接地还可以防止静电的积聚。

外部防雷系统由接闪器(避雷针),引下线,接地地网等有机组成。缺一不可。下面分别对以上三个主要因素的相关技术及安装进行描述。本部分主要讲建筑物外部空气如何截雷,把雷电流向大地中泄放的问题。本部分的内容提要是:接闪器、避雷针、避雷线、避雷带和避雷网。

接闪器:直接截受雷击以及用作接闪的器具、金属构件和金属屋面等,称之为接闪器。功能是把接引来的雷电流,通过引下线和接地装置直接在大地中泄放,保护建筑物免受雷害。

避雷带:在房屋建筑雷电保护上,用扁平的金属带代替钢线接闪的方法称之为避雷带,它由避雷线改进而来。避雷带的制作,采用扁钢,截面积不小于 48 mm^2,其厚度不应小于 4 mm。

避雷网是指利用钢筋混凝土结构中的钢筋网作为雷电保护的方法(必要时还可以辅助避雷网),也称暗装避雷网。建筑供配电与照明企业专业实践教学案例如表 8.2.1 所示。

表 8.2.1 建筑供配电与照明企业专业实践教学案例

实习时间	实 习 内 容	授课人职务 职称介绍	地 点
1天	企业简介：企业概况、企业经营理念、企业所取得的成绩、发展方向、企业看重的人才参观企业	企业总经理	公司
2天	参观学习公司已完成的建筑电气系统工程案例	技术总经理	所做工程
1天	建筑电气系统工程设计方法、流程及规范	技术总经理	公司
4天	建筑电气系统工程设计	技术总经理	公司
1天	系统比对及验证	技术总经理	公司
1天	实习总结交流	技术总经理； 高级工程师	公司会议室

三、建筑中央空调设备及工程企业专业实践教学案例

（一）课程介绍

《建筑中央空调设备及工程企业专业实践》课程是《企业工程实习》课程结束后在暑假期间进行的后续课程，可使学生将《企业工程实习》中所学的项目经验、实用技能融入于企业的实践过程中，通过实践强化学生对企业项目开发、项目实施的具体流程的掌握。

（二）课程教学大纲

课程名称：建筑中央空调设备及工程专业实习。

课程类型：理论实践一体化课程。

学时学分：2周/2学分/32学时。

先修课程：工程制图与识图、CAD工程制图、自动控制原理、热工学原理、暖通空调技术。

适用专业：建筑电气与智能化。

开课部门：金陵科技学院机电工程学院建筑电气与智能化系。

实施地点：南京五洲制冷集团公司。

1. 课程的地位、目的和任务

（1）课程地位。本课程是《企业工程实习》课程的后续课程，可将学生从《企业工程实习》中所学的项目经验、实用技能融入于企业的实践过程中，通过实践强化学生对企业项目开发、项目实施的具体流程的掌握，以促使学生实现由知识向能力的转化。

（2）课程目的：通过项目实践，促使学生强化在《企业专业实践》课程所学的专业理论、专业知识和基本技能综合运用于项目实践当中去。

（3）课程任务：在项目实践过程中，通过直接参与项目开发，让学生掌握建筑智能化系统开发的过程及工程设计方法，把《企业工程实习》课程中学到的技能、方法应用到实际项目开发当中。让学生根据实际项目的需求分析，体会建筑智能化系统集成系统构建和实施过程。从而进一步获得实际项目开发所需的技术和经验，熟练掌握项目方案设计的

核心技能、规范和有关工具。

2. 课程与相关课程的联系

学生学习了《建筑中央空调设备及工程企业工程实习》课程之后,在老师的指导下,掌握建筑智能化系统项目开发具体流程,能够很好地为将要学到的专业知识做铺垫,学生根据老师的演示进行实践,参与企业项目开发,在项目实训过程中能够及时发现问题和解决问题。通过综合项目开发将《工程制图与识图》、《CAD 工程制图》、《自动控制原理》、《热工学原理》、《暖通空调技术》等课程统一为一整体并加以应用。

3. 内容与要求

(1) 基本内容:建筑智能化工程实践能力培养(团队合作)。

① 空气调节系统。掌握包括全空气系统、全水系统、空气-水系统、变风量系统等的结构与组成等。

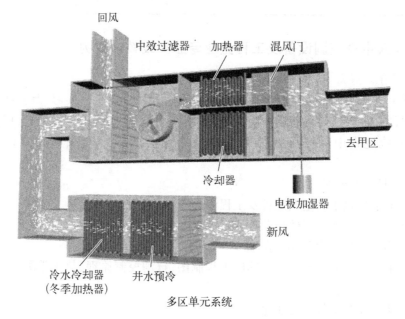

图 8.2.1　多区单元系统的组成示意图

② 空气调节系统的控制设备。掌握风调节、水调节、温度调节、湿度调节等所用到的各类控制设备。

内容:以小组为单位,在企业导师的指导下,通过企业真实的业务系统的训练,使学生能够掌握企业项目具体开发流程,并能在实践训练中解决存在的问题。在项目实施过程中,实现了学生"发现问题→解决问题→成效评判→反馈"的不断循环,促进了知识传授与学生能力培养的结合,使学生在学习中实践、在实践中学习,达到提升掌握知识与运用知识能力的目的。

企业导师确定项目要求,给出可选的项目,讲解项目的具体开发流程,并对具体的操作进行演示。然后对学生分组,分组时需要考虑到学生个体的差异。接下来,每组按照以下步骤进行:

第一步,综合项目陈述阶段;第二步,项目小组筹建讨论阶段;第三步,项目小组

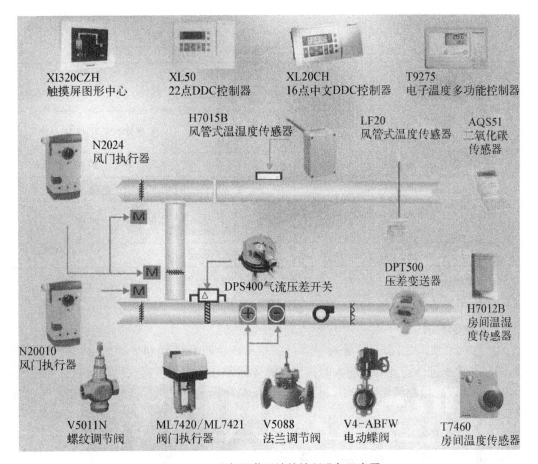

图 8.2.2 空气调节系统的控制设备示意图

任务分工阶段；第四步，需求分析阶段（智能建筑系统建模）；第五步，用户需求系统设计阶段；第六步，系统方案实施阶段；第七步，系统功能目标测试阶段；第八步，答辩阶段。

企业工程实践项目应选择有应用背景的实际工程项目，具体项目有企业根据企业的实际项目来确定。

（2）基本要求：本课程采用企业导师指导与学生实践相结合的教学模式。有效实施综合实践活动需遵循下列基本要求：

① 将企业导师指导与学生主动实践相结合。在《建筑中央空调设备及工程企业专业实践》课程中，通过企业导师带领学生进行项目实践，在实践中发现问题解决问题，将老师的有效指导与学生的主动实践有机结合起来。

② 以团队合作方式设计和实施综合实践活动。在实践过程中，学生可以将《企业工程实习》课程所学的技能和知识运用到实践项目当中。

③ 缩小课程与企业项目开发的差距。在实践中有企业导师选定学生在团队中的角色，明确各成员分工，通过企业导师指导开发项目，在实践中发现问题和解决问题，提高学生团队与企业导师的合作精神。

4. 学时分配及教学条件

表8.2.2　《建筑中央空调设备及工程企业专业实践》课程学时分配与教学条件

教学项目名称	学时分配		教学条件
	实　践	讲　授	
在老师的指导下分组、选题、各组综合项目陈述阶段确定小组负责人和小组成员		4	多媒体教学环境
空气调节系统的组成	12		具有中央空调系统的建筑
空气调节系统的控制设备	12		具有中央空调系统的建筑
组内汇总设计文档、实习报告安装部署、答辩阶段		4	多媒体教学环境
合　　计	24	8	

注：表中给出的仅是课内学时数，项目开发需要学生付出大量的课外时间。

5. 教学方法与考核方式

（1）教学方法：

① 在项目实践之前，企业导师对项目的难易程度进行估计和分解之后，学生进行实践，对一些典型问题企业导师应及时指出。企业导师在整个项目实践阶段充当主导角色，学生项目经理充当协调配合作用，组织组内成员对问题进行讨论等任务，配合企业导师完成实际工作。

② 在项目开发全过程，企业导师对项目的实施过程进行控制和调整，并由学生项目经理对组内各模块进行整合，及时发现问题。

③ 项目结束时，由学生项目经理指定代表对项目进行结题，由其他组的成员或企业导师进行测试，之后书写相应结题文档。

（2）考核方式：本课程考核从以下几个方面进行评定成绩，包括：项目组总体要求的达到程度、项目组文档编写清晰程度、项目组个人对预设问题的完成程度等方面进行考核。表8.2.3是本课程考核指标和分值。此课程经理对组内成员进行评分，组内成员对经理进行评分，此项成绩与团队的集体准备情况密切相关，可以激发学生团队精神。

表8.2.3　基于《建筑中央空调设备及工程企业专业实践》课程考核方式

评分单位	任　务	分数	备　注
小　组	达到项目总体要求	30	各部分程序能够协同运行，且不出现运行故障
小　组	完成文档编写	20	一份文档，介绍各部分程序的设计原理、关键算法
对项目组各成员	对该组员所负责的部分，完成的情况	10	部分实现系统功能
		15	基本实现系统所需功能
		20	全部实现系统所需功能
对项目组各成员	项目组成员完成项目	30	根据成员的合作态度

6. 参考文献

[1] 赵荣义. 空气调节[M]. 北京：中国建筑工业出版社. 2010.

[2] 王再英,韩养社,高虎贤. 楼宇自动化系统原理与应用[M]. 北京：电子工业出版社. 2005.

[3] 金陵科技学院机电学院建筑电气与智能化系. 企业专业实践指导书.

（二）课程实施与改革

首先根据实践项目设计的一般原则挑选或构思实训案例,在条件允许的情况下,建议从合作的企业项目中抽取实际的项目案例进行适当的裁剪后作为实训案例的原型。在确定案例后,可参考如下的方式进行项目设计：

（1）编写实践指导书。这是任何方式的实训都必须具备的基本实训文件,在实训指导书中根据实训大纲的要求明确实训目的、实训内容、实训组织方式、参考指南和实训考核方式等重要内容,学生在实训指导书的指导下具体实施实训。

（2）在项目设计过程中,发挥企业导师的技术顾问角色,企业导师要负责指导学生团队将新技术、新方法并应用于项目开发中,解决学生开发过程中的疑难问题；发挥经理的领导能力和任务分工能力及解决问题的能力；发挥每位学生的独立解决问题的能力和合作能力。

四、建筑电梯制造及工程实践教学案例

（一）课程介绍

《建筑电梯制造及工程企业专业实践》课程是《建筑电梯制造及工程企业工程实习》课程结束后在暑假期间进行的后续课程,可将学生从《电梯控制系统》中所学的电梯系统控制方法、电梯组装、维修、安装及保养等实用技能融入于企业的实践过程中,通过实践强化学生对企业建筑电梯项目开发、项目实施的具体流程的掌握。

（二）课程教学大纲

课程名称：建筑电梯制造及工程专业实习。

课程类型：理论实践一体化课程。

学时学分：2周/2学分/32学时。

先修课程：电工学、电子技术、电机与拖动、自动控制原理、楼宇自控检测技术、单片机原理及接口技术、热工学原理、智能建筑环境学。

适用专业：建筑电气与智能化。

开课部门：金陵科技学院机电学院建筑电气与智能化系。

实施地点：南京电梯有限公司、南京宁奥电梯工程有限公司、普天天纪楼宇智能有限公司、南京消防器材厂。

1. 课程的地位、目的和任务

（1）课程地位：本课程是《建筑电梯制造及工程企业工程实习》课程的后续课程,可将学生从《建筑电梯制造及工程企业工程实习》中所学的项目经验、实用技能融入于企业的实践过程中,通过实践强化学生对企业电梯项目开发、项目实施的具体流程的掌握,以促使学生实现由知识向能力的转化。

（2）课程目的：通过项目实践，促使学生强化在《建筑电梯制造及工程企业专业实践》课程所学的专业理论、专业知识和基本技能综合运用于项目实践当中去。

（3）课程任务：在项目实践过程中，通过直接参与项目开发，让学生掌握电梯智能化系统开发的过程及工程设计方法，把《建筑电梯制造及工程企业工程实习》课程中学到的技能、方法应用到实际项目开发当中。让学生根据实际项目的需求分析，体会智能化电梯系统集成系统构建和实施过程。从而进一步获得实际项目开发所需的技术和经验，熟练掌握项目方案设计的核心技能、规范和有关工具。

2. 课程与相关课程的联系

学生学习了《建筑电梯制造及工程企业工程实习》课程之后，在老师的指导下，掌握电梯智能化系统项目开发具体流程，能够很好地为将要学到的专业知识做铺垫，学生根据老师的操作演示进行实践，参与企业项目开发，在项目实训过程中能够及时发现问题和解决问题。通过综合项目开发将《电工学》、《电子技术》、《工程制图与识图》、《CAD 工程制图》、《自动控制原理》、《楼宇自控检测技术》、《单片机原理及接口技术》等课程统一为一整体并加以应用。

3. 内容与要求

（1）基本内容：建筑智能化工程实践能力培养（团队合作）。

内容：以小组为单位，在企业导师的指导下，通过企业真实的业务系统的训练，使学生能够掌握企业项目具体开发流程，并能在实践训练中解决存在的问题。在项目实施过程中，实现了学生"发现问题→解决问题→成效评判→反馈"的不断循环，促进了知识传授与学生能力培养的结合，使学生在学习中实践、在实践中学习，达到提升掌握知识与运用知识能力的目的。

企业导师确定项目要求，给出可选的项目，讲解项目的具体开发流程，并对具体的操作进行演示。然后对学生分组，分组时需要考虑到学生个体的差异。接下来，每组按照以下步骤进行：

第一步，综合智能化电梯项目陈述阶段；第二步，项目小组筹建讨论阶段；第三步，项目小组任务分工阶段；第四步，需求分析阶段（智能建筑系统建模）；第五步，用户需求系统设计阶段；第六步，系统方案实施阶段；第七步，系统功能目标测试阶段；第八步，答辩阶段。

企业工程实践项目应选择有应用背景的实际工程项目，具体项目有企业根据企业的实际项目来确定。

（2）基本要求：本课程采用企业导师指导与学生实践相结合的教学模式。有效实施综合实践活动需遵循下列基本要求：

① 将电梯制造企业导师指导与学生主动实践相结合。在《建筑电梯制造及工程企业专业实践》课程中，通过企业导师带领学生进行项目实践，在实践中发现问题解决问题，将老师的有效指导与学生的主动实践有机结合起来。

② 以团队合作方式设计和实施综合电梯开发设计等实践活动。在实践过程中，学生可以将《建筑电梯制造及工程企业工程实习》课程所学的技能和知识运用到实践项目当中。

③ 缩小课程与企业项目开发的差距。在实践中有企业导师选定学生在团队中的角色,明确各成员分工,通过企业导师指导开发项目,在实践中发现问题和解决问题,提高学生团队与企业导师的合作精神。

4. 学时分配及教学条件

本课程学时分配及教学条件见表 8.2.4。

表 8.2.4　《建筑电梯制造及工程企业专业实践》课程学时分配与教学条件

教学项目名称	学时分配		教学条件
	实践	讲授	
在老师的指导下分组、选题、各组综合项目陈述阶段确定小组负责人和小组成员		4	多媒体教学环境
电梯企业导师进行项目的需求分析		4	多媒体教学环境
电梯用户需求系统设计阶段	8		天正建筑、NetViz 及 Office2003 等
系统方案实施阶段	8		天正建筑、NetViz 及 Office2003 等
系统功能目标测试阶段	8		天正建筑、NetViz 及 Office2003 等
组内汇总设计文档、实习报告安装部署、答辩阶段			多媒体教学环境
合　　计	24	8	

注:表中给出的仅是课内学时数,项目开发需要学生付出大量的课外时间。

5. 教学方法与考核方式

(1) 教学方法:

① 在项目实践之前,企业导师对项目的难易程度进行估计和分解之后,学生进行实践,对一些典型问题企业导师应及时指出。企业导师在整个项目实践阶段充当主导角色,学生项目经理充当协调配合作用,组织组内成员对问题进行讨论等任务,配合企业导师完成实际工作。

② 在项目开发全过程,企业导师对项目的实施过程进行控制和调整,并由学生项目经理对组内各模块进行整合,及时发现问题解问题。

③ 项目结束时,由学生项目经理指定代表对项目进行结题,由其他组的成员或企业导师进行测试,之后书写相应结题文档。

(2) 考核方式:本课程考核从以下几个方面进行评定成绩,包括:项目组总体要求的达到程度、项目组文档编写清晰程度、项目组个人对预设问题的完成程度等方面进行考核。表 8.2.5 是本课程考核指标和分值。此课程经理对组内成员进行评分,组内成员对经理进行评分,此项成绩与团队的集体准备情况密切相关,可以激发学生团队精神。

6. 参考教材(注:选择天正建筑、NetViz 为开发平台)

[1] 李明海,鲁娟. 建筑智能化系统工程设计[M]. 北京:中国建材工业出版社. 2005.

[2] 叶安丽. 电梯控制系统[M]. 北京:机械工业出版社. 2008.

[3] 金陵科技学院机电学院建筑电气与智能化系. 企业专业实践指导书.

表 8. 2. 5　基于《建筑电梯制造及工程企业专业实践》课程考核方式

评分单位	任　务	分　数	备　注
小　组	达到项目总体要求	30	各部分控制系统程序能够协同运行,且不出现运行故障
小　组	完成文档编写	20	一份文档,介绍各部分电梯控制程序的设计原理、关键算法
对项目组各成员	对该组员所负责的部分,完成的情况	10	部分实现系统功能
		15	基本实现系统所需功能
		20	全部实现系统所需功能
对项目组各成员	项目组成员完成项目	30	根据成员的合作态度

（三）课程实施与改革

首先根据实践项目设计的一般原则挑选或构思实训案例,在条件允许的情况下,建议从合作的企业项目中抽取实际的项目案例进行适当的裁剪后作为实训案例的原型。在确定案例后,可参考如下的方式进行项目设计:

（1）编写实践指导书。这是任何方式的实训都必须具备的基本实训文件,在实训指导书中根据实训大纲的要求明确实训目的、实训内容、实训组织方式、参考指南和实训考核方式等重要内容,学生在实训指导书的指导下具体实施实训。

（2）在项目设计过程中,发挥企业导师的技术顾问角色,企业导师要负责指导学生团队将新技术、新方法并应用于项目开发中,解决学生开发过程中的疑难问题;发挥经理的领导能力和任务分工能力及解决问题的能力;发挥每位学生的独立解决问题的能力和合作能力。

五、建筑综合布线产品制造及工程企业专业实践教学案例

（一）课程介绍

《建筑综合布线产品制造及工程企业专业实践》课程是《建筑智能化工程企业认知实习》课程结束后进行的后续课程,可将学生从《建筑智能化工程企业认知实习》中所学的项目经验、实用技能融入于企业的实践过程中,通过实践强化学生对企业项目开发、项目实施的具体流程的掌握。

（二）课程教学大纲

课程名称：建筑综合布线产品制造及工程企业专业实践。

课程类型：理论实践一体化课程。

学时学分：2 周/2 学分/32 学时。

先修课程：工程制图、单片机原理及接口技术、智能建筑信息网络系统、暖通空调技术、安全防范系统、建筑消防系统、楼宇自动化技术、建筑供配电与照明、建筑电气控制与PLC、建筑节能技术、电梯控制技术。

适用专业：建筑电气与智能化。

开课部门：机电工程学院建筑电气与智能化系。

实施地点：普天天纪楼宇智能有限公司、南京恒天伟智能技术有限公司、江苏跨域信息科技发展有限公司。

1. 课程的地位、目的和任务

（1）课程地位：本课程是《建筑智能化工程企业认知实习》课程的后续课程，可将学生从《建筑智能化工程企业认知实习》中所学的项目经验、实用技能融入于企业的实践过程中，通过实践强化学生对企业项目开发、项目实施的具体流程的掌握，以促使学生实现由知识向能力的转化。

（2）课程目的：通过项目实践，促使学生强化在《综合布线系统》课程所学的专业理论、专业知识和基本技能综合运用于项目实践当中去。

（3）课程任务：在项目实践过程中，通过直接参与工程项目实践，让学生掌握综合布线系统工程实践方法，把《建筑智能化工程企业认知实习》课程中学到的技能、方法应用到实际工程实践中。让学生根据实际项目的需求分析，体会建筑综合布线系统构建和实施过程。从而进一步获得工程实践所需的技术和经验，熟练掌握综合布线工程实践的核心技能和有关工具。

2. 课程与相关课程的联系

学生学习了《建筑智能化工程企业认知实习》课程之后，在教师的指导下，掌握综合布线系统工程实践方法，能够很好地为将要学到的专业知识做铺垫，学生根据老师的演示进行实践，参与企业项目工程实践，在项目实训过程中能够及时发现问题和解决问题。

3. 内容与要求

（1）基本内容：在建筑综合布线产品制造及工程企业，根据企业实际工程系统需求，完成建筑综合布线的工程安装，主要工程实践包括以下基本内容：

① 信息模块压接技术。双绞电缆的水晶头端接具体步骤如下：

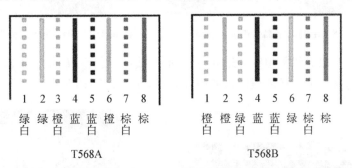

图 8.2.3　ANSI/TIA/EIA 568 - A 和 568 - B 标准信息插座的 8 针引线/线对安排正视图

步骤 1：准备好 5 类双绞线、RJ - 45 插头和一把专用的压线钳，如图 8.2.4 所示。

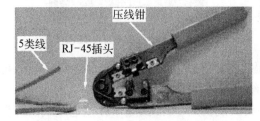

图 8.2.4　电缆的水晶头端接步骤 1

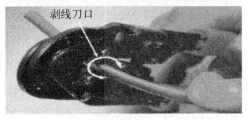

图 8.2.5　电缆的水晶头端接步骤 2

步骤 2：转动压线钳，剥线刀口将 5 类双绞线的外保护套管划开（小心不要将里面的双绞线的绝缘层划破），刀口距 5 类双绞线端头至少 2 cm，如图 8.2.5 所示。

步骤 3：将划开的外保护套管剥去（旋转、向外抽），如图图 8.2.6 所示。

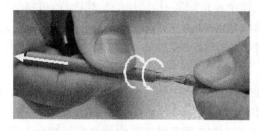
图 8.2.6　电缆的水晶头端接步骤 3

图 8.2.7　电缆的水晶头端接步骤 4

步骤 4：露出 5 类线电缆中的 4 对双绞线，如图 8.2.7 所示。

步骤 5：按照 EIA/TIA - 568B 标准（橙白、白、绿白、蓝、蓝白、绿、棕白、棕）和导线颜色将导线按规定的序号排好，如图 8.2.8 所示。

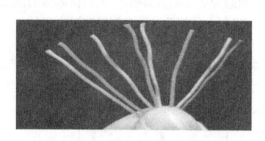
图 8.2.8　电缆的水晶头端接步骤 5

图 8.2.9　电缆的水晶头端接步骤 6

步骤 6：将 8 根导线平坦整齐地并行排列，导线间不留空隙，如图 8.2.9 所示。

步骤 7：将排列电缆送入压线钳的剪线刀口，如图 8.2.10 所示。

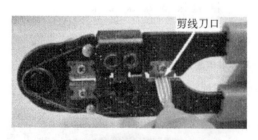
图 8.2.10　电缆的水晶头端接步骤 7

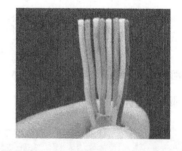
图 8.2.11　电缆的水晶头端接步骤 8

步骤 8：剪齐电缆。请注意：一定要剪得很整齐。剥去护套的导线长度不可太短，可以先留长一些待剪。不要碰坏每根导线的绝缘外层，如图 8.2.11 所示。

步骤 9：将剪齐的电缆放入 RJ - 45 水晶头试试长短（要插到底），并使电缆线的外保护层能够进入 RJ - 45 插头内的凹陷处被压实。反复进行调整，如图 8.2.12 所示。

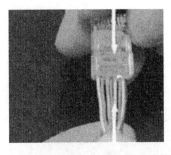

图 8.2.12　电缆的水晶头端接步骤 9

图 8.2.13　电缆的水晶头端接步骤 10

步骤 10：在确认一切都正确后（特别注意不要将导线的顺序排列），将 RJ-45 插头放入压线钳的压头槽内，如图 8.2.13 所示。

步骤 11：双手紧握压线钳的手柄，用力压紧，如图 8.2.14 所示。请注意，在这一步骤完成后，插头的 8 个针脚接触点就穿过导线的绝缘外层，分别与电缆的 8 根导线紧紧地连接在一起。

步骤 12：完成操作如图 8.2.15 所示。

图 8.2.14　电缆的水晶头端接步骤 11

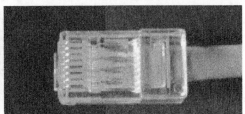

图 8.2.15　电缆的水晶头端接结果

至此已经完成了电缆一端的水晶头制作，双绞线另一端的水晶头制作照此进行。如果上述步骤 11 之前操作有误尚可调整，一旦完成步骤 11 则水晶头不能再复用。

② 双绞电缆的模块化连接器端接实训，步骤如下：

步骤 1：把双绞线从布线底盒中拉出，剪至合适的长度。使用电缆准备工具剥除外护套，然后剪掉抗拉线。

步骤 2：将信息模块的 RJ-45 接口向下，置于桌面、墙面等较硬的平面上。

步骤 3：分开网线中的 4 线对，但线对之间不要开绞，按照信息模块上所指示的线序，稍稍用力将导线——卡入相应的线槽内（见图 8.2.16）。通常情况下，模块上同时标记有 568A 和 568B 两种线序，用户应当根据布线设计时的规定，与其他布线设施采用相同的线序。

步骤 4：将打线工具的刀口对准信息模块上的线槽和导线，垂直向下用力，听到"喀"的一声，模块外多余的线会被剪断，并将 8 条芯线同时接入相应颜色的线槽中（见图 8.2.17）。

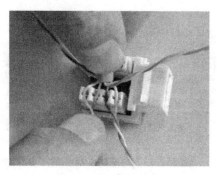

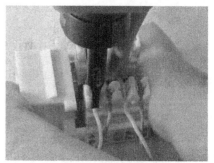

图 8.2.16　模块卡线　　　　　图 8.2.17　模块打线

步骤 5：将模块的塑料防尘片沿缺口插入模块，并牢牢固定于信息模块上。信息模块的端接实训项目完成。

③ 双绞电缆的 110 配线架压接，步骤如下：

步骤 1：将 4 对双绞线依兰、橙、绿、棕对的顺序整理，依次压入 110 配线架相应槽内，如图 8.2.18 所示。

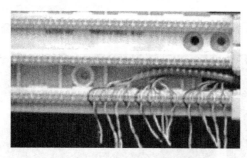

图 8.2.18　110 配线架的压线　　　图 8.2.19　打线工具的切线

步骤 2：用专用打线工具将线头切断，如图 8.2.19 所示。

步骤 3：根据电缆线路的对数，选择相应的连接块(4 对或 5 对，图 8.2.20)，用专用工具将连接块打到跳线架上，如图 8.2.21 所示。至此，一条 4 对水平电缆的 110 配线架端接完毕。

大对数电缆的安装，应注意线对色序的排列。如图 8.2.22 所示。

图 8.2.20　4 对 5 对连接块的端口　　　图 8.2.21　连接块的压接及其成果

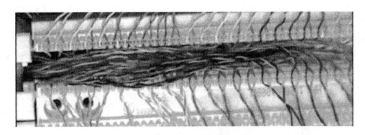

图 8.2.22 大对数电缆端接

步骤 4：理线。将所有线缆按照设计好的编号顺序根据横平竖直的原则整齐放置在配线架上下线排之间的凹槽内，尽量不要交叉，要求整齐、美观。

④ 双绞电缆的网络配线架压接，步骤如下：

步骤 1：在端接电缆之前，首先整理线缆。疏松地将线缆捆扎在配线板的任一边，最好是捆到垂直通道的托架上。

步骤 2：以对角线的形式将固定柱环插到配线板一个孔中。

步骤 3：设置固定柱环，以便柱环挂住并向下形成一角度以有助于线缆的端接插入。

步骤 4：将线缆放到固定柱环的线槽中去，并按照上述 RJ - 45 模块连接器的安装过程对其进行端接。如图 8.2.23 所示。

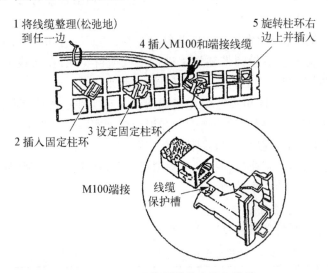

1 将线缆整理(松弛地)到任一边
2 插入固定柱环
3 设定固定柱环
4 插入M100和端接线缆
5 旋转柱环右边上并插入
M100端接
线缆保护槽

图 8.2.23 配线板模块安装与端接

步骤 5：向右旋转固定柱环并插入配线架面板，完成此操作必须注意合适的方向，以避免将线缆缠绕到固定柱环上。顺时针方向从左边旋转整理好线缆，逆时针方向从右边旋转整理好线缆。至此，一条 4 对水平电缆的模块化配线架端接完毕。

⑤ 光纤连接器的端接方法：对于互连配线架来说，光纤连接器的端接是将两条半固定的光纤插入模块嵌板上的耦合器两端直接相连起来。

对于交叉连接配线架来说，光纤的端接是将一条半固定光纤上的连接器插入嵌板上耦合器的一端，此耦合器的另一端插入光纤跳线的连接器；然后将光纤跳线另一端的连接器插入要交叉连接的另一个耦合器的一端，该耦合器的另一端插入要交叉连接的另一条半固定光纤的连接器。

光纤到桌面的连接模型如图 8.2.24 所示。

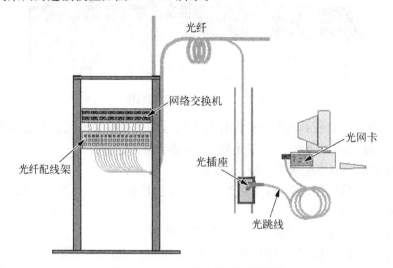

图 8.2.24　光纤到桌面连接模型

（2）基本要求：本课程是企业导师指导与学生实践相结合。为有效实施综合实践活动，需遵循下列基本要求：

① 将企业导师指导与学生主动实践相结合。在《建筑综合布线产品制造及工程企业专业实践》课程中，通过企业导师带领学生进行工程项目实践，在实践中发现问题解决问题，将老师的有效指导与学生的主动实践有机结合起来。

② 以团队合作方式设计和实施综合实践活动。在实践过程中，学生可以将《建筑智能化工程企业认知实习》课程所学的技能和知识应用到实践项目当中。

③ 缩小课程与企业工程实践的差距。在实践中有企业导师选定学生在团队中的角色，明确各成员分工，通过企业导师指导工程项目实践，在实践中发现问题和解决问题，提高学生团队与企业导师的合作精神。

4. 学时分配及教学条件

本课程学时分配及教学条件见表 8.2.6。

表 8.2.6　建筑综合布线企业专业实践实施过程及安排

序　号	实　习　内　容	实习时间（天）
1	在老师的指导下分组、选题、各组综合项目陈述阶段确定小组负责人和小组成员	1
2	企业导师进行项目实施情况分析	2
3	项目实施情况熟悉阶段	2
4	系统方案实施阶段	3
5	系统功能目标测试阶段	1
6	组内汇总设计文档、实习报告安装部署、答辩阶段	1
	合　　计	10

5. 教学方法与考核方式

（1）教学方法：

① 在工程项目实践之前，企业导师对工程的难易程度进行估计和分解之后，学生进行实践，对一些典型问题企业导师应及时指出。企业导师在整个项目实践阶段充当主导角色，学生项目经理充当协调配合作用，组织组内成员对问题进行讨论等任务，配合企业导师完成实际工作。

② 在工程项目实践全过程，企业导师对工程的实施过程进行控制和调整，并由学生项目经理对各模块进行整合，及时发现问题解决问题。

③ 项目结束时，由学生项目经理指定代表对项目进行结题，由其他组的成员或企业导师进行测试，之后书写相应结题文档。

（2）考核方式：本课程考核从以下几个方面进行评定成绩，包括：项目组总体要求的达到程度、项目组文档编写清晰程度、项目组个人对预设问题的完成程度等方面进行考核。表8.2.7是本课程考核指标和分值。此课程经理对组内成员进行评分，组内成员对经理进行评分，此项成绩与团队的集体准备情况密切相关，可以激发学生团队精神。

表 8.2.7　企业专业实践考核方式

评分单位	任务	分数	备注
小　组	达到项目总体要求	30	各部分实践操作测试结果通过
小　组	完成文档编写	20	一份文档,介绍各部分的主要实践方法
对项目组各成员	对该组员所负责的部分,完成的情况	10	部分实现工程实践要求
		15	基本实现工程实践要求
		20	全部实现工程实践要求
对项目组各成员	项目组成员完成项目	30	根据成员的合作态度

6. 参考文献

[1] 吴达金.综合布线系统工程安装施工手册[M].北京：中国电力出版社.2007.

[2] 宫本东.从校园到职场——综合布线工程[M].北京：机械工业出版社.2011.

[3] 金陵科技学院机电学院建筑电气与智能化系.企业专业实践指导书.

（三）课程实施与改革

首先根据实践项目设计的一般原则挑选或构思实训案例，在条件允许的情况下，建议从合作的企业项目中抽取实际的项目案例进行适当的裁剪后作为实训案例的原型。在确定案例后，可参考如下的方式进行实践：

（1）编写实践指导书。这是任何方式的实训都必须具备的基本实训文件，在实训指导书中根据实训大纲的要求明确实训目的、实训内容、实训组织方式、参考指南和实训考核方式等重要内容，学生在实训指导书的指导下具体实施实训。

（2）在项目设计过程中，发挥企业导师的技术顾问角色，企业导师要负责指导学生团队将新技术、新方法并应用于项目开发中，解决学生开发过程中的疑难问题；发挥经理的领导能力和任务分工能力及解决问题的能力；发挥每位学生的独立解决问题的能力和合作能力。

六、建筑智能化系统集成产品制造及工程企业专业实践教学案例

（一）课程介绍

《建筑智能化系统集成产品制造及工程企业专业实践》课程是《建筑智能化工程企业认知实习》课程结束后在暑假期间进行的后续课程，可将学生从《建筑智能化工程企业认知实习》中所学的项目经验、实用技能融入于企业的实践过程中，通过实践强化学生对企业项目开发、项目实施的具体流程的掌握。

（二）课程教学大纲

课程名称：建筑智能化系统集成产品制造及工程企业专业实践。

课程类型：理论实践一体化课程。

学时学分：2 周/2 学分/32 学时。

先修课程：工程制图、单片机原理及接口技术、现场总线网络、智能建筑信息网络系统、暖通空调技术、安全防范系统、建筑消防系统、综合布线系统、智能建筑系统集成、楼宇自动化技术、建筑供配电与照明、建筑电气控制与 PLC、智能系统工程预决算、建筑节能技术、建筑智能化工程项目管理、数据库管理技术、电梯控制技术。

适用专业：建筑电气与智能化。

开课部门：金陵科技学院机电工程学院建筑电气与智能化系。

实施地点：江苏跨域信息科技发展有限公司、南京恒天伟智能技术有限公司、普天天纪楼宇智能有限公司。

1. 课程的地位、目的和任务

（1）课程地位：本课程是《建筑智能化工程企业认知实习》课程的后续课程，可将学生从《建筑智能化工程企业认知实习》中所学的项目经验、实用技能融入于企业的实践过程中，通过实践强化学生对企业项目开发、项目实施的具体流程的掌握，以促使学生实现由知识向能力的转化。

（2）课程目的：通过项目实践，促使学生强化在《智能建筑系统集成》课程所学的专业理论、专业知识和基本技能综合运用于项目实践当中去。

（3）课程任务：在项目实践过程中，通过直接参与项目开发，让学生掌握建筑智能化系统开发的过程及工程设计方法，把《建筑智能化工程企业认知实习》课程中学到的技能、方法应用到实际项目开发当中。让学生根据实际项目的需求分析，体会建筑智能化系统集成系统构建和实施过程。从而进一步获得实际项目开发所需的技术和经验，熟练掌握项目方案设计的核心技能、规范和有关工具。

2. 课程与相关课程的联系

学生学习了《建筑智能化工程企业认知实习》课程之后，在教师的指导下，掌握建筑智能化系统项目开发具体流程，能够很好地为将要学到的专业知识做铺垫，学生根据老师的演示进行实践，参与企业项目开发，在项目实训过程中能够及时发现问题和解决问题。通过综合项目开发将《工程制图》、《智能建筑信息网络系统》、《自动控制原理》、《现场总线技术》、《楼宇自控检测技术》、《智能建筑系统集成》等课程统一为一整体并加以应用。

3. 内容与要求

（1）基本内容：建筑智能化工程实践能力培养（团队合作）。

实践案例：结合具体项目的需求，熟悉基于 LonWorks 现场总线技术进行楼宇控制系统集成的方法，并对智能温度测控节点的软硬件进行开发和设计。

案例简介及主要要求：如图 8.2.25 所示，本项目的集成系统主要包括环境温度监控系统、照明监控系统、消防报警系统、车库防盗报警系统等。其中，环境温度测控系统根据中央监控系统的设定调节不同功能区、不同时间段的温度。照明监控系统的各智能节点按中央监控系统预定的照度监控各开关工作状态，并根据光敏传感器的测试结果自动确定灯光的开启与否。消防报警系统通过设在不同位置的火灾探测器提供的信息自动进行火灾报警。车库报警系统通过闭路电视监视和电控锁结合对车库进行防盗管理。中央监控系统监视和管理所连子网及所有现场智能节点，监视节点的运行状态、管理显示屏幕、实现对节点的手动操作或控制等。

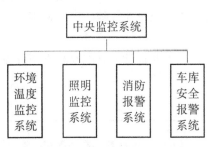

图 8.2.25　楼宇控制集成系统结构框图

配合项目的具体需求，主要要求学生在企业导师与学校指导教师的带领下，合作完成智能温度测控节点的软硬件设计与开发。对于每个温度测控节点，要求可以采集 12 个测温点的温度数据、输出 12 路开关量控制信号，同时能实现节能运行方式的自动调整等功能。根据学生的兴趣进行硬件设计与软件设计的分组，并对各组的功能进行细化。

实践方式：以小组为单位，在企业导师的指导下，通过企业真实的业务系统的训练，使学生能够掌握企业项目具体开发流程，并能在实践训练中解决存在的问题。在项目实施过程中，实现了学生"发现问题→解决问题→成效评判→反馈"的不断循环，促进了知识传授与学生能力培养的结合，使学生在学习中实践、在实践中学习，达到提升掌握知识与运用知识能力的目的。

企业导师确定项目要求，给出可选的项目，讲解项目的具体开发流程，并对具体的操作进行演示。然后对学生分组，分组时需要考虑到学生个体的差异。接下来，每组按照以下步骤进行：

第一步，综合项目陈述阶段；第二步，项目小组筹建讨论阶段；第三步，项目小组任务分工阶段；第四步，需求分析阶段；第五步，用户需求系统设计阶段；第六步，系统方案实施阶段；第七步，系统功能目标测试阶段；第八步，答辩阶段。

企业工程实践项目应选择有应用背景的实际工程项目，具体项目有企业根据企业的实际项目来确定。

（2）基本要求：本课程采用企业导师指导与学生实践相结合的教学模式。有效实施综合实践活动需遵循下列基本要求：

① 将企业导师指导与学生主动实践相结合。在本课程中，通过企业导师带领学生进行项目实践，在实践中发现问题解决问题，将老师的有效指导与学生的主动实践有机结合起来。

② 以团队合作方式设计和实施综合实践活动。在实践过程中,学生可以将《建筑智能化工程企业认知实习》课程所学的技能和知识应用到实践项目当中。

③ 缩小课程与企业项目开发的差距。在实践中有企业导师选定学生在团队中的角色,明确各成员分工,通过企业导师指导开发项目,在实践中发现问题和解决问题,提高学生团队与企业导师的合作精神。

4. 学时分配及教学条件

本课程学时分配及教学条件见表 8.2.8。

表 8.2.8 《建筑智能化系统集成产品制造及工程企业
专业实践》课程学时分配与教学条件

教 学 项 目 名 称	学时分配		教学条件
	实践	讲授	
在老师的指导下分组确定小组负责人和小组成员		2	多媒体教学环境
企业导师进行项目的需求分析		2	多媒体教学环境
系统设计阶段	4		Office2003 等
智能温度测控节点的软硬件设计与开发	8		软件开发环境
智能温度测控节点的测试	4		软件开发环境
智能温控节点与楼宇控制系统集成的联调	8		软件开发环境
组内汇总设计文档、实践报告、安装部署、实践答辩	4		多媒体教学环境
合　　计	28	4	

注:表中给出的仅是课内学时数,项目开发需要学生付出大量的课外时间。

5. 教学方法与考核方式

(1)教学方法:

① 在项目实践之前,企业导师对项目的难易程度进行估计和分解之后,学生进行实践,对一些典型问题企业导师应及时指出。企业导师在整个项目实践阶段充当主导角色,学生项目经理充当协调配合作用,组织组内成员对问题进行讨论等任务,配合企业导师完成实际工作。

② 在项目开发全过程,企业导师对项目的实施过程进行控制和调整,并由学生项目经理对组内各模块进行整合,及时发现问题解决问题。

③ 项目结束时,由学生项目经理指定代表对项目进行结题,由其他组的成员或企业导师进行测试,之后书写相应结题文档。

(2)考核方式:本课程考核从以下几个方面进行评定成绩,包括:项目组总体要求的达到程度、项目组文档编写清晰程度、项目组个人对预设问题的完成程度等方面进行考核。表 8.2.9 是本课程考核指标和分值。此课程经理对组内成员进行评分,组内成员对经理进行评分,此项成绩与团队的集体准备情况密切相关,可以激发学生团队精神。

表 8.2.9　企业专业实践考核方式

评分单位	任　务	分　数	备　　注
小　组	达到项目总体要求	30	各部分硬件或者软件能够协同运行，且不出现运行故障
小　组	完成文档编写	20	一份文档，介绍各部分硬件或软件的设计原理及关键方法
对项目组各成员	对该组员所负责的部分，完成的情况	10	部分实现系统功能
		15	基本实现系统所需功能
		20	全部实现系统所需功能
对项目组各成员	项目组成员完成项目	30	根据成员的合作态度

6. 参考教材（注：选择天正建筑、NetViz 为开发平台）

[1] 李明海，鲁娟. 建筑智能化系统工程设计[M]. 北京：中国建材工业出版社. 2005.

[2] 王再英，韩养社，高虎贤. 楼宇自动化系统原理与应用[M]. 北京：电子工业出版社. 2008.

[3] 金陵科技学院机电学院建筑电气与智能化系. 企业专业实践指导书.

（三）课程实施与改革

首先根据实践项目设计的一般原则挑选或构思实训案例，在条件允许的情况下，建议从合作的企业项目中抽取实际的项目案例进行适当的裁剪后作为实训案例的原型。在确定案例后，可参考如下的方式进行项目设计：

（1）编写实践指导书。这是任何方式的实训都必须具备的基本实训文件，在实训指导书中根据实训大纲的要求明确实训目的、实训内容、实训组织方式、参考指南和实训考核方式等重要内容，学生在实训指导书的指导下具体实施实训。

（2）在项目设计过程中，发挥企业导师的技术顾问角色，企业导师要负责指导学生团队将新技术、新方法并应用于项目开发中，解决学生开发过程中的疑难问题；发挥经理的领导能力和任务分工能力及解决问题的能力；发挥每位学生的独立解决问题的能力和合作能力。

第三节　企业专业实践考核

一、企业专业实践考核方式与成绩评定标准

《企业专业实践》采取企业导师＋校内导师双导师指导制，考核过程中坚持双导师考核和以企业导师为主导的考核制度。同时考核制度以激发学生学习兴趣为原则，最终成绩分为优秀、良好、中等、及格和不及格五个等级。

本课程采用企业指导教师评价、校内指导教师评价和小组综合评价相结合的方法评

定成绩。

企业指导教师评价是企业指导教师针对学生在企业实习期间的表现和设计方案完善程度给出的成绩。

校内指导教师评价是校内指导教师针对最终完成的实习总结和系统方案设计给出的成绩。

小组综合评价考核方式是现场成果展示及答辩,小组每个成员进行现场口试,主要考查学生掌握技能知识的状况。

每个学生的最终成绩由企业指导教师(50%)、校内指导教师(30%)、小组综合评价成绩(20%)综合确定。具体考察表如表7.3.1所示。

二、企业专业实践总结要求

（一）实习总结要求

企业专业实践结束后,要求学生上交2 000~3 000字的实习总结,内容应包括下列几部分：

(1) 实习鉴定表。

(2) 实习企业简介。

(3) 实习的收获与认识。

(4) 对工程项目的认识与了解。

(5) 几点体会。

（二）工程项目设计方案要求

(1) 工程项目简介。

(2) 工程项目特点。

(3) 工程要求。

(4) 具体设计方案说明书。

(5) 方案对比与优化。

(6) 结论。

第九章　企业定岗实习

第一节　企业定岗实习教学大纲

一、企业定岗实习的目的

《企业定岗实习》是建筑电气与智能化专业学生第 6 学期开设的理论实践一体化课程,课程设置依据"面向应用、依托学科、以能力培养为核心、以职业素质培养为重要方面"的应用性本科专业总体改革理念。该课程将为加强学生工程实践和创新能力培养、设计和开发能力培养提供有力的保障。

实践教学是建筑电气与智能化专业人才培养的重要环节,也是创新能力培养的关键环节。必须建立多层次立体化实践教学体系,才能达到全面培养学生创新能力的目的。本课程采用职业素质训练与技术实战相结合,通过行为强化训练,让学生具备融入社会的基本职业素质;通过专业技能训练,让学生掌握建筑智能化系统开发的方法以及今后工作所应具备的专业技能,熟悉建筑智能化开发各阶段工作;通过分组方式完成项目,在个人日报、团队演讲和实训报告会,让学生管理自己、展示自我,乐观向上、充满自信,让学生在项目完成过程中训练良好的团队合作精神;通过提交一套完整的工程项目及文档材料,让学生了解所学专业技能的具体应用,真正做到学以致用。

《企业定岗实习》的教学目标就是学生综合职业素质和综合应用能力的提升,以基本实践和专业实践能力为基础,培养学生在工程环境中完成一个真实的建筑智能化系统设计、实施和调试运行的综合能力。

二、企业定岗实习内容与要求

（一）基本内容

指导学生在选定的建筑智能化开发平台上,完成建筑智能化系统集成项目开发的各个实践环节,并通过穿插的技术讲座,使学生了解当前流行的开发方法与技术。

建筑智能化系统集成项目应选择有应用背景的实际工程项目。供选择的参考题目包括:

（1）智能建筑综合布线系统设计。

（2）智能建筑消防系统集成设计。

（3）智能建筑安防系统集成设计。

（4）智能建筑空调控制系统集成设计。

（5）智能建筑照明控制系统集成设计。

（6）智能建筑电梯控制系统集成设计。

（7）智能建筑给排水控制系统集成设计。

（8）智能建筑能耗绩效系统集成设计。

（二）基本要求

（1）本课程为综合性课程，在此之前，学生已修完大部分专业基础课、专业主修课和专业特色必修及选修课。在实践过程中，应指导学生把学习过的各门分立课程知识有效地联系贯穿起来，达到综合运用所学专业知识的目的。

（2）本课程实训项目设置是为缩小课堂教学与实际工作岗位需求的差距，使学生在大学学习阶段就可以直接接触到实际的工作环境和氛围，真实体验和熟悉职场环境，同时获得专业和职业能力。因此，应由有行业经验的专业教师及企业导师负责组织课程，并为学生创建一个较真实岗位工作情景。

（3）本课程实训项目不仅要引导学生应用已学过的专业知识，还应结合实践的具体课题补充前沿的新知识、新技术。要适时地为学生提供新旧知识之间的联系线索，引导学生在原有知识技能的基础上拓展出新的知识技能，以培养和提升学生的职业竞争能力和发展潜力，体现理论实践一体化课程的特点。

三、企业定岗实习方式

本课程的教学模拟建筑智能化企业的工作环境和氛围，采用真实的项目内容，角色分工包括技术总监、项目经理、技术员等，具体教学方法如下：

（1）教师和企业导师作为技术总监，首先要给出一个明确的任务描述、设计要求；学生作为员工将以项目小组为单位组成开发团队，每个小组由一名学生担任项目经理，组内成员有明确的分工。

（2）在开发过程中，每个项目小组有独立进行项目规划的机会，项目小组每周要求有周例会，确定小组每周工作计划，提交小组每周工作日志；每个员工可以自行组织、安排自己的学习行为，每天需要提交工作日志。

（3）技术总监在开发过程中充当顾问和主持人角色，负责指导项目小组学习新技术并应用于项目开发中，穿插进行相关的技术讲座；引导项目小组进行组内研讨、组间交流和评比，促进员工之间的沟通和互动；监督员工遵循行业规范进行设计开发，注重培养员工的职业素质。

（4）项目开发过程中，各项目组要参加公开的开题答辩、系统集成介绍、建筑智能化系统开发、项目难点及特色介绍。答辩过程中，每个组员的表现将对小组成绩产生直接影响，以此强调团队合作精神。

（5）项目开发结束，每个项目小组要提交成果展示和相关文档，技术总监将进行全面验收及评价。

四、企业定岗实习时间分配

表 9.1.1 定岗实习时间分配

序　号	实　习　内　容	实习时间(天)
1	布置任务要求、确定分组选题 设计要求	1
2	建筑智能化和系统集成项目开发规范学习	3
3	分组进行项目需求分析	3
4	分组讨论方案,进行总体设计	2
5	各组阐述设计方案、分工	1
6	方案设计	5
7	方案比对及优化 穿插新技术讲座 6～10 次 各组汇报进展符合情况	3
8	撰写设计说明书 技术方案图 验收检查 答辩	2
合　　　计		20

第二节　企业定岗实习典型教学案例

一、企业定岗实习组织形式

(1)《企业专业实践》采取集中进行课程目的说明和任务下达,让学生明白课程性质和任务。然后将同学分成 3～4 人一组,到建筑智能化工程实践教育中心的企业实习。

(2)企业和学校教师根据教学大纲要求,结合企业实际情况,对学生提出工程项目具体要求。

(3)学生根据要求,进行项目需求分析,并进行分工和系统方案设计。

(4)通过实习对设计方案进行比对和优化。

(5)根据实习积累的经验设计工程项目系统方案,完成整个工程项目。

(6)在实习结束后撰写实习报告,然后全班同学进行实习总结,交流汇报实习收获,并提交技术文档和实习总结。

具体形式:座谈、听讲座、实习、汇报交流。

二、建筑消防设备及工程企业定岗实习教学案例

（一）课程介绍

本课程是建筑电气与智能化专业学生第 6 学期开设的理论实践一体化课程，是一门长达 4 周的以真实项目内容和环境为背景的项目实践课程。课程设置目的是为学生提供前期所学知识的集成应用平台，使学生了解当前流行的测试方法与技术，最终提高学生以专业基本技能和专业核心应用能力为基础，在工程环境中参与完成一个真实系统的设计、实施和调试运行的综合能力，同时提高学生的研究创新能力。

本课程是以建筑给排水、流体输送原理、楼宇自动化技术、建筑消防系统、智能系统工程预决算等课程的基本实践能力为起点、以建筑消防系统作为主线、融入先进的设计思路与方法和相关职业素质的综合性课程。学生在此课程之前应先修建筑给排水、暖通空调技术、安全防范系统、建筑消防系统、综合布线系统、智能建筑系统集成、楼宇自动化技术、建筑供配电与照明、建筑电气控制与 PLC、智能系统工程预决算、建筑节能技术、建筑智能化工程项目管理、工程化程序设计、数据库管理技术、智能建筑信息网络系统、电梯控制技术、企业认知实习、企业工程实习等课程，并具备工程预算、绘制建筑施工图和工程项目过程管理的基本知识。

在综合性课程中，采用在企业体制和绩效标准约束下，以真实项目内容和环境为背景的实践解决方案，将把企业的管理、运作和工作等模式直接引入到课程的教学实践活动中，以项目测试驱动学生的实践活动。学生将以项目小组的形式组成测试团队，承接真实或仿真课题，并按项目管理方式接受各阶段检查，最终提交项目成果。教师及企业导师将根据项目的进展，适时提供相关新技术的知识讲座。

通过本实践课程的训练，培养锻炼项目测试能力；获取新知识的能力；团队合作能力；沟通表达能力，从而为毕业设计的完成提供基本支撑。

（二）课程教学大纲

课程名称：建筑消防设备及工程企业定岗实习。

课程性质：理论实践一体化课程。

学时学分：4 周/4 学分/64 学时。

先修课程：建筑给排水、暖通空调技术、安全防范系统、建筑消防系统、综合布线系统、智能建筑系统集成、楼宇自动化技术、建筑供配电与照明、建筑电气控制与 PLC、智能系统工程预决算、建筑节能技术、建筑智能化工程项目管理、工程化程序设计、数据库管理技术、智能建筑信息网络系统、电梯控制技术、企业认知实习、企业工程实习。

适用专业：建筑电气与智能化。

开课部门：金陵科技学院机电工程学院建筑电气与智能化系。

实施地点：南京恒天伟智能技术有限公司、普天天纪楼宇智能有限公司、南京消防器材厂。

1. 课程的地位、目的和任务

本课程是建筑电气与智能化专业学生第 6 学期开设的理论实践一体化课程，课程设置依据"面向应用、依托学科、以能力培养为核心、以职业素质培养为重要方面"的应用性

本科专业总体改革理念。该课程将为加强学生工程实践和创新能力培养、设计和测试能力培养提供有力的保障。

实践教学是建筑电气与智能化专业人才培养的重要环节，也是创新能力培养的关键环节。必须建立多层次立体化实践教学体系，才能达到全面培养学生创新能力的目的。本课程采用职业素质训练与技术实战相结合，通过行为强化训练，让学生具备融入社会的基本职业素质；通过专业技能训练，让学生掌握建筑消防设备测试的方法以及今后工作所应具备的专业技能，熟悉建筑智能化测试各阶段工作；通过分组方式完成项目，在个人日报、团队演讲和实训报告会，让学生管理自己、展示自我，乐观向上、充满自信，让学生在项目完成过程中训练良好的团队合作精神；通过提交一套完整的工程项目及文档材料，让学生了解所学专业技能的具体应用，真正做到学以致用。

本课程的教学目标就是学生综合职业素质和综合应用能力的提升，以基本实践和专业实践能力为基础，培养学生在工程环境中完成一个真实的建筑智能化系统设计、实施和调试运行的综合能力。

2. 课程与相关课程的联系

在开设本综合性课程之前应先修《建筑给排水》、《暖通空调技术》、《安全防范系统》、《建筑消防系统》、《综合布线系统》、《智能建筑系统集成》、《楼宇自动化技术》、《建筑供配电与照明》、《建筑电气控制与PLC》、《智能系统工程预决算》、《建筑节能技术》、《建筑智能化工程项目管理》、《工程化程序设计》、《数据库管理技术》、《智能建筑信息网络系统》、《电梯控制技术》、《企业认知实习》、《企业工程实习》等课程，并具备工程预算、绘制建筑施工图和工程项目过程管理的基本知识。

本课程的主要后续课程是《企业顶岗实践》、《毕业实习》。

3. 内容与要求

（1）基本内容：指导学生在选定的建筑消防设备及工程平台上，完成建筑消防设备及工程项目测试的各个实践环节，并通过穿插的技术讲座，使学生了解当前流行的测试方法与技术。

建筑消防设备及工程项目应选择有应用背景的实际工程项目主要掌握消防电气防火检测与建筑消防设施检测，包括：

① VC08感烟探测器功能试验器。

使用方法：将加烟测试器基座与头部分离（逆时针旋转），将棒香点燃直接插入底座。（棒香燃烧部位朝下，注意保证棒香在烟管的中心垂直位置，并留20毫米尾部露出，以方便取出残香。）

将加烟试验器与伸缩杆配合好，拉到所需工作长度，然后把测试器顶端触发开关顶在被测探测器下端（出烟口烟嘴预先调整到正对探测器进烟口位置），此时机内线路接通，绿色指示灯亮，风泵开始工作。这时，应开始记录响应时间，待探测器报警指示后，移开加烟测试器，风泵自动切断电源，绿指示灯灭。

② VC3.5感温探测器功能试验装置。该试验装置主要用于火灾自动报警系统调试、验收和维护检查。对感温（定温、差定温）探测器进行火灾响应试验时，使探测器加热升温，经模拟火灾条件下探测器所处环境温度变化情况。

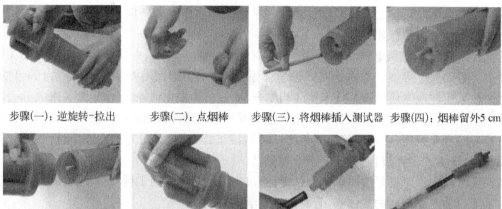

图 9.2.1　感烟探测器功能试验器使用方法图

③ SSZ-1 消火栓系统试水检测装置。该装置是用于检测室内消火栓的静水压,出水压力,并校核水枪充实水柱的专用装置。

④ ZSMZ 水喷淋系统试水检测装置。

使用方法:将接头 1 与水喷淋系统管道末端的实验阀门连接,将装置的末端的螺母 5 卸下,开启水喷淋系统末端的实验阀门即可进行检测。在检测时,装置的压力表 4 可围绕管道轴线自由转动,以便检测时观察压力表的示值。

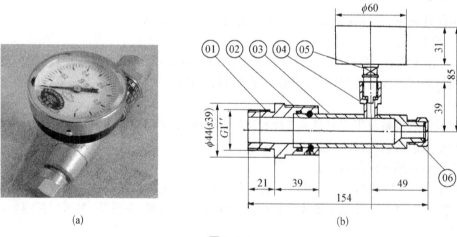

图 9.2.2

(a) 实物图;(b) 原理图

⑤ DP1000-ⅢB 数字微压计。

使用方法:测量准备:接通电源,预热 15 分钟,转动调零旋钮,使显示屏显示"000"(传感器两端等压)。

A. 测量表压。用胶管连接嘴与被测压力源,测高于大气压接正压接嘴;测低于大气压接负压接嘴。另一接嘴通大气、仪器示值即为表压。

图 9.2.3　测量表压图

B. 测量差压。仪器正、负接嘴分别接高、低压力源,读数即为差压值。(如读数显示负值,则为正、负方向接反,交换接嘴即可)。

C. 测量风速(选配)。仪器与皮托管按图9.2.5连接,用伯努利方程可计算流体中某一点流速 V。

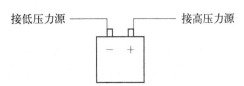

图 9.2.4　测量差压图

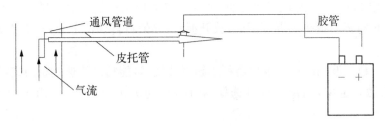

图 9.2.5　测量风速图

⑥ VC9800A＋系列数字万用表。

⑦ VC60A 数字兆欧表(绝缘电阻测试仪)。该表是低损耗高变比电感储能式直流电压变换器,能将 9 V 电压变换成 500 V/1 000 V/2 500 V 直流电压。通过模拟/数字电路进行绝缘电阻测量,用于电气绝缘电阻测试,具有整机性能稳定、显示直观、使用轻便、量程广等优点,适用于电梯、机电设备、电信系统等现场检修工作。

⑧ DM6266 数字钳形电流表。该表是一种由标准 9 V 电池驱动,LCD 显示的 31/2位数字万用表。采用全功能超载保护电路。可测量直流电压、交流电压、交流电流、电阻及通断测试。并配有 500 V 绝缘测试附件,具有绝缘测试功能。仪表结构设计合理,采用旋转式开关,集功能选择、量程选择、电源开关于一体,携带方便,是电气测量的理想工具。

⑨ CENTER329 数字声级计(噪声计)。

使用方法:

打开噪声表的电源;

选择频率加权与时间加权,如欲测量以人为感受的噪声请设定为 dBA,预测量机械噪声设定为 dBC;欲读取即时的噪声请设定为 FAST,欲读取当平均的噪声量,请设定为 SLOW;

选择适当的测量范围;

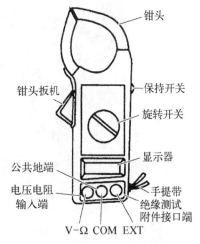

图 9.2.6　DM6266 数字钳形电流表图

图 9.2.7　数字声级计显示图

手持噪声计,以麦克风距音源约 1~1.5 m 的距离测量;

当按下"MAX"功能键时,噪声表将会锁定最大读值,再按一次则会取消此功能;

关闭噪声表的电源,若长时间不使用时请将电池取出。

⑩ CENTER350 红外线测温仪。

测量温度时,请将测温仪对准欲测物体后扣动扳机(请参考说明书上 D/S 比率),LCD 显示面板将显示或更新温度读值,放开扳机,读值将自动锁定 10 s,闲置 10 s 后自动关机。

⑪ EM57 超声波测距仪。本仪器利用超声波技术,能精确快速测量距离,计算面积和体积,并具有激光定位,测量基点可选择,存储,自动关机等功能,可用于建筑,装修,工程等。

⑫ LM8000 四合一测量仪(风速/温度/湿度/照度计)。一机四功能,风速/温度/湿度/照度计,读值锁定及记录测量中之最大/最小值,双窗口显示器,可同时显示风速/温度值。

⑬ 多功能坡度测量仪。测定倾斜面坡度(角度)的使用方法(见图 9.2.8、图 9.2.9、图 9.2.10、图 9.2.11、图 9.2.12):

A. 将测量仪与测定对象接触。

B. 旋转刻度旋轮,直到水准管气泡居中即可。

C. 读取指针尖端对准刻度的数字。

(a)　　　　　　　　　　　　　　　(b)

图 9.2.8　接触测定图

图 9.2.9　变方向测定图

可向上、向下进行测量

图 9.2.10　b 面测定图

建筑工程中需要测量边坡斜度时：请
使用测量仪 b 测定面（若要求角度，则使用
测定面 a）

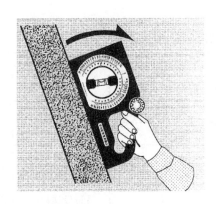

图 9.2.11　设定坡度测定图

需要设定坡度（角度）时：转动旋轮，使指
针对准设定坡度（角度）的刻度。

图 9.2.12　气泡居中测定图

将测量仪的测定面与被设定物接触，
移动被设定物，直到水准管气泡居中为止。

⑭ 垂直度测定仪。检测方法：把磁力线坠安装在检测面后，拉下附头到检测位置，因为线和检测面的距离为 60 mm 是不变的。如测量 Ⓦ 时有 60 mm 的话，不是垂直的。

⑮ DL8003 数显测电笔。感应检测方法：

A. 轻触"感应、断点测试"键，测电笔金属前端靠近被测物，若显示屏出现符号，表示物体带交流电。

B. 测量断开的电线时，轻触"感应、断点测试"键，测电笔金属前端靠近该电线的绝缘外层，高压符号出现，表示被测点带交流电，如有断线现象，在断点处高压符号消失。

C. 利用此功能可方便地分辨零、相线（测并排线路时要增大线间距离），检测微波的辐射及泄漏情况等。

D. 注意事项：按键不需用力按压，测试时不能同时接触两个测试键，否则会影响灵敏度及测试结果。本产品需要注意防潮，禁止拆卸。

⑯ E7－2 数字秒表。

（2）基本要求：

① 本课程为综合性课程，在此之前，学生已修完大部分专业基础课、专业主修课和专业特色必修及选修课。在实践过程中，应指导学生把学习过的各门分立课程知识有效地联系贯穿起来，达到综合运用所学专业知识的目的。

② 本课程实训项目设置是为缩小课堂教学与实际工作岗位需求的差距，使学生在大学学习阶段就可以直接接触到实际的工作环境和氛围，真实体验和熟悉职场环境，同时获得专业和职业能力。因此，应由有行业经验的专业教师及企业导师负责组织课程，并为学生创建一个较真实岗位工作情景。

③ 本课程实训项目不仅要引导学生应用已学过的专业知识，还应结合实践的具体课题补充前沿的新知识、新技术。要适时地为学生提供新旧知识之间的联系线索，引导学生在原有知识技能的基础上拓展出新的知识技能，以培养和提升学生的职业竞争能力和发展潜力，体现理论实践一体化课程的特点。

4. 学时分配及教学条件

本课程学时分配及教学条件见表 9.2.1。

表 9.2.1 《建筑消防设备及工程企业定岗实习》课程学时分配与教学条件

教学项目名称	学时分配		教学条件
	实践	讲授	
布置任务要求、确定分组选题		1	多媒体教学环境
VC08 感烟探测器功能试验器	2		消防设施检测工具箱
VC3.5 感温探测器功能试验装置	2		消防设施检测工具箱
SSZ-1 消火栓系统试水检测装置	2		消防设施检测工具箱
ZSMZ 水喷淋系统试水检测装置	2		消防设施检测工具箱
DP1000-IIIB 数字微压计	2		消防设施检测工具箱
VC9800A+系列数字万用表	2		消防设施检测工具箱
VC60A 数字兆欧表（绝缘电阻测试仪）	2		消防设施检测工具箱
DM6266 数字钳形电流表	2		消防设施检测工具箱
CENTER329 数字声级计（噪声计）	2		消防设施检测工具箱
CENTER350 红外线测温仪	2		消防设施检测工具箱
EM57 超声波测距仪	2		消防设施检测工具箱
LM8000 四合一测量仪（风速/温度/湿度/照度计）	4		消防设施检测工具箱
多功能坡度测量仪	1		消防设施检测工具箱
垂直度测定仪	1		消防设施检测工具箱
DL8003 数显测电笔	1		消防设施检测工具箱
E7-2 数字秒表	1		消防设施检测工具箱
合　计	30	1	

注：表中给出的仅是课内学时数，项目测试需要学生付出大量的课外时间。

5. 教学方法与考核方式

(1) 教学方法：本课程的教学模拟建筑智能化企业的工作环境和氛围，采用真实的项目内容，采用消防设施检测工具箱进行项目检测。

① 教师和企业导师作为技术总监，首先要给出一个明确的任务描述、检测要求；学生作为员工将以项目小组为单位组成测试团队，每个小组由一名学生担任项目经理，组内成员有明确的分工。

② 在项目检测过程中，每个项目小组有独立进行项目规划的机会，项目小组每周要求有周例会，确定小组每周工作计划，提交小组每周工作日志；每个员工可以自行组织、安排自己的学习行为，每天需要提交工作日志。

③ 技术总监在测试过程中充当顾问和主持人角色，负责指导项目小组学习新设备与工具并应用于项目检测中，穿插进行相关的技术讲座；引导项目小组进行组内研讨、组间交流和评比，促进员工之间的沟通和互动；监督员工遵循行业规范进行设计测试，注重培养员工的职业素质。

④ 项目检测过程中，各项目组要参加公开的开题答辩、检测设备介绍、用、项目难点及特色介绍。答辩过程中，每个组员的表现将对小组成绩产生直接影响，以此强调团队合作精神。

⑤ 项目检测结束，每个项目小组要提交成果展示和相关文档，技术总监将进行全面验收及评价。

(2) 考核方式：本课程采用过程性评价与总结性评价相结合的方法评定成绩。

过程性评价是针对每次项目小组间交流各位同学的表现给出的平时成绩，此项成绩与团队的集体准备情况密切相关，从而可以激发学生互帮互学的积极性。此项成绩采取组员间相互评价，组长评价和教师评价相结合的方式，其中组员间互评价占40%，组长评价占20%，教师评价占40%。

总结性评价则针对最终完成的程序、设计报告、总结。评价的对象主要是项目小组，考核方式是现场成果展示及技术特色陈述。该评价由答辩小组确定，项目组成员成绩相同。

6. 参考文献

[1] 李天荣.建筑消防设备工程[M].重庆：重庆大学出版社.

[2] 黄民德，季中，郭福雁.建筑电气工程施工技术[M].北京：高等教育出版社.

[3] 姜文源.建筑灭火设计手册[M].北京：中国建筑工业出版社.

[4] 金陵科技学院建筑电气与智能化教研室自编.企业定岗实习实践指导书.

(三) 课程实施与改革

1. 课程要求

(1)《建筑消防设备及工程企业定岗实习》以每5～6人组成一个项目测试小组，分工合作，完成在该项目测试的全过程。

(2) 模拟建筑智能化系统集成企业实际项目测试背景，将企业的管理、运作和工作等模式直接引入到课程的教学实践活动中。教师、学生都要适应角色的转换：教师兼有组织者、公司负责人、技术顾问和用户的多重身份，负责项目的管理、技术指导和项目验收；

学生则以职业者的身份,承担项目的测试工作。

(3) 通过具体的项目实战,学生可以将已学理论知识进行整合并向实践转化。

(4) 在项目测试过程中,引导学生通过多种渠道解决技术难点,磨炼独立获取新知识、解决具体问题的能力。

(5) 培养团队合作精神,项目测试小组应集体进行项目规划,组员要有具体的分工和紧密的合作,鼓励团队集体攻关,培养学生的集体荣誉感。

2. 课程内容

课程实践项目选择有应用背景的实际工程项目,采用以下消防设施检测工具箱内工具进行项目检测:VC08 感烟探测器功能试验器;VC3.5 感温探测器功能试验装置;SSZ-1消火栓系统试水检测装置;ZSMZ 水喷淋系统试水检测装置;DP1000-IIIB 数字微压计;VC9800A＋系列数字万用表;VC60A 数字兆欧表(绝缘电阻测试仪);DM6266 数字钳形电流表;CENTER329 数字声级计(噪声计);CENTER350 红外线测温仪;EM57 超声波测距仪;LM8000 四合一测量仪(风速/温度/湿度/照度计);多功能坡度测量仪;垂直度测定仪;DL8003 数显测电笔;E7-2 数字秒表。

3. 课程实施过程

课程分为项目组成立、项目组选题、项目测试、项目验收四个阶段。

(1) 项目组成立阶段:教师作为管理者,首先提供一个平台供学生进行项目经理的竞选;选定项目经理后,由项目经理组织自己的测试团队,成立项目组,并进行分工。

(2) 分组选题阶段:教师作为组织者,首先要给出有实际应用背景的、供选择的测试题目。项目组将通过小组讨论选择相应的测试题目。如有多组选择同一题目,将由教师组织选题答辩,最终确定各小组的选题。

(3) 项目测试阶段:

教师:

① 作为组织者,教师要引导项目小组进行组内研讨、组间交流和评比,促进学生之间的沟通和互动。

② 作为公司负责人的角色,教师要随时检查项目的进展情况,监督学生遵循行业规范进行测试,注重培养学生的职业素质。

③ 作为技术顾问的角色,教师要负责指导学生团队学习新技术并应用于项目测试中,并穿插进行相关的技术讲座。

④ 作为用户的角色,教师要与项目小组深入讨论项目测试方法,适时提出修改意见。

学生:

① 以小组为单位进行项目分析并制定测试进度计划,编写《系统规格说明书》。

② 以小组为单位进行项目功能、数据库及实施方案的设计,并针对主要功能测试原型,编写《系统设计报告》。

③ 每个学生必须独立完成项目组中的一个或多个测试模块。

④ 各项目组要派代表参加公开的开题答辩、测试计划、项目难点及特色介绍等组间交流。代表由组内人员轮流出任。

(4) 项目验收阶段:项目测试结束,每个团队要进行成果展示,并提交相关测试文档。

每个学生应提交个人日志、个人总结，小组提交每周的会议记录、小组周日志等过程管理文档。教师将对各项目组的成果进行全面验收，并针对各组员承担的具体任务进行答辩，最终给出一个全面的评价。

三、安全防范系统工程企业定岗实习教学案例

（一）课程介绍

本课程是建筑电气与智能化专业学生第 6 学期开设的理论实践一体化课程，是一门长达 4 周的以真实项目内容和环境为背景的项目实践课程。课程设置目的是为学生提供前期所学知识的集成应用平台，使学生了解当前流行的综合布线系统开发方法与技术，最终提高学生以专业基本技能和专业核心应用能力为基础、在工程环境中参与完成一个真实系统的设计、实施和调试运行的综合能力，同时提高学生的研究创新能力。

本课程是以安全防范术、工程制图、智能建筑信息网络系统等课程的基本实践能力为起点、以建筑物安全防范系统开发过程作为主线、融入先进的开发技术和相关职业素质的综合性课程。学生在此课程之前应先修安全防范系统、建筑供配电与照明、工程制图、建筑节能技术、建筑智能化工程项目管理、智能建筑信息网络系统、企业认知实习、企业工程实习等课程，并具备工程预算、绘制建筑施工图和工程项目过程管理的基本知识。

在综合性课程中，采用在企业体制和绩效标准约束下，以真实项目内容和环境为背景的实践解决方案，将把企业的管理、运作和工作等模式直接引入到课程的教学实践活动中，以项目开发驱动学生的实践活动。学生将以项目小组的形式组成开发团队，承接真实或仿真课题，并按项目管理方式接受各阶段检查，最终提交项目成果。教师及企业导师将根据项目的进展，适时提供相关新技术的知识讲座。

通过本实践课程的训练，培养锻炼建筑智能化系统集成开发的能力、获取新知识的能力、团队合作能力、沟通表达能力，从而为毕业设计的完成提供基本支撑。

（二）课程教学大纲

课程名称：建筑综合布线产品制造及工程企业定岗实习。

课程性质：理论实践一体化课程。

学时学分：4 周/4 学分/64 学时。

先修课程：安全防范系统、建筑供配电与照明、工程制图、建筑节能技术、建筑智能化工程项目管理、智能建筑信息网络系统、企业认知实习、企业工程实习。

适用专业：建筑电气与智能化。

开课部门：金陵科技学院机电工程学院建筑电气与智能化系。

实施地点：江苏跨域信息科技发展有限公司、南京恒天伟智能技术有限公司、普天天纪楼宇智能有限公司。

1. 课程的地位、目的和任务

本课程是建筑电气与智能化专业学生第 6 学期开设的理论实践一体化课程，课程设置依据"面向应用、依托学科、以能力培养为核心、以职业素质培养为重要方面"的应用性本科专业总体改革理念。该课程将为加强学生工程实践和创新能力培养、设计和开发能力培养提供有力的保障。

实践教学是建筑电气与智能化专业人才培养的重要环节,也是创新能力培养的关键环节。必须建立多层次立体化实践教学体系,才能达到全面培养学生创新能力的目的。本课程采用职业素质训练与技术实战相结合,通过行为强化训练,让学生具备融入社会的基本职业素质;通过专业技能训练,让学生掌握建筑综合布线系统开发的方法以及今后工作所应具备的专业技能,熟悉综合布线系统建设流程中的各阶段工作;通过分组方式完成项目,在个人日报、团队演讲和实训报告会,让学生管理自己、展示自我、乐观向上、充满自信,让学生在项目完成过程中训练良好的团队合作精神;通过提交一套完整的工程项目及文档材料,让学生了解所学专业技能的具体应用,真正做到学以致用。

本课程的教学目标就是学生综合职业素质和综合应用能力的提升,以基本实践和专业实践能力为基础,培养学生在工程环境中完成一个真实的建筑智能化系统设计、实施和调试运行的综合能力。

2. 课程与相关课程的联系

在开设本综合性课程之前应先修《安全防范系统》、《建筑供配电与照明》、《工程制图》、《建筑节能技术》、《建筑智能化工程项目管理》、《企业认知实习》、《企业工程实习》、《智能系统工程预决算》、《建筑节能技术》、《建筑智能化工程项目管理》等课程。并具备工程预算、绘制建筑施工图和工程项目过程管理的基本知识。

本课程的主要后续课程是《企业顶岗实践》、《毕业实习》。

3. 内容与要求

(1)基本内容:指导学生了解当前流行的安全防范系统技术,建筑消防设备及工程项目应选择有应用背景的实际工程项目主要掌握可视对讲系统、闭路电视监控系统、周边防越报警系统。

① 可视对讲系统。建成后的小区定位为高档住宅小区,小区区内环境优美,因此系统的设置一定要兼顾整体环境,公共区域的公用设备和户内住户使用的设备,要求使用方便且与周围环境相协调。

随着 e 时代信息产业的飞速发展,IT 技术正在改变人们生活的方方面面。近年来,国家建设部大力推进住宅产业建设的步伐,建筑行业得到快速发展,随着现代数字和网络化的不断发展,建筑中的智能小区日渐增多,智能建筑逐步普及到住宅小区。如今智能建筑通过对建筑物的四个基要素(结构、系统、服务和管理),以及它们之间的内在联系。以最优化的设计,提供一个投资合理,又拥有高效率、舒适、温馨、便利以及安全的居住环境。

系统简介:

CNAEC2801 系统主要由系统门口机、系统电源、楼层解码器、信息发布模块、住户分机、管理机和其他辅助器材等组成。

系统门口机:供业主和来访者使用,呼叫住户分机,并与之通话。

系统电源:不间断的给系统所有的器材提供工作电源,保证系统的正常运行。

楼层解码器:接收来自门口机总线上的呼叫信息,解码后呼叫相应的住户分机,其还有住户故障隔离功能。

信息发布模块:接收来自管理软件发布的信息,并发布到相应的分机;可每层增加一个或每单元增加一个该模块。

住户分机：接收来访者和管理员的呼叫并与之通话，可遥控开启防盗门，并可接收发布的信息。

管理机：与门口机和住户相互呼叫并与之对讲，给指定的门口机开锁，可显示当前时间、住户房号、报警呼叫、报警类型、故障提示。

辅助器材：主要包括 H1608(16 路交换机)、DLD－8H(8 路信号集线器)、DLC－280(3 路切换器)等。

2801 小区智能管理系统具有以下优点：

方便性：门口机模块化设计，通过不同的模块组合，实现用户要求的不同功能。

人性化：全中英文的显示操作界面，不仅适合不同人群的操作习惯，也使系统调试更加直观。

经济性：系统用线更加减少，系统施工更加经济。

功能性：各模块均由 CPU 操控，使得系统承题功能完善，门口机功能强大，住户分机具有可选和弦铃声、音量调节、免打扰、来电显示、门铃加装、二次确认等更加实用功能。

维护性：模块化专业设计使系统的维护更加简单便捷。

系统特点：

系统容量：单元最多可设置 10 个单元门口机，单元最大容量达 2 040 户；联网可设置 99 个主入口，可配置 999 个单元，系统联网总容量可达 2 037 960 户。

楼内走线：CNAEC2801 系统楼内总线采用标准 RS485 总线结构，总线距离达到 1 200 m，超过此距离可以加放大器延伸；住户线采用电流环方式，最远距离可达到 100 m。

联网方式：CNAEC2801 系统联网采用标准 RS485 总线结构，总线距离达到 1 200 m，超过此距离可以加放大器延伸。

密码设置：可选择公共密码开门或住户密码开门，最大存储容量为 2 040 条密码信息，最大查询时间是 0.5 s。

选择公共密码开门时，一个门口机只能设置一个开门密码。

设置住户密码开门时(只有单元门口机可以，主入口等门口机除外)，可以每户设置一个开门密码，开门时需要密码＋房号输入确认的方式。

门口机最大可存储 60 160 条开门记录信息，可设置缺省、上传、记录三种工作方式；记录具有上传和删除功能。

a. 缺省状态下开门信息既不上传也不存储；

b. 上传状态下开门信息要求上传到 PC 机，PC 机回复后不再发送；

c. 记录状态下开门信息记录在该门口机中。

记录溢出有报警输出，当前记录条数和最大记录存储容量的差值为 1 000 条时，每增加 50 条记录报警输出一次，当记录全部满时，每开一次门报警输出一次。

系统界面：可选择中文显示或英文显示，方便不同区域客户的使用。

地址设置：门口机可设置使用于 280 系统或 2801 系统，能设置为主入口门口机或单元门口主机，在系统中一机多用。

信息发布：信息发布功能必须结合 CNAEC IDMSV2.0 版本的软件才能正常工作。

② 壁挂免提可视分机。功能和参数：分机型号：VT－502I；壁挂式安装方式；免提通话；有监视、开锁和呼叫管理机功能；信息查询功能；多种和弦铃声可选；免打扰功能；可增加二次确认功能；可外接门铃；外形尺寸：220×190×52 mm。

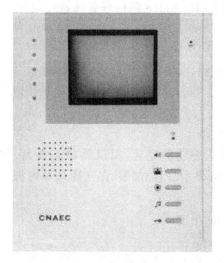 

图 9.2.13　壁挂免提可视分机　　　图 9.2.14　管理机

③ 系统电源 PW6(L)。功能和参数：PW6 为系统电源；PW6L 为门口机电源；PW6L 带开锁电路；系统断电，自动切换到备用电源；有过流过压保护电路；有过冲过放保护电路；可供 15 台可视分机(报警除外)；输出电压：DC18 V±0.1 V；额定电流：2.5 A；外形尺寸：164×234×72 mm。

④ 管理机 DGS－2801。功能和参数：不锈钢外壳，美观大方；四排 32 位中文液晶显示；接收住户、访客呼叫并通话；可主动呼叫住户、给指定的门口机开锁；能循环存储呼叫信息、开锁信息各 8 000 条；循环存储报警信息 3 200 条(每警种 640 条)；可设定各种和弦铃声、可设置闹铃功能；提供 RS485－232 转换功能和接口；工作电压：AV220 V 50 Hz；工作电流：≤0.25 A；工作温度：－30℃～＋70℃；外形尺寸：400×300×118 mm。

⑤ 16 路交换机 H1608。功能和参数：使用于 CNAEC280/2801 系统；最多可同时实现 8 对通信；能实现多管理机通道的切换；能实现多主入口门口机的通道切换；每个通道是有工作状态指示灯；工作电压：DC18 V；外形尺寸：280×230×(9＋60)mm。

⑥ 路信号集线器 DLD－8H。功能和参数：适用于 CNAEC 所有数码系统联网；8 路数据信号高速中继；端口通信故障自动隔离；8 路音频信号无优先级自动切换；每个通道是有工作状态指示灯；工作电压：DC18 V；外形尺寸：280×230×(9＋60)mm。

⑦ 路联网切换器 DLC－280。功能和参数：适用于 CNAEC 所有数码系统联网；3 路数据信号高速中继；端口通信故障自动隔离；8 路音频信号无优先级自动切换；工作电压：DC18 V；外形尺寸：230×180×70 mm。

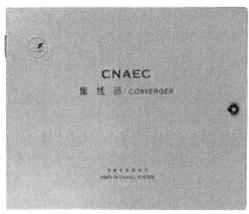

图 9.2.15　CNAEC

⑧ 管理软件 CANEC IDMS。功能和参数：PIII450 以上的处理器；128 M 以上（推荐 256 M）；VGA 或更高分辨率的监视器；24 倍 CD-ROM 驱动器；1.5 G 以上的可用硬盘空间；有空余的串行通讯端口；键盘和鼠标；操作系统装有 Office 软件；Microsoft Windows 2000/XP/2003 或 Windows NT 操作系统。

管理软件必须在 PC 机上使用，软件对 PC 机的要求如下：

模块化设计：IDMS 软件采用模块化设计，整个软件分成信息发布模块、门禁管理模块和安防管理模块三个部分，用户可以根据实际情况购买相应部分的软件模块。

操作简单：IDMS 软件采用 Windows 标准 MDI 风格设计；会使用 Windows 操作系统、办公软件的人员，只需简单培训，就能很快能熟练进行操作。

安全可靠：采用分级管理，给用户对系统进行层次管理，对不同的用户级别就具有不同的管理权限，提供更安全可靠的方法，IDMS 一共分二个级别，一级是管理员（Administrator），二级是普通用户（Ordinary User）。

高效率：高速安全的通讯程序，可以持续不停地实时收集各门口机所产生的事件，将所有收集的事件进行分类，同时保存到数据库进行管理。

实时监控：在不断电的情况下，可以进行 24 小时实时监控小区内的各种报警事件比如：刷卡信息失败、密码开门错误（连续三次进行报警）、住户室内报警（包括煤气报警、烟雾报警、红外报警、紧急报警、防拆报警、报警盒报警）；可设置报警电子地图。

信息发布：可输入信息后通过软件发送到指定的门口机、住户，也可广播式群发到所有门口机或所有住户。

（2）闭路电视监控系统。

① 设计功能描述：在小区的各主要出入口、公共广场、周界围墙、地下停车场安装摄像机采集的图像信号通过传输电缆传送至小区的保安监控中心，监控中心的控制主机将视频画面显示到若干台监视器上，监控中心保安值班人员通过监视器，可随时发现可疑迹象，以便及时采取行动，特殊地点还可通过对摄像机的控制跟踪可疑人员，同时还可以第一时间通知现场保安，以防患于未然。监控中心还通过采用硬盘录像机，将多

个摄像机的画面进行记录保存,定期存档,其清晰的图像存储质量和长时间的存储,非常方便在发生事故后重放,搜索事故线索,同时可以为各种可能发生的法律纠纷提供切实的证据。

② 系统结构:

传输部分:包括视频同轴电缆、控制电缆、电源电缆。各组团与小区中心控制室采用光纤传输,保证传输质量,降低成本。

传输部分主要传输的内容是图像信号及控制信号,因此图像信号经过传输部分后,不应产生明显的噪声、失真(色度信号与亮度信号均不产生明显失真),并能保证图像信号的清晰度和灰度等级没有明显的下降。因此在整个系统的传输部分设计中,应充分地考虑到传输系统的衰减、噪声、干扰、幅频特性和相频特性等因素。

本系统中各摄像机距控制室距离超过同轴电缆的传输距离,因此信号的传输均采用光缆于同轴电缆传输方式,光缆传输图像信号具有传输距离远、传输质量好、保密性好、抗干扰能力强等优点。

控制线采用带有护套的两芯双绞线。

前端摄像机视频信号全部进入主控中心控制设备,是完全建立在有信号传输的基础上,传输线路的路由设计尽量做到路由短捷、安全可靠、施工维护方便;尽量避开恶劣的环境条件或易使管线损伤的地方;尽量不与其他管线交叉跨越。

系统的传输媒介为电缆传输,整个电缆架设要考虑到环境因素、抗干扰、抗雷击等因素,保证视频图像质量。采用设备、部件的视频输入和输出阻抗以及视频电缆的特性阻抗均为 75 Ω。

监控中心控制部分:根据前端安装监控点的具体情况,中央主控系统采用康特尔CTR-2024 硬盘录像控制主机,该款嵌入式硬盘录像机集成了画面分割处理、影像压缩、数字存储、动态侦测、警报控制、云镜控制等多种功能,同时处理 16 路图像,不需复杂的安装和开机程序,即插即用,操作界面简单方便,其显示为实时显示,但记录总资源为 60 幅/秒,系统自动根据画面的变化率来调节各个监控点的资源数。高速球的控制操作,选用一台 PIH-800II 控制键盘。监控室内同时设置两台 21 寸彩色监视器,一台为 16 画面,一台为固定一路重点画面,对于出现问题的地点,可以迅速地调出来,同时还可以对重要地点设置动态报警,出现情况后画面能自动弹出,并有蜂鸣声提示。

图 9.2.16　高速球形摄像机 PIH-0509L

系统设备参数:高速球形摄像机 PIH-0509L(内装 PIH-7122/2 摄像机)。利凌企业精心开发的第三代恒速球型摄影机,具有高画质、高清晰度及高灵敏度的数字化处理摄影机,水平清晰度达 480 电视线,最低照度为 0.01LUX/F1.6,具有彩色转黑白的功能,提供 25 倍光学变焦,具 360°连续旋转,可采用天花板嵌入或吸顶两种安装方式。

性能特点:独创超强变焦功能:22 倍光学变焦;超高清晰度:570TV LINES(黑白),480TV LINES(彩色),可选彩色或黑白,Day and Night 功能;最低照度 0.01LUX(黑白模式)0.1LUX(彩色模式);线性 2 倍电子式灵敏度;自动对焦和单发自动对焦及手动对焦调整;自动光圈和手动光圈调整;OSD 显示及设定摄影机功能;内置镜头焦距:$f=3.8\sim95$ mm;高信噪比:50 dB 以上水平 360°连续旋转,垂直-5 ～+95°旋转,180°高速水平反转。

图 9.2.17　黑白摄像机 PIH - 6026

图 9.2.18　精工镜头

③ 黑白摄像机 PIH - 6026 系列。性能特点:1/3″ CCD 图像传感器;水平分辨率:>480 TV 线;光照度:1.0LUX;信噪比:≥50 dB;具有逆光补偿功能;自动跟踪白平衡;相位锁定;镜头选择,DC、VIDEO 可选;工作电压,12 V/24 V/220 V 可选;功耗:350 mA;工作温度:-10 至+50℃;尺寸:70×58×114(宽×高×深)mm;重量:600 g。

④ 精工镜头。性能特点:规格:1/3″;接口:CS;焦距:5~60 mm(手动);视角:广角时 52.5×39.4/望远时4.6×3.4;最小物距:0.3 m;镜头长度:59.2 mm;光圈:DC 驱动(自动);重量:95 g。

⑤ 一体化黑色摄像机 PIH - 7122。性能特点:高灵敏度 1/4″ Sony Super HAD CCD;480 线高清晰影像;最低照度:彩色 1.0LUX/黑白 0.01 LUX;自动光圈/自动聚焦;22 倍光学变焦;10 倍数码放大;中文/英文 OSD 菜单选择。

图 9.2.19　一体化黑色摄像机 PIH - 7122

表 9.2.2　产品参数

型　号	PIH - 7122(2)	
名　称	彩色转黑白型一体化摄影机	
扫描系统	2:1 Interlace	
扫描频率	59.94 Hz(H)/50 Hz(V)	
传感器	1/4 Inch Interline Transfer Super HAD CCD	
自动增益	More Than 48 dB (AGC Off)	
清晰度	480 线	彩色 480 线/黑白 570 线
视频输出	1.0 Vp-p (75 Ohms,composite)	
镜　头	22 倍光学变焦(F1.6,$f=3.9\sim85.8$ mm)	
数码放大	10x (Total Zoom Ratio:220x)	
变焦速度	5.25 秒(可选)	
视　角	47 degree (wide)/3 degree (tele)	

最低照度	1.0LUX	彩色 1.0LUX/黑白 0.01LUX
OSD 菜单	中文/英文	
背光补偿	开/关	
负片功能	开/关	
聚 焦	自动/手动	
白平衡	自动/手动	
亮度调整	手动	
锐利度	手动	
快 门	1/50 ～1/10 000 s	
输 出	电源/控制：6 芯线 视频：BNC/S 端子	
电 源	DC12 V	
消耗功率	最大 4.2 W/350 mA	
尺 寸	60×60.4×103 mm(W·H·D)	
重 量	345 g	

图 9.2.20 PC 式数字硬盘录像机

⑥ PC 式数字硬盘录像机 CTR‑2024。性能特点：MPEG‑4 全硬件(DSP)压缩方式,16 路图像实时显示、实时录制、实时回放,精确音频伴随;系统采用 Windows2000 Professional 操作系统,性能极其稳定;录制、回放、刻录、网络传输可同步进行,一机多功;专用软件设计,人性化全图形操作界面,开机自行进入/退出自动关机;1/4/9/16 画面分割及全屏幕显示功能;时间、日期、摄像机中文台标、录制方式 OSD 显示功能;动态码率调整,根据图像变化状况随时调整数据存储量;五级录制质量分级选择,各级别动态码率上限控制功能;可控帧率,全面控制不同监控时段或监控状态(报警/非报警、运动检测)下的录制帧率变化;固定硬盘、活动硬盘可根据用户的需求灵活配置,自动识别、全面兼容;全功能的云台镜头控制界面和通信协议自定义功能,系统可配接任何解码器;可设定并控制高速快球的全方位无级变速运行、预置位、巡逻等所有功能;自动定时录制、报警启动录制、移动侦测录制的时段可分别定义,每种录制方式下每个摄像机每天可设定 10 个时段;先进的"图像预录"功能,提前预录移动侦测或报警发生前 5 秒以上的图像,确保录制信息完整、没有遗漏;视频信号丢失报警功能;通过声音和警视标志闪烁,提示管理人员视频图像丢失的情况;断电时文件自动存盘保护功能,确保录制文件的完整、可靠,不因突然断电丢失录制信息;可外接 16 路报警控制单元,实现自动设防/撤防、报警联动输出控制、报警电子地图显示,以应对各类报警管理需求。

⑦ 17 寸黑白监视器 PIH-21C。利凌公司的专业监视器系列产品,主要功能是将摄像机输出的复合视频信号(CVBS)或 SVHS 信号处理后在 CRT 上显示监控目标的图像;同时它也将监控现场拾音器输出的音频信号进行放大由喇叭发出声音,以便实施视音频监控。一般来说,彩监应具备以下基本功能:图像质量高,抗干扰能力强;可输入多路 CVBS 信号和 SVHS 信号,且可环接输出;PAL/NTSC 两种制式自动转换;OSD 屏显,蓝屏。为了使彩监具备这些功能,在彩监的设计中广泛使用了许多新技术,最新的 I2C 总线控制技术、新型水平清晰度电路(包括轮廓校正电路和动态噪声抑制电路)、黑电平延伸电路、彩色瞬态增强电路及枕形失真校正电路等,且这些新技术或电路均通过功能极强的 TV 处理器 IC 或其他 IC 来实现。

其性能参数如下:

采用直角平面型专业监视管,有效消除屏幕四周之图像畸变;采用 I2C 总线最新控制电路,整机可靠性大大提高;带黑电平延伸电路及图像清晰度提升电路,使图像对比度和清晰度进一步提高;带瞬态增强电路,使彩色更鲜艳明丽;可接收 2 路复合视频信号及 2 路音频信号输入,手动切换显示;提供一组 Y/C 输入端子,以供对图像质量要求更高之场合使用;具终端负载自动匹配功能,当不使用环接端子时,输入端子终端负载为 75 Ω,当使用环接端子时,75 Ω 终端负载将被自动解除;具中英文屏幕菜单,可通过屏幕菜单进行监视器之操作设定;采用防干扰金属外壳,有效提高整机防干扰能力。

⑧ 控制系统。

性能特点:

预组装系统:系统最多可接 48 个输入和 8 个输出,预组装简化了矩阵切换控制器的选择。

用菜单综合设置:系统有专用的编程监视器接口,用于连接监视器显示屏幕菜单,可通过 AD2078X、AD2079X、ADTT 系统键盘进行编程,设置系统的各项参数。一项安全措施。

优先级操作:规定口令有 8 个优先等级,进一步限制无关人员设置和控制系统。

系统可划分:明确规定了键盘、监视器、摄像机之间的关系,进一步增强了系统的安全性。

成组切换:可将多台摄像机同时切换到多台相邻的监视器上,有 64 个独立的摄像机分组(并行/分组),每组最多 16 台摄像机,每组摄像机可用手动调用显示,或作为通用巡视的一部分。

通用的巡视/序列:可建立摄像机或分组摄像机的 64 个巡视/序列,便于随时切换到监视器上。每个巡视最多有 64 个位置,用来插入驻留时间不同的摄像机图像,还可插入每台摄像机的景物预置和辅助功能。巡视可以正向或反向运行,包括同一台摄像机的多次进入巡视或单个摄像机的多个景物预置进入巡视在内。这种巡视可以连在一起,组成的序列数可大于 64 台摄像机,序列巡视中自动跳过与监视器无关的摄像机。

自动调用:为用户提供可编程的 35 个时间,可实现每天、每周的自动布撤防,自动调用监视器巡视序列。

监视器单独巡视:操作人员可随时规定任意监视器上的摄像机巡视/序列。这些序列最多有 64 个位置,用来插入驻留时间不同的摄像机。同一台摄像机可在多个位置插入序列。

屏幕显示可选择:每个视频输出上可插入日期、时间、监视器号和监视器状态、摄像机号码及 10 个汉字或常用字符的可编程字幕。日期格式可规定为月/日/年、日/月/年或年/月/日,屏幕显示使用带黑框的白色字符,以增加光照变化时的读出效果。本系统为用户提供摄像机号码–文字控制和或日期/时间的有/无控制。文字控制包括水平和垂直定位以及调节显示亮度。

现场控制:在摄像机现场,解码器控制每台摄像机的(变速、恒速)云台的动作,还可控制电动镜头、辅助功能和 72 个预置点。(请参考专用解码器资料,可提供所有规格的解码器)

自动报警调用 1 024 个报警输入:报警输入可编程,把任何一台摄像机或分组的摄像机导引到监视器或监视器组上。每台摄像机可启动景物预置,辅助功能,选择不同的驻留时间(1~60 s),每台监视器有 15 个报警显示消除方式可以选择。

报警联系表:规定报警触点调用的摄像机画面在那个监视器上显示。五个报警联系表可编程。

报警显示方式:对某台监视器或一组监视器用户可选择:

● 顺序方式:在监视器上按顺序切换显示多个报警,图像驻留时间可设定。

● 保持方式:显示初次报警的图像,以后发生的报警按顺序排队。当第一个报警被清除后,第二个报警才显示在监视器上。

● 双监视器方式:第一个监视器上显示最早报警的图像,第二个监视器显示随后的报警图像。当第一个监视器上的报警被清除后,第二个监视器的第一个报警移到第一个监视器上显示。这样的监视器对可以有 64 对。

● 块顺序方式:分别在一组监视器上显示报警图像,每个监视器上的报警图像顺序切换显示。

● 块保持方式:分别在一组监视器上显示报警图像,每个监视器上的报警图像固定显示,直到第一个报警被清除后才显示第二个报警画面。

报警消除方式:用户可选择,适用于每台监视器。

● 立刻清除。这种报警清除方式是通过报警触点自动清除来完成的。一旦报警取消,则对应的监视器上的报警画面被清除。可以根据需要加上手动清除方式。

● 自动清除(当报警触点断开 20 s 后,系统自动地清除报警响应)。这种报警清除方式是通过报警触点自动清除来完成的。一旦报警取消,在 20 s 延时后,报警画面将自动地从它的监视器上消除。可以根据需要加上手动清除方式。

● 手动清除(通过按 ACK 键来确认报警)。操作者可通过 AD1676BX、AD2078X、AD2079X、ADTT 键盘来清除报警。

数据存储:所有用户的编程数据诸如系统划分、摄像机循环巡视、标题、报警配置、端口配置的接法等存储在有备用电池的存储中,断电后信息最少可保存 5 年。

多级控制功能:矩阵主机通过系统之间的 RS–232 端口和视频进行连接,并在菜单中设置相应的参数,可以实现视音频运程切换,远程摄像机控制,远程系统编程设置,以及远程报警信号传送和联动等功能。

网络对时：当多个矩阵联网时，需要统一所有系统的时间和日期信息。矩阵主机具有手动对时功能。在控制中心执行对时功能后，所有下级矩阵的时间和日期均被修改为控制中心的数值。

（3）周界防范报警系统。

① 概述：周界防范报警系统主要监视小区周边情况，防止非法入侵。通常小区周边的范围大，不同的小区周边条件和环境不同，传统的围墙加人防很难实现全面有效的管理，周界防范报警可对小区周界实行 24 小时全天候监控，使保安人员能及时准确地了解小区周界的情况，可实现自动报警及警情记录以便事后查询。

② 系统设计说明：结合安防设施的技术特点，并从小区智能化系统整体管理考虑，根据招标文件要求，设计在小区各组团分别建成独立的周界围墙上安装主动式红外对射探测器，中心设置报警接收主机等设备，构成小区的周界防越报警系统。

系统设计将防范区域进行合理划分，尽可能做到报警时准确定位，每个区域防范范围控制在人眼可视视野内。

为减少系统的管线敷设，避免中心/前端管线繁多、杂乱，不利于后期的管理维护等问题。系统采用总线制传输报警方式，从中心到前端探测器只需要一根总线即可。前端探测器均通过总线式报警输入模块接入周界报警系统总线，在管理中心通过总线制报警接收主机、系统管理计算机及管理软件对报警信号进行接收，并外接声光报警器，在报警时实现声光提示；设置电子地图，在报警时显示报警区域。系统管理软件具有事件记录功能，对每一次的报警事件以及处理情况等相关信息进行记录存储，便于管理、查询。

系统同时具有联动闭路电视监控系统的功能，在报警的同时，可联动闭路电视监控系统，实现对报警现场监控画面的单幅显示及实时录像。

周界防越报警系统主要设备采用艾丽富公司的产品进行设计，北京小区广泛采用该产品，是性价比较高的设备。

根据系统设备的分布情况，将系统设备划分为前端设备和中心设备两部分分别进行设计。

前端设备：主要是探测器，小区周界地势平坦，因此探测器选用对射式主动红外探测器，为适应室外天气，减少误报，探测器选用六射束的红外电子围栏。

红外探测器负责对非法翻越进行探测。当探测到有非法翻越时，探测器发出报警信号，并通过报警线路传输至管理中心，管理中心的保安人员通过管理软件和电子地图可以迅速确定非法翻越的具体位置。

主动式红外对射探测器采用双束红外光，避免落叶、小鸟等造成的误报，同时红外对射探测器内设环境识别电路，在恶劣天气下可自动降低灵敏度，减少系统误报。

前端探测器组成的防区分别对应一个单防区输入模块，各探测器单独作为一个防区接入单防区输入模块的输入端口，输入模块通过系统总线归入中心的报警主机。

通过防区输入模块，各探测器之间的布线可实现总线方式进行连接，节省了室外管、线的施工，同时也便于系统的扩展。

探测器设置：根据小区实际情况，采用每组团分别围合方式，具体设备数量请参阅设备统计表。

探测器的安装：非法入侵者通过围墙时通常是翻越，因此对射应该安装在围墙上面，根据以往的经验，安装时探头底部距离铁栅栏顶部15～20 cm为宜。并要注意以下几个方面：

直线铁栅栏是否存在波浪形落差；

拐弯的地方要作为对射的安装点；

注意周围的树木是否对对射产生影响；

实际使用应控制在标准距离的60%～70%左右（技防办设计规范的要求）。

中心设备：主要包括报警接收设备和报警显示设备。

报警接收设备：选用总线制报警主机负责前端报警信号的接收，同时中心的声光报警器发出声光提醒中心值班人员。中心管理员可通过操作键盘以及系统管理计算机可完成对前端报警系统的状态控制，如布防、撤防等。

报警显示设备：为能更直观的提示保安人员报警的防区，建议在报警中心设置一台警号和一个周界模拟显示屏1.5 m（长）×1 m（高），警号用于提醒保安人员注意，周界模拟显示屏用于直观地显示发生报警的防区。

系统相关设计：

报警联动：接警主机带有报警联动输出端，中心在接收到报警信号后联动报警提示发生器将提示出发生报警的位置，同时在监视中心小区周界电子地图上将显示出发生报警的防区。

报警信号的处理：中心接收到报警信号，中心管理人员通知巡逻中的保安人员或临近报警区域的保安立刻赶往现场处理。中心保安人员在现场处理完毕后，对模拟显示屏及现场声光报警器、探测器的报警状态进行恢复。中心管理人员通过系统管理软件对每次发生的报警事件的相关情况进行记录，以便核实检查。

系统供电设计：报警主机供电与主动红外探测器供电分开，报警主机供电通过其自身配置的供电装置以及备用电源，前端设备采用中心集中供电方式，中心配置UPS电源，从UPS电源出来的交流电源经周界报警系统供电设备降压、整流、滤波后提供给前端探测器，系统采用总线制方式，因此，从中心只需一路电源即可为前端探头提供所需电源。

③ 系统功能：有效防护周界区域，对翻越行为提供及时报警。

适用性强，抗误报性能较好，防范效果佳。

系统划区域管理便于报警区域的准确定位。

中心警情提示直观，警号、模拟地图等多种报警提示。

与闭路电视监控系统联动。

对报警事件、时间、位置进行记录并可打印出信息。

通过中心实现对前端设备的状态控制。

扩展性好，通过系统间的联动进一步提高周界防范效果。

④ 主要设备性能：前端设备：选用SBT系列双光束主动红外护栏探测器，其主要特

点为：艾丽富公司工程师精心打造，独特的电路和结构，不打开机壳可调整；四组三元同轴非球面精密光学透镜，增强稳定性和防误报能力；高度任意可选，完全适应各种不同的场合；可编程各种报警模式，具有防爬越、防跳跃功能；各单元垂直同轴调整，快、易、准；有线总线兼容；PC外壳配合锡合金支架，正常应用于各种恶劣环境。

图 9.2.21　SBT 双光束主动红外护栏探测器

性能参数：警戒距离：100 mA；消耗电流：40 mA；电源电压：DC10.5 V～28 V；环境温度：－25℃～＋55℃；光源：红外双光束；报警输出：接点容量 AC、DC30 V，0.5Amax，一组常开常闭触点；感应速度：50～700 msec；光轴调整角度：水平：180°(±90°)；垂直：20°(±10°)；防雷功能：防雷保护设计。

4. 教学方法与考核方式

(1) 教学方法：本课程的教学模拟建筑智能化企业的工作环境和氛围，采用真实的项目内容，采用消防设施检测工具箱进行项目检测。

① 教师和企业导师作为技术总监，首先要给出一个明确的任务描述、检测要求；学生作为员工将以项目小组为单位组成测试团队，每个小组由一名学生担任项目经理，组内成员有明确的分工。

② 在项目检测过程中，每个项目小组有独立进行项目规划的机会，项目小组每周要求有周例会，确定小组每周工作计划，提交小组每周工作日志；每个员工可以自行组织、安排自己的学习行为，每天需要提交工作日志。

③ 技术总监在测试过程中充当顾问和主持人角色，负责指导项目小组学习新设备与工具并应用于项目检测中，穿插进行相关的技术讲座；引导项目小组进行组内研讨、组间交流和评比，促进员工之间的沟通和互动；监督员工遵循行业规范进行设计测试，注重培养员工的职业素质。

④ 项目检测过程中，各项目组要参加公开的开题答辩、检测设备介绍、项目难点及特色介绍。答辩过程中，每个组员的表现将对小组成绩产生直接影响，以此强调团队合作精神。

⑤ 项目检测结束，每个项目小组要提交成果展示和相关文档，技术总监将进行全面验收及评价。

(2) 考核方式：本课程采用过程性评价与总结性评价相结合的方法评定成绩。

过程性评价是针对每次项目小组间交流各位同学的表现给出的平时成绩，此项成绩与团队的集体准备情况密切相关，从而可以激发学生互帮互学的积极性。此项成绩采取组员间相互评价，组长评价和教师评价相结合的方式，其中组员间互评价占 40%，组长评价占 20%，教师评价占 40%。

总结性评价则针对最终完成的程序、设计报告、总结。评价的对象主要是项目小组，考核方式是现场成果展示及技术特色陈述。该评价由答辩小组确定，项目组成员成绩相同。

5. 参考文献

［1］梁华.建筑弱电工程设计手册.北京：中国建筑工业出版社,2003

［2］刘晓胜等.智能小区系统工程技术导论.北京：电子工业出版社,2001

［3］朱林根.21世纪建筑电气设计手册.北京：建筑工业出版社,2001

［4］公共安全行业标准GA/T 75—94,安全防范工程程序与要求

［5］公共安全行业标准GA/T 74—2000,安全防范系统通用图形符号

［6］公共安全行业标准GA/T 367—2001,视频安防监控系统技术要求

［7］公共安全行业标准GA/T 368—2001,入侵报警系统技术要求

［8］国标GB 50198—94,民用闭路监视电视系统工程技术规范［S］.

［9］国标GB/T 16572—1996,防盗报警中心控制台［S］.

［10］国标GB 12663—20016,防盗报警控制器通用技术条件［S］.

四、建筑智能照明设备及工程企业定岗实习教学案例

（一）原则

可靠性与经济性是民用建筑供配电设计的两大指标,实际工作中经常会遇到电气设计人员一方面对设计规范断章取义,另一方面对设计规范中的指标仍嫌不足,往往还要加几级保险系数,其结果是配电设备大量轻负荷运行,说明了一些电气设计人员追求高可靠性,而往往忽视了经济性。因此,必需合理设计建筑供配电各个系统和运用先进的电气设备,这对满足民用建筑功能要求及节约建筑建造成本是极为重要的,而经济性就是要求电气设备的初期投资与运行费用达到经济合理。

（二）设计依据

（1）各市政主管部门对初步设计的审批意见。

（2）甲方设计任务书及设计要求。

（3）《民用建筑电气设计规范》JGJ/T 16—92。

（4）《10 kV及以下变电所设计规范》GB 50053—94。

（5）《供配电系统设计规范》GB 50052—95。

（6）《低压配电设计规范》GB 50054—95。

（7）《建筑物防雷设计规范》GB 50057—94(2000年版)。

（8）《高层民用建筑设计防火规范》GB 50045—95(2001年版)。

（9）《人民防空地下室设计规范》GB 50038—94。

（10）其他有关国家及地方的现行规范。

（11）各专业提供的设计资料。

（三）设计范围

本设计包括以下内容：

（1）高、低压配电系统。

（2）电力配电系统。

（3）照明配电系统。

（4）楼宇自控系统。

(5) 防雷及接地系统。

(6) 人防工程。

(7) 室外照明系统(与专业厂家配合)。

(8) 有工艺设备的场所,设计仅预留配电箱。

(9) 本工程电源分界点在高压进线柜处。

(四) 照明配电系统

(1) 光源:有装修要求的场所视装修要求商定,一般场所为荧光灯、金属卤化物灯或其他节能型灯具。光源显色指数 $Ra \geqslant 80$,色温应在 2 500 K～5 000 K 之间。厅灯光采用智能控制系统。

(2) 照度要求:办公室、厅 100～300 lx;电脑机房 150～300 lx;走道、库房等 50～100 lx。

(3) 照明,插座分别由不同的支路供电,照明为单相二线制,(ZR-)BV-2X2 mm²,所有插座回路(空调插座除外)均设漏电断路器保护。

(4) 出口指示灯、疏散指示灯采用交流两用型,内设可浮充蓄电池,采用区域集中式供电应急照明系统,持续供电时间大于 30 分钟。灯具厚度宜在 70 mm 以内。

(5) 装饰用灯具需与装修设计商定,功能性灯具如荧光灯、出口指示灯、疏散指示灯需有国家主管部门的检测报告,达到设计要求的方可投入使用。

(6) 变配电所灯具管吊式安装距地 2.8 m。有吊顶的场所,选用嵌入式格栅荧光灯(反射器为雾面合金铝贴膜),其他无吊顶场所选用控罩式(或盒式)荧光灯,链吊式安装,距地 2.7 m。地下车库为距地 2.5 m。灯管为节能型细灯管,光通量为 3 000 Lm 以上,电感式镇流器加电容补偿,$\cos \varphi \geqslant 0.90$。

(7) 灯具安装高度低于 2.4 m 时,需增加一根 PE 线,平面图中不再标注。

(8) 壁灯距地 1.8 m。灯具形式由用户确定。

(9) 地下室深照灯管吊安装,距地 4.0 m。

(10) 室外立面照明、庭院照明由专业厂家设计,设计院配合。

(五) 设备安装

(1) 变压器按环氧树脂真空浇注干式变压器设计,设强制风冷系统并设有温度监测及报警装置。接线为 D,Un11. 保护罩由厂家配套供货,防护等级不低于 IP20。变压器应设防止电磁干扰的措施,保证变压器不对该环境中的任何事物构成不能承受的电磁干扰。

(2) 高压配电柜按五防开关柜设计,柜上设电缆桥架(柜下设电缆沟);直流屏、信号屏按免维护铅酸电池组成套柜设计。

(3) 低压配电柜有固定柜,抽插式开关,落地工安装,部分开关设失压脱扣器,柜上部设电缆桥架(柜下设电缆沟)。

(4) 柴油发电机进、出风及基础的( )为设计技术依据。遥置散热器冷却。机组为应急自启动型,应急起动装置及相关成套设备由厂家成套供货。机房的进、排风条件,订货前由厂家配合土建审核,保证满足机组的正常运行。遥置散热器及机房消音处理由厂家负责完成,保证达到环保的要求。

(5) 各层照明配电箱,除竖井内明装外,其他均为暗装(剪力墙上除外);安装高度均为底边距地 1.4 m。客房内配电箱吊顶明装,此处吊顶留检修口。应急照明箱箱体,应作防火处理(刷防火漆)。

(6)动力箱、控制箱均为竖井,机房、车库内明装,其他暗装,箱体高度 600 mm 以下,底边距地 1.4 mm;600～800 mm 高,底边距地 1.2 m;800～1 000 mm 高,底边距地 1.0 m;1 000～1 200 mm 高,底边距地 0.8 m;1 200 mm 以上的,为落地式安装,下设 300 mm 基座。

(7)照明开关、插座均为暗装,除注明者外,均为 250 V,10 A,应急照明开关应带指示灯。插座均为单相两孔＋三孔安全型插座。除注明者外,卫生间插座底边距地 1.2 m,电热水器插座底边距地 2.0 m,其他插座均为底边距地 0.3 m;开关底边距地 1.4 m,距门框 0.2 m(有架空地板的房间,所有开关、插座的高度均为距架空地板的高度)。卫生间内开关,插座选用防潮防溅型面板。有淋浴、浴缸的卫生间内开关、插座及其他电器应设在 2 区以外。

(8)电缆桥架:平面图中未注明桥架均为 CT-100X100。竖井内竖向桥架应与平面图水平桥架连接。若竖井内桥架为梯架,则横担间距不应大于 300 mm,竖向电缆应按规定间距固定。平面中桥架安装时尽量往上抬,至少应满足底距吊顶 50 mm。桥架施工时,应注意与其他专业的配合。

(9)电缆桥架穿过防烟分区、防火分区、楼层时应在安装完毕后,用防火材料填充堵死。

(10)吊顶内风机盘管电源预留在吊顶内,风机盘管至调速开关线均为 BV-7x1.0SC20,平面图中不再标注。调速开关底边距地 1.4 m。

(11)插接母线选用三相五线密集型铜制母线(4＋1 型),在竖井内明敷,插接箱内开关均设分励脱扣装置。插接母线终端头应封闭,并在适当位置加膨胀节,每层宜为双插口。

(12)冷冻机房内电缆、导线水平及垂直部分均匀桥架敷设。冷冻机启动柜的选择、进出线方式应与设计协商。

(13)出口指示灯在门上方安装时,底边距门框 0.2 m;若门上无法安装时,在门旁墙上安装,顶距吊顶 50 mm;出口指示灯明装;疏散诱导指示灯暗装,底边距地 0.3 m。

(14)高压分界小室内设备由供电局选型。

(15)水泵、空调机、新风机、各类风机等设备电源出线口的具体位置,以设备专业图纸为准。

(16)与设备配套的控制箱、柜,订货前应与设计人员配合。

(六)电缆、导线的选型及敷设

(1)高压电缆选用 YJV-10kV 交联聚氯乙烯绝缘,聚氯乙烯护套铜芯电力电缆。

(2)低压出线电缆选用(ZR-)YJV-T-1kV 交联聚氯乙烯绝缘,聚氯乙烯护套铜芯(A 类、B 类、C 类阻燃)电力电缆,工作温度:90℃;应急母线出线选用(NH-)YJV-T-1kV 交联聚氯乙烯绝缘,聚氯乙烯护套铜质(A 类、B 类耐火)电力电缆,工作温度:90℃电缆明敷在桥架上,普通电缆与应急电源电缆应分设桥架,竖井内距离应大于 300 mm 或采用隔离措施。若不敷设在桥架上,应穿镀锌钢管(SC)敷设。50 mm² 及以下,每 30 m 设一拉线盒;70～95 mm²,每 20 m 设一拉线盒子;120～240 mm²,每 18 m 设一拉线盒。

(3)本工程 SC 管均为镀锌钢管。

(4)所有支线除双电源互投箱出线选用(NH-)BV-500 V 聚氯乙烯绝缘(耐火型)

导线,至污水泵出线选用 VV39 型防水电缆外,其他均选用(ZR-)BV-500 V 聚氯乙烯绝缘(阻燃)导线,穿镀锌钢管(SC)暗敷。在电缆桥架上的导线应按回路塑料管或采用(ZR-)BVV-500 V 型导线。

(5) 控制线为(VR-)KVV 型电缆,与消防有关的控制线为 NF-KVV 耐火型电缆。

(6) 应急照明支线应穿镀锌钢管暗敷在楼板或墙内,由顶板接线盒子至吊顶灯具一段线路穿钢质(耐火)波纹管或普利卡管,普通照明支线穿镀锌钢管暗敷在楼板或吊顶内;机房内管线在不影响使用及安全的前提下,可采用镀锌钢管、金属线槽或电缆桥架明敷设;屋顶管线敷设。

(7) BAS 控制箱之间有用 SC20 镀锌钢管连接,全部串在一起引至()层 BAS 控制室。

(8) 电缆连接或分支处,采用 IPC 绝缘穿刺线夹,以达到良好的电气接触及绝缘、防水、防腐蚀的要求。

(9) 所有穿过建筑物伸缩缝,沉降缝的管线应按《建筑电气安装工程图集》中有关的要求施工。

五、建筑中央空调设备及工程企业定岗实习教学案例

(一) 课程介绍

本课程是建筑电气与智能化专业学生第 6 学期开设的理论实践一体化课程,是一门长达 4 周的以真实项目内容和环境为背景的项目实践课程。课程设置目的是为学生提供前期所学知识的集成应用平台,使学生了解当前流行的测试方法与技术,最终提高学生以专业基本技能和专业核心应用能力为基础,在工程环境中参与完成一个真实系统的设计、实施和调试运行的综合能力,同时提高学生的研究创新能力。本课程的实习时间、实习内容、授课人和地点如表 9.2.3 所示。

表 9.2.3　定岗实习教学案例

实习时间	实　习　内　容	授课人职务职称介绍	地　　点
1 天	企业简介:企业概况、企业经营理念、企业所取得的成绩、发展方向、企业看重的人才参观企业	企业总经理	公司
2 天	参观学习公司已完成的建筑电气系统工程案例	技术总经理	所做工程
1 天	提出项目设计要求	技术总经理	公司
2 天	建筑电气系统工程设计方法、流程及规范	技术总经理	公司
1 天	收集资料,规划方案	技术总经理	公司
4 天	建筑电气系统工程设计	技术总经理	公司
4 天	建筑电气智能控制系统设计	技术总经理	公司
3 天	系统比对及实习验证	技术总经理	公司
1 天	系统方案调整	技术总经理	公司
1 天	实习总结交流	技术总经理;高级工程师	公司会议室

本课程是以建筑给排水、流体输送原理、楼宇自动化技术、暖通空调技术等课程的基本实践能力为起点、以暖通空调技术作为主线、融入先进的设计思路与方法和相关职业素质的综合性课程。学生在此课程之前应先修建筑给排水、暖通空调技术、热工学原理、企业认知实习、企业工程实习等课程,并具备暖通空调系统、绘制建筑施工图和工程项目过程管理的基本知识。

在综合性课程中,采用在企业体制和绩效标准约束下,以真实项目内容和环境为背景的实践解决方案,将把企业的管理、运作和工作等模式直接引入到课程的教学实践活动中,以项目设计驱动学生的实践活动。学生将以项目小组的形式组成团队,承接真实或仿真课题,并按项目管理方式接受各阶段检查,最终提交项目成果。教师及企业导师将根据项目的进展,适时提供相关新技术的知识讲座。

通过本实践课程的训练,培养锻炼项目维修能力、获取新知识的能力、团队合作能力、沟通表达能力,从而为毕业设计的完成提供基本支撑。

（二）课程教学大纲

课程名称：建筑中央空调设备及工程企业定岗实习。

课程性质：理论实践一体化课程。

学时学分：4 周/4 学分/64 学时。

先修课程：建筑给排水、暖通空调技术、安全防范系统、建筑消防系统、综合布线系统、智能建筑系统集成、楼宇自动化技术、建筑供配电与照明、建筑电气控制与 PLC、建筑节能技术、建筑智能化工程项目管理、智能建筑信息网络系统、企业认知实习、企业工程实习。

适用专业：建筑电气与智能化。

开课部门：金陵科技学院机电工程学院建筑电气与智能化系。

实施地点：南京五洲制冷集团公司。

1. 课程的地位、目的和任务

本课程是建筑电气与智能化专业学生第 6 学期开设的理论实践一体化课程,课程设置依据"面向应用、依托学科、以能力培养为核心、以职业素质培养为重要方面"的应用性本科专业总体改革理念。该课程将为加强学生工程实践和创新能力培养、设计和维修能力培养提供有力的保障。

实践教学是建筑电气与智能化专业人才培养的重要环节,也是创新能力培养的关键环节。必须建立多层次立体化实践教学体系,才能达到全面培养学生创新能力的目的。本课程采用职业素质训练与技术实战相结合,通过行为强化训练,让学生具备融入社会的基本职业素质;通过专业技能训练,让学生掌握建筑消防设备维修的方法以及今后工作所应具备的专业技能,熟悉建筑智能化维修各阶段工作;通过分组方式完成项目,通过个人日报、团队演讲和实训报告会,让学生管理自己、展示自我,乐观向上、充满自信,让学生在项目完成过程中训练良好的团队合作精神;通过提交一套完整的工程项目及文档材料,让学生了解所学专业技能的具体应用,真正做到学以致用。

本课程的教学目标就是学生综合职业素质和综合应用能力的提升,以基本实践和专业实践能力为基础,培养学生在工程环境中完成一个真实的建筑智能化系统设计、实施和调试运行的综合能力。

2. 本课程与相关课程的联系

在开设本课程之前应先修《建筑给排水》、《暖通空调技术》、《安全防范系统》、《综合布线系统》、《智能建筑系统集成》、《楼宇自动化技术》、《建筑供配电与照明》、《建筑电气控制与PLC》、《建筑节能技术》、《建筑智能化工程项目管理》、《智能建筑信息网络系统》、《企业认知实习》、《企业工程实习》等课程，并具备系统设计维护、绘制建筑施工图和工程项目过程管理的基本知识。

本课程的主要后续课程是《企业顶岗实践》、《毕业实习》。

3. 内容与要求

(1) 基本内容。指导学生在选定的建筑消防设备及工程平台上，完成建筑中央空调设备及工程项目维修的各个实践环节，并通过穿插的技术讲座，使学生了解当前流行的维修方法与技术。

建筑消防设备及工程项目应选择有应用背景的实际工程项目主要掌握中央空调系统的类型与区别，包括：

① 制冷压缩机性能测试。通过此项目，可以了解单级蒸汽压缩制冷机实验系统和制冷机的运行操作；掌握小型单级制冷压缩机主要性能参数的测试和仪表的使用；了解国际标准 GB/T 5773—2004 容积式制冷压缩机性能实验方法；掌握制冷压缩机的工况分析和实验数据整理方法；初步掌握实验工况的有关规定。

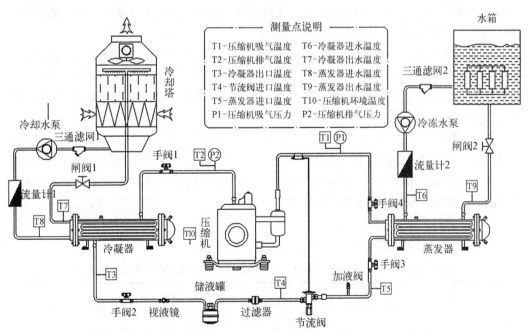

图 9.2.22　小型制冷装置流程图

② 基于 LonWorks 技术的新风空调教学实验。通过该实验，掌握基于 LonWorks 技术新风空调系统的工作原理、掌握基于 LonWorks 技术新风空调系统的安装与连接，使学生能够独自构建新风空调系统，会使用 LonMaker 对新风空调系统进行组网，能够使用 Intouch 软件对新风空调系统界面进行设计。

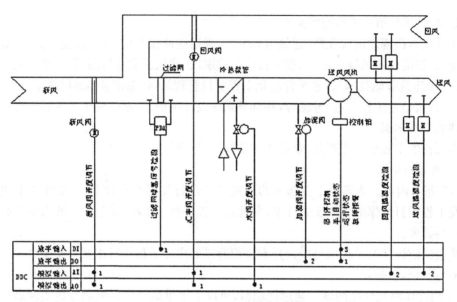

图 9.2.23　新风机监控图示

（2）基本要求：

① 本课程为综合性课程,在此之前,学生已修完大部分专业基础课、专业主修课和专业特色必修及选修课。在实践过程中,应指导学生把学习过的各门课程知识有效地联系贯穿起来,达到综合运用所学专业知识的目的。

② 本课程实训项目的设置是为缩小课堂教学与实际工作岗位需求的差距,使学生在大学学习阶段就可以直接接触到实际的工作环境和氛围,真实体验和熟悉职场环境,同时获得专业和职业能力。因此,应由有行业经验的专业教师及企业导师负责组织课程,并为学生创建一个较真实岗位工作情景。

③ 本课程实训项目不仅要引导学生应用已学过的专业知识,还应结合实践的具体课题补充前沿的新知识、新技术。要适时地为学生提供新旧知识之间的联系线索,引导学生在原有知识技能的基础上拓展出新的知识技能,以培养和提升学生的职业竞争能力和发展潜力,体现理论实践一体化课程的特点。

4. 学时分配及教学条件

本课程学时分配及教学条件见表 9.2.4。

表 9.2.4　《建筑中央空调设备及工程企业定岗实习》课程学时分配与教学条件

教 学 项 目 名 称	学时分配		教 学 条 件
	实践	讲授	
布置任务要求、确定分组选题		2	多媒体教学环境
制冷压缩机性能测试	15		小型制冷剂
基于 LonWorks 技术的新风空调教学实验	15		新风空调系统
合　　计	30	2	

注：表中给出的仅是课内学时数,项目测试需要学生付出大量的课外时间。

5. 教学方法与考核方式

(1) 教学方法：本课程的教学模拟建筑智能化企业的工作环境和氛围，采用真实的项目内容，采用消防设施检测工具箱进行项目检测。

① 教师和企业导师作为技术总监，首先要给出一个明确的任务描述、检测要求；学生作为员工将以项目小组为单位组成测试团队，每个小组由一名学生担任项目经理，组内成员有明确的分工。

② 在项目检测过程中，每个项目小组有独立进行项目规划的机会，项目小组每周要求有周例会，确定小组每周工作计划，提交小组每周工作日志；每个组员可以自行组织、安排自己的学习行为，每天需要提交工作日志。

③ 技术总监在测试过程中充当顾问和主持人角色，负责指导项目小组学习新设备与工具并应用于项目检测中，穿插进行相关的技术讲座；引导项目小组进行组内研讨、组间交流和评比，促进员工之间的沟通和互动；监督组员遵循行业规范进行设计测试，注重培养员工的职业素质。

④ 项目检测过程中，各项目组要参加公开的开题答辩、检测设备介绍、用、项目难点及特色介绍。答辩过程中，每个组员的表现将对小组成绩产生直接影响，以此强调团队合作精神。

⑤ 项目检测结束，每个项目小组要提交成果展示和相关文档，技术总监将进行全面验收及评价。

6. 参考文献

[1] 赵荣义. 空气调节[M]. 北京：中国建筑工业出版社. 2009.

[2] 黄民德，季中，郭福雁. 建筑电气工程施工技术[M]. 北京：高等教育出版社. 2004.

[3] 姜文源. 建筑灭火设计手册[M]. 北京：中国建筑工业出版社. 1997.

[4] 金陵科技学院建筑电气与智能化教研室自编. 企业定岗实习实践指导书.

(三) 课程实施与改革

1. 课程要求

(1)《建筑中央空调设备及工程企业定岗实习》以每 5～6 人组成一个项目测试小组，分工合作，完成在该项目测试的全过程。

(2) 模拟建筑智能化系统集成企业实际项目测试背景，将企业的管理、运作和工作等模式直接引入到课程的教学实践活动中。教师、学生都要适应角色的转换：教师兼有组织者、公司负责人、技术顾问和用户的多重身份，负责项目的管理、技术指导和项目验收；学生则以职业者的身份，承担项目的测试工作。

(3) 通过具体的项目实战，学生可以将已学理论知识进行整合并向实践转化。

(4) 在项目测试过程中，引导学生通过多种渠道解决技术难点，磨炼独立获取新知识、解决具体问题的能力。

(5) 培养团队合作精神，项目测试小组应集体进行项目规划，组员要有具体的分工和紧密的合作，鼓励团队集体攻关，培养学生的集体荣誉感。

2. 课程内容

课程实践项目选择有应用背景的实际工程项目，采用以下消防设施检测工具箱内工具进行项目检测：制冷压缩机性能测试；基于 LonWorks 技术的新风空调教学实验。

3. 课程实施过程

课程分为项目组成立、项目组选题、项目测试、项目验收四个阶段。

（1）项目组成立阶段：教师作为管理者，首先提供一个平台供学生进行项目经理的竞选；选定项目经理后，由项目经理组织自己的测试团队，成立项目组，并进行分工。

（2）分组选题阶段：教师作为组织者，首先要给出有实际应用背景的、供选择的测试题目。项目组将通过小组讨论选择相应的测试题目。如有多组选择同一题目，将由教师组织选题答辩，最终确定各小组的选题。

（3）项目测试阶段：

教师：

① 作为组织者，教师要引导项目小组进行组内研讨、组间交流和评比，促进学生之间的沟通和互动。

② 作为公司负责人的角色，教师要随时检查项目的进展情况，监督学生遵循行业规范进行测试，注重培养学生的职业素质。

③ 作为技术顾问的角色，教师要负责指导学生团队学习新技术并应用于项目测试中，并穿插进行相关的技术讲座。

④ 作为用户的角色，教师要与项目小组深入讨论项目测试方法；适时提出修改意见。

学生：

① 以小组为单位进行项目分析并制定测试进度计划，编写《系统规格说明书》。

② 以小组为单位进行项目功能、数据库及实施方案的设计，并针对主要功能测试原型，编写《系统设计报告》。

③ 每个学生必须独立完成项目组中的一个或多个测试模块。

④ 各项目组要派代表参加公开的开题答辩、测试计划、项目难点及特色介绍等组间交流。代表由组内人员轮流出任。

（4）项目验收阶段：项目测试结束，每个团队要进行成果展示，并提交相关测试文档。每个学生应提交个人日志、个人总结，小组提交每周的会议记录、小组周日志等过程管理文档。教师将对各项目组的成果进行全面验收，并针对各组员承担的具体任务进行答辩，最终给出一个全面的评价。

六、建筑电梯制造及工程企业定岗实习教学案例

（一）课程介绍

本课程是建筑电气与智能化专业学生第 6 学期开设的理论实践一体化课程，是一门长达 4 周的以真实项目内容和环境为背景的项目实践课程。课程设置目的是为学生提供前期所学知识的集成应用平台，使学生了解当前流行的建筑智能化系统开发方法与技术，最终提高学生以专业基本技能和专业核心应用能力为基础，在工程环境中参与完成一个真实系统的设计、实施和调试运行的综合能力，同时提高学生的研究创新能力。

本课程是以智能建筑系统集成、楼宇自动化技术、工程化程序设计、智能系统工程预决算等课程的基本实践能力为起点，以智能建筑系统开发过程作为主线，融入先进的开发

技术和相关职业素质的综合性课程。学生在此课程之前应先修电工学、电子技术、现场总线网络、暖通空调技术、安全防范系统、建筑消防系统、综合布线系统、智能建筑系统集成、楼宇自动化技术、建筑供配电与照明、建筑电气控制与PLC、智能系统工程预决算、建筑节能技术、建筑智能化工程项目管理、工程化程序设计、数据库管理技术、智能建筑信息网络系统、电梯控制技术、企业认知实习、企业工程实习等课程,并具备建筑智能化系统组态软件开发的能力、数据库基本应用能力和工程项目过程管理的基本知识。

在综合性课程中,采用在企业体制和绩效标准约束下,以真实项目内容和环境为背景的实践解决方案,将把企业的管理、运作和工作等模式直接引入到课程的教学实践活动中,以项目开发驱动学生的实践活动。学生将以项目小组的形式组成开发团队,承接真实或仿真课题,并按项目管理方式接受各阶段检查,最终提交项目成果。教师及企业导师将根据项目的进展,适时提供相关新技术的知识讲座。

通过本实践课程的训练,培养锻炼建筑智能化电梯控制系统集成开发的能力;获取新知识的能力;团队合作能力;沟通表达能力,从而为毕业设计的完成提供基本支撑。

(二)课程教学大纲

课程名称:建筑电梯制造及工程企业定岗实习。

课程性质:理论实践一体化课程。

学时学分:4周/4学分/64学时。

先修课程:电工学、电子技术、现场总线网络、暖通空调技术、安全防范系统、建筑消防系统、综合布线系统、智能建筑系统集成、楼宇自动化技术、建筑供配电与照明、建筑电气控制与PLC、智能系统工程预决算、建筑节能技术、建筑智能化工程项目管理、工程化程序设计、数据库管理技术、智能建筑信息网络系统、电梯控制技术、企业认知实习、企业工程实习。

适用专业:建筑电气与智能化。

开课部门:金陵科技学院机电工程学院建筑电气与智能化系。

实施地点:南京电梯有限公司、南京宁奥电梯工程有限公司、南京普天天纪楼宇智能有限公司、南京消防器材厂。

1. 课程的地位、目的和任务

本课程是建筑电气与智能化专业学生第6学期开设的理论实践一体化课程,课程设置依据"面向应用、依托学科、以能力培养为核心、以职业素质培养为重要方面"的应用性本科专业总体改革理念。该课程将为加强学生工程实践和创新能力培养、设计和开发能力培养提供有力的保障。

实践教学是建筑电气与智能化专业人才培养的重要环节,也是创新能力培养的关键环节。必须建立多层次立体化实践教学体系,才能达到全面培养学生创新能力的目的。本课程采用职业素质训练与技术实战相结合,通过行为强化训练,让学生具备融入社会的基本职业素质;通过专业技能训练,让学生掌握建筑智能化系统开发的方法以及今后工作所应具备的专业技能,熟悉建筑智能化开发各阶段工作;通过分组方式完成项目,在个人日报、团队演讲和实训报告会,让学生管理自己、展示自我,乐观向上、充满自信,让学生在项目完成过程中训练良好的团队合作精神;通过提交一套完整的工程项目及文档材料,让学生了解所学专业技能的具体应用,真正做到学以致用。

本课程的教学目标就是学生综合职业素质和综合应用能力的提升,以基本实践和专业实践能力为基础,培养学生在工程环境中完成一个真实的建筑智能化系统设计、实施和调试运行的综合能力。

2. 课程与相关课程的联系

在开设本课程之前应先修《电工学》、《电子技术》、《现场总线网络》、《暖通空调技术》、《安全防范系统》、《建筑消防系统》、《综合布线系统》、《智能建筑系统集成》、《楼宇自动化技术》、《建筑供配电与照明》、《建筑电气控制与 PLC》、《智能系统工程预决算》、《建筑节能技术》、《建筑智能化工程项目管理》、《工程化程序设计》、《数据库管理技术》、《智能建筑信息网络系统》、《电梯控制技术》、《企业认知实习》、《企业工程实习等课程》。并具备面向对象程序开发的能力、数据库的基本应用能力和软件工程过程管理的基本知识。

本课程的主要后续课程是《企业顶岗实践》、《毕业实习》。

3. 内容与要求

(1)基本内容:指导学生在选定的建筑智能化开发平台上,完成建筑智能化系统集成项目开发的各个实践环节,并通过穿插的技术讲座,使学生了解当前流行的开发方法与技术。掌握电梯集选控制和并联控制方法、电梯开关门控制系统设计、电梯机械安全系统控制、电梯电气控制系统。

电梯运行方法:

① 将电梯设成单梯运行状态,观察轿厢的运动,掌握电梯集选控制原则。集选控制就是将单台电梯各楼层候梯厅的上下召唤信号与轿厢内的指令信号综合在一起进行集中控制,从而使电梯按相应的方向控制原则自动地选择运行方向和目的层站。集选控制具有一系列基本功能,功能完善,自动化程度高。集选又分双向集选和单向(上或下)集选控制,一般住宅楼可以采用下集选控制。

② 将两台电梯设成并联状态,掌握两台电梯并联控制原则。

两台电梯作并联运行时,其单机多为集选控制,这种控制方式的电梯作为并联运行时,原则如下:

甲乙两台电梯先后返回基站关门待命时,一旦出现外召唤信号,先返回基站的甲梯予以响应。

甲梯向上行驶过程中,其下方出现上召唤信号时乙梯予以响应。

甲梯在基站待命时,乙梯返回基站过程中顺向外召唤信号予以响应,上行外召唤信号和乙梯上方的外召唤信号甲梯予以响应。

上述情况外的外召信号是否响应,有设计人员根据层站数和时间原则确定。

③ 将三台电梯设成并联状态,掌握三台电梯并联控制原则。

三台电梯均在正常运行和自动运行状态下,并在共用厅外召唤信号时,便投入并联运行状态。

三电梯并联控制时,具有两电梯并联控制的所有功能,同时,电梯设计人员根据候梯时间最短原则或人、层原则确定哪台电梯响应外召信号。

④ 消防功能:在用电梯的控制系统一旦收到消防信号:处于上行时立即就近停靠,

但不开门立即返回基站停靠开门；处于下行时，直驶基站停靠开门；处于基站意外停靠开门的电梯立即关门返回基站停靠开门；处于基站关门待命的电梯立即开门。

返回基站或在基站开门后，电梯处于消防工作状态，在消防工作状态下，外召指令失效，电梯的关门起动运行和准备前往层站由消防员控制操作。

电梯开关门控制系统设计：

① 轿门：设在轿厢入口的门，由轿门板、门导轨、轿厢地坎等组成。轿厢门由门滑轮悬挂在轿门导轨上，下部由门滑块与轿厢地坎配合。

② 层门：厅设置在每个层站入口的门，由门、门导轨、层门地坎、层门联动机构及自复门机构等组成。厅门由门滑轮悬挂在厅门导轨上，下部通过门滑块与厅门地坎配合。

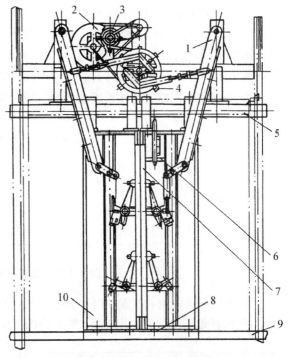

图 9.2.24　封闭式轿门结构

门地坎和门滑块是门的辅助导向组件，与门导轨和滑轮配合使厅门或轿门的运动均受导向和限位。

厅门地坎安装在厅门口的井道牛腿上，有预埋法和膨胀螺栓法。

地坎一般用铝型材制作，门滑块使用尼龙材料制作。

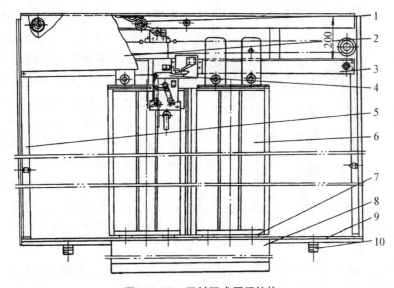

图 9.2.25　开封闭式厅门结构

③ 开关门过程：当轿厢运行到某一层站停止工作时，安装在轿门上的门刀就插入该厅门门锁（俗称钩子锁）的滚轮中。当轿厢顶上的开门电动机向开门方向旋转时，通过传动机构使轿门的门刀拨开该层厅门的门锁，带动厅门同时与轿门打开。关门时又带动厅门同时关闭，并挂好门锁，轿门上的门刀也同时离开厅门门锁，电梯启动。

④ 电梯速度曲线：电梯速度曲线必须同时满足快速性和舒适性的要求。

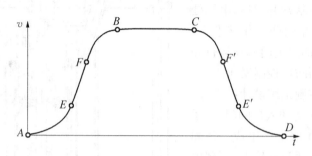

图 9.2.26   电梯理想速度曲线

⑤ 电梯门锁装置：位置，厅门内侧；作用，防止从厅门外将厅门扒开；门关闭后将层门锁紧，同时接通安全回路，使电梯方能运行的机电连锁安全装置。

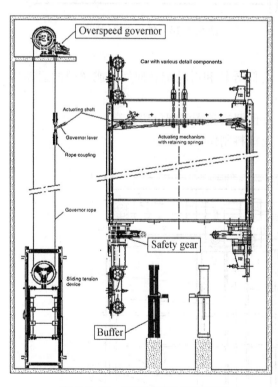

图 9.2.27   限速装置结构示意图

电梯机械安全系统控制：

① 限速器和安全钳：限速器是速度反应和操纵安全钳的装置；安全钳则是以机械动作将电梯强行制停在导轨上的机构。

限速器安装在机房，通过钢丝绳与安装在轿厢上横梁两侧的安全钳拉杆相连，电梯的运行速度通过限速器钢丝绳反映到限速器的转速上，为保证限速器的速度反映准确，在井道底坑设有涨紧装置，保证钢丝绳与限速器绳轮间有足够的摩擦力。电梯运行时，钢丝绳将电梯的升降运动转化为限速器的旋转运动，当轿厢或对重向下运动时发生打滑、断绳、失控等而出现超速向下的情况下，即旋转速度超出限速器的动作速度时，与限速器产生联动，拉杆被提起，使安全钳锲块或滚珠等产生上升或水平移动，同时使曳引机和制动器断电，使轿厢减速并被安全钳制停在导轨上。

② 缓冲器。是电梯的最后一道安全保护装置，当电梯失控冲顶或蹲底时，缓冲器将吸收和消耗电梯的冲击能量，使电梯安全减速并停止在底坑。

缓冲器安装在井道的底坑里,轿厢和对重各配有1~2个。

③ 终端保护装置。

强迫减速开关:强迫减速开关是为防止电梯失控时造成冲顶或撞底的第一道防线。它由上、下两个开关组成,分别装在井道的顶部和底部。当电梯出现失控,轿厢已到达顶层或底层而不能减速停车时,装在轿厢上的打板就会随轿厢的运行而与强迫减速开关的碰轮相接触,使开关内的接点发出指令信号,迫使电梯停驶。

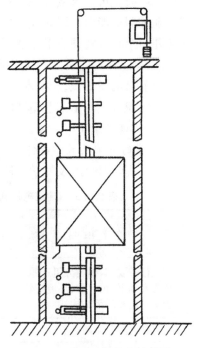

限位开关:限位开关是为了防止电梯冲顶或撞底的第二道防线。它由上、下两个开关组成,分别装在强迫减速开关上、下方。当轿厢越出顶层或底层的位置,而强迫减速开关又未能使电梯减速停驶时,上限位开关或下限位开关动作,迫使电梯停止运行。因限位开关动作而电梯被迫停驶时,电梯仍能应答层楼召唤信号,并可以向相反方向继续运行。

极限开关:当电梯失控后,第一道及第二道防线均不能使电梯停止工作时,轿厢的上或下开关打板就会随着电梯的继续运行去碰撞装在井道内的第三道防线——极限开关的碰轮。因碰轮动作,使极限开关断开电源,迫使电梯立即停止运行。

图 9.2.28　端超越保护装置

④ 电梯电气控制系统:一般由主电路、安全及门锁回路、电源、PLC的信号输入与控制输出构成。

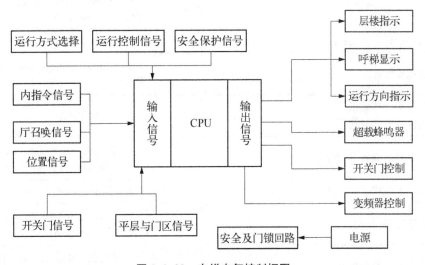

图 9.2.29　电梯电气控制框图

(2)基本要求:

① 本课程为综合性课程,在此之前,学生已修完大部分专业基础课、专业主修课和专

业特色必修及选修课。在实践过程中,应指导学生把学习过的各门分立课程知识有效地联系贯穿起来,达到综合运用所学专业知识的目的。

② 本课程实训项目设置是为缩小课堂教学与实际工作岗位需求的差距,使学生在大学学习阶段就可以直接接触到实际的工作环境和氛围,真实体验和熟悉职场环境,同时获得专业和职业能力。因此,应由有行业经验的专业教师及企业导师负责组织课程,并为学生创建一个较真实岗位工作情景。

③ 本课程实训项目不仅要引导学生应用已学过的专业知识,还应结合实践的具体课题补充前沿的新知识、新技术。要适时地为学生提供新旧知识之间的联系线索,引导学生在原有知识技能的基础上拓展出新的知识技能,以培养和提升学生的职业竞争能力和发展潜力,体现理论实践一体化课程的特点。

4. 学时分配及教学条件

本课程学时分配及教学条件见表 9.2.5。

表 9.2.5　《建筑电梯制造及工程企业定岗实习》课程学时分配与教学条件

教 学 项 目 名 称	学时分配		教 学 条 件
	实践	讲授	
布置任务要求、确定分组选题 软件实训平台、目的、环境搭建 团队开发和环境的构建		2	多媒体教学环境 软件开发环境
项目开发规范学习		2	多媒体教学环境
分组进行电梯企业项目需求分析和系统建模		2	Windows XP、Office、NetViz 软件
分组讨论方案,进行总体设计和分工 界面设计和美化	2		LonMaker、Nodebuilder、OPCServer、OPCLinker、Intouch
各组阐述设计方案、分工		2	多媒体教学环境
组内数据库设计	4		SQL Server、Oracle、Lonworks 实时数据库
各组数据库设计展示 简单组件的操作与使用		4	多媒体教学环境
组内开发技术准备、功能细化设计	4		LonMaker、Nodebuilder、OPCServer、OPCLinker、Intouch
穿插新技术讲座 6～10 次		4	多媒体教学环境
按分工进行编码、调试	4		LonMaker、Nodebuilder、OPCServer、OPCLinker、Intouch
各组汇报进展符合情况		8	LonMaker、Nodebuilder、OPCServer、OPCLinker、Intouch
组内联调	4		LonMaker、Nodebuilder、OPCServer、OPCLinker、Intouch

续　表

教 学 项 目 名 称	学时分配		教 学 条 件
	实践	讲授	
测试电梯运行并修改程序	4		LonMaker、Nodebuilder、OPCServer、OPCLinker、Intouch
组内汇总设计文档、实习报告	4		LonMaker、Nodebuilder、OPCServer、OPCLinker、Intouch
项目打包与部属配置	4		LonMaker、Nodebuilder、OPCServer、OPCLinker、Intouch
验收检查		10	LonMaker、Nodebuilder、OPCServer、OPCLinker、Intouch
合　　　计	30	34	

注：表中给出的仅是课内学时数，项目开发需要学生付出大量的课外时间。

5. 教学方法与考核方式

（1）教学方法：本课程的教学模拟建筑智能化企业的工作环境和氛围，采用真实的项目内容，角色分工包括技术总监、项目经理、技术员等，具体教学方法如下：

① 教师和企业导师作为技术总监，首先要给出一个明确的任务描述、设计要求；学生作为员工将以项目小组为单位组成开发团队，每个小组由一名学生担任项目经理，组内成员有明确的分工。

② 在开发过程中，每个项目小组有独立进行项目规划的机会，项目小组每周要求有周例会，确定小组每周工作计划，提交小组每周工作日志；每个组员可以自行组织、安排自己的学习行为，每天需要提交工作日志。

③ 技术总监在开发过程中充当顾问和主持人角色，负责指导项目小组学习新技术并应用于项目开发中，穿插进行相关的技术讲座；引导项目小组进行组内研讨、组间交流和评比，促进组员之间的沟通和互动；监督组员遵循行业规范进行设计开发，注重培养组员的职业素质。

④ 项目开发过程中，各项目组要参加公开的开题答辩、数据库设计介绍、用户界面原型设计展示、有关面向对象设计方案介绍、项目难点及特色介绍。答辩过程中，每个组员的表现将对小组成绩产生直接影响，以此强调团队合作精神。

⑤ 项目开发结束，每个项目小组要提交成果展示和相关文档，技术总监将进行全面验收及评价。

（2）考核方式：按照教学大纲要求进行评定成绩。

6. 参考文献

[1] 高安邦. LonWorks 技术开发和应用[M]. 北京：机械工业出版社. 2009.

[2] 杜明芳，毛剑瑛. 智能建筑系统集成[M]. 北京：中国建筑工业出版社. 2009.

[3] 赵杰等. SQL Server 数据库管理、设计与实现[M]. 北京：清华大学出版社. 2014.

[4] 金陵科技学院建筑电气与智能化教研室编. 企业定岗实习实践指导书.

（三）课程实施与改革

1. 课程要求

（1）本课程以当前流行的开发环境为开发平台，每 5～6 人组成一个项目开发小组，分工合作，完成在该平台上的电梯控制系统软件项目开发的全过程。

（2）模拟建筑智能化系统集成企业实际项目开发背景，将企业的管理、运作和工作等模式直接引入到课程的教学实践活动中。教师、学生都要适应角色的转换：教师兼有组织者、公司负责人、技术顾问和用户的多重身份，负责项目的管理、技术指导和项目验收；学生则以职业者的身份，承担项目的开发工作。

（3）通过具体的项目实战，学生可以将已学理论知识进行整合并向实践转化。

（4）在项目开发过程中，引导学生通过多种渠道解决技术难点，磨炼独立获取新知识、解决具体问题的能力。

（5）培养团队合作精神，项目开发小组应集体进行项目规划，组员要有具体的分工和紧密的合作，鼓励团队集体攻关，培养学生的集体荣誉感。

2. 课程内容

课程实践项目选择有应用背景的实际工程项目。供选择的参考题目如：智能建筑电梯控制系统集成设计等。

3. 课程实施过程

课程分为项目组成立、项目组选题、项目开发、项目验收四个阶段。

（1）项目组成立阶段：教师作为管理者，首先提供一个平台供学生进行项目经理的竞选；选定项目经理后，由项目经理组织自己的开发团队，成立项目组，并进行分工。

（2）分组选题阶段：教师作为组织者，首先要给出有实际应用背景的、供选择的电梯控制系统开发题目。项目组将通过小组讨论选择相应的开发题目。如有多组选择同一题目，将由教师组织选题答辩，最终确定各小组的选题。

（3）项目开发阶段：

教师：

① 作为组织者，教师要引导项目小组进行组内研讨、组间交流和评比，促进学生之间的沟通和互动。

② 作为公司负责人的角色，教师要随时检查项目的进展情况，监督学生遵循行业规范进行设计开发，注重培养学生的职业素质。

③ 作为技术顾问的角色，教师要负责指导学生团队学习新技术并应用于项目开发中，并穿插进行相关的技术讲座。

④ 作为用户的角色，教师要与项目小组深入讨论项目需求，并适时提出修改意见。

学生：

① 以小组为单位进行项目分析并制定开发进度计划，编写《系统规格说明书》。

② 以小组为单位进行项目功能、数据库及实施方案的设计，并针对主要功能开发原型，编写《系统设计报告》。

③ 每个学生必须独立完成项目组中的一个或多个业务模块，包括模块的设计、编码、测试。

④ 各项目组要派代表参加公开的开题答辩、数据库设计介绍、用户界面原型设计展示、有关面向对象设计方案介绍、测试计划、项目难点及特色介绍等组间交流。代表由组内人员轮流出任。

（4）项目验收阶段：项目开发结束，每个团队要进行成果展示，并提交相关开发文档。每个学生应提交个人日志、个人总结，小组提交每周的会议记录、小组周日志等过程管理文档。教师将对各项目组的成果进行全面验收，并针对各组员承担的具体任务进行答辩，最终给出一个全面的评价。

七、建筑综合布线产品制造及工程企业定岗实习教学案例

（一）课程介绍

本课程是建筑电气与智能化专业学生第 6 学期开设的理论实践一体化课程，是一门长达 4 周的以真实项目内容和环境为背景的项目实践课程。课程设置目的是为学生提供前期所学知识的集成应用平台，使学生了解当前流行的综合布线系统开发方法与技术，最终提高学生以专业基本技能和专业核心应用能力为基础、在工程环境中参与完成一个真实系统的设计、实施和调试运行的综合能力，同时提高学生的研究创新能力。

本课程是以综合布线技术、工程制图、智能建筑信息网络系统等课程的基本实践能力为起点、以建筑物综合布线系统开发过程作为主线、融入先进的开发技术和相关职业素质的综合性课程。学生在此课程之前应先修综合布线系统、建筑供配电与照明、工程制图、建筑节能技术、建筑智能化工程项目管理、智能建筑信息网络系统、企业认知实习、企业工程实习等课程，并具备工程预算、绘制建筑施工图和工程项目过程管理的基本知识。

在综合性课程中，采用在企业体制和绩效标准约束下，以真实项目内容和环境为背景的实践解决方案，将把企业的管理、运作和工作等模式直接引入到课程的教学实践活动中，以项目开发驱动学生的实践活动。学生将以项目小组的形式组成开发团队，承接真实或仿真课题，并按项目管理方式接受各阶段检查，最终提交项目成果。教师及企业导师将根据项目的进展，适时提供相关新技术的知识讲座。

通过本实践课程的训练，培养锻炼建筑智能化系统集成开发的能力；获取新知识的能力；团队合作能力；沟通表达能力，从而为毕业设计的完成提供基本支撑。

（二）课程教学大纲

课程名称：建筑综合布线产品制造及工程企业定岗实习。

课程性质：理论实践一体化课程。

学时学分：4 周/4 学分/64 学时。

先修课程：综合布线系统、建筑供配电与照明、工程制图、建筑节能技术、建筑智能化工程项目管理、智能建筑信息网络系统、企业认知实习、企业工程实习。

适用专业：建筑电气与智能化。

开课部门：金陵科技学院机电工程学院建筑电气与智能化系。

实施地点：江苏跨域信息科技发展有限公司、南京恒天伟智能技术有限公司、南京普天天纪楼宇智能有限公司。

1. 课程的地位、目的和任务

本课程是建筑电气与智能化专业学生第 6 学期开设的理论实践一体化课程，课程设置依据"面向应用、依托学科、以能力培养为核心、以职业素质培养为重要方面"的应用性本科专业总体改革理念。该课程将为加强学生工程实践和创新能力培养、设计和开发能力培养提供有力的保障。

实践教学是建筑电气与智能化专业人才培养的重要环节，也是创新能力培养的关键环节。必须建立多层次立体化实践教学体系，才能达到全面培养学生创新能力的目的。本课程采用职业素质训练与技术实战相结合，通过行为强化训练，让学生具备融入社会的基本职业素质；通过专业技能训练，让学生掌握建筑综合布线系统开发的方法以及今后工作所应具备的专业技能，熟悉综合布线系统建设流程中的各阶段工作；通过分组方式完成项目，在个人日报、团队演讲和实训报告会，让学生管理自己、展示自我，乐观向上、充满自信，让学生在项目完成过程中训练良好的团队合作精神；通过提交一套完整的工程项目及文档材料，让学生了解所学专业技能的具体应用，真正做到学以致用。

本课程的教学目标就是学生综合职业素质和综合应用能力的提升，以基本实践和专业实践能力为基础，培养学生在工程环境中完成一个真实的建筑智能化系统设计、实施和调试运行的综合能力。

2. 课程与相关课程的联系

在开设本课程之前应先修《综合布线系统》、《建筑供配电与照明》、《工程制图》、《建筑节能技术》、《建筑智能化工程项目管理》、《智能建筑信息网络系统》、《企业认知实习》、《企业工程实习》等课程。并具备工程预算、绘制建筑施工图和工程项目过程管理的基本知识。

本课程的主要后续课程是《企业顶岗实践》、《毕业实习》。

3. 内容与要求

（1）基本内容：指导学生在选定的综合布线系统开发平台上，完成综合布线系统开发的各个实践环节，并通过穿插的技术讲座，使学生了解当前流行的开发方法与技术。

建筑综合布线项目应选择有应用背景的实际工程项目，主要掌握布线系统的工程安装技术。

① 工作区子系统的安装。

工作区子系统的安装要求：按照国标 GB 50311—2007《综合布线系统工程设计规范》中安装工艺要求，安装在地面上的接线盒应防水和抗压，安装在墙面或柱面的信息插座底盒、多用户信息插座盒及集合点配线箱体的底部离地面的高度宜为 300 mm。每个工作区至少应配置 1 个 220 V 交流电源插座，电源插座应选用带保护接地的单相电源插座，保护接地与零线应严格分开。

信息插座的安装：信息插座的安装按照底盒、模块和面板的顺序进行。图 9.2.30 为信息插座底盒图，图 9.2.31 为模块的卡接安装图。面板安装是信息插座施工最后一个工序，一般应该在端接模块后立即进行，以保护模块。如果双口面板上有网络和电话插口标记时，按照标记口位置安装。

图 9.2.30　明装信息插座的底盒

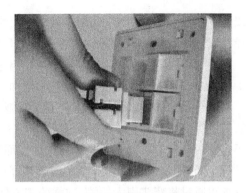

图 9.2.31　模块的卡接安装

② 水平子系统的安装。

水平子系统的安装要求：按照国标 GB 50311—2007《综合布线系统工程设计规范》中安装工艺要求，水平子系统线缆宜采用在吊顶、墙体内穿管或设置金属密封线槽及开放式（电缆桥架，吊挂环等）敷设，当缆线在地面布放时，应根据环境条件选用地板下线槽、网络地板、高架（活动）地板布线等安装方式。

水平子系统的暗埋缆线施工方法：施工程序按土建配管→穿钢丝→安装底盒→穿线→标记→压接模块→标记程序；墙内暗埋的金属或 PVC 管一般使用 $\phi16$ 或 $\phi20$ 的穿线管，$\phi16$ 管内最多穿两条 4 对双绞线，$\phi20$ 管内最多穿三条 4 对双绞线。

综合布线在拐弯处一定要做大拐弯变换。墙内暗埋塑料布线管时，要特别注意拐弯处的曲率半径。布线管大拐弯连接处不宜使用市场上购买的成品 90°弯头，因为塑料件注塑脱模原因无法生产大拐弯的 PVC 塑料弯头，宜用弯管器现场制作大拐弯的弯头，这样既保证了缆线的曲率半径，又方便轻松拉线，保护线缆外皮结构。按照 GB 50311 国家标准的规定，非屏蔽双绞线布线管的拐弯曲率半径不小于电缆外径的 4 倍，若电缆外径按照 6 mm 计算，则 $\phi20$ mm 的 PVC 管拐弯半径必须大于 24 mm，如图 9.2.32 所示。

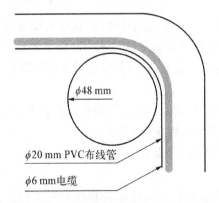

图 9.2.32　PVC 布线管弯曲半径的计算

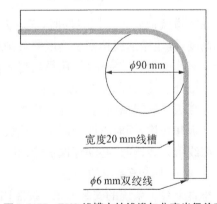

图 9.2.33　PVC 线槽内的线缆与曲率半径关系

水平子系统的明装分支线槽施工方法：布线施工程序按安装底盒→固定线槽→布线→安装线槽盖板→线缆压接模块→标记顺序。墙面明装布线时宜采用 PVC 线槽，拐弯处曲率半径容易保证。图 9.2.33 说明宽度 20 mm 的 PVC 线槽、单根直径 6 mm 的 4 对双绞线在线槽中的最大弯曲情况,布线最大曲率半径值为 45 mm(直径 90 mm),布线弯曲半径与双绞线外径的最大倍数为 45/6＝7.5 倍。

安装线槽时,首先在墙面测量并且标出适当的位置。水平安装的线槽与地面或楼板以 1 m 为基准平行,垂直安装的线槽与地面或楼板垂直,没有可见的偏差。

水平子系统的主线槽施工方法:布线施工一般在楼道墙面或者楼道吊顶上进行,程序如下:画线确定位置→安装线槽支撑架(吊竿)→安装线槽→放线→安装线槽盖板→线缆压接模块→标记。水平子系统在楼道墙面宜选择常用的尺寸比较大的标准规格塑料线槽,如果房间信息点布线管出口在楼道高度偏差太大时,宜将线槽安装在管出口的下边,将双绞线通过将弯头引入线槽,这样施工方便,外形美观,如图 9.2.34 所示。

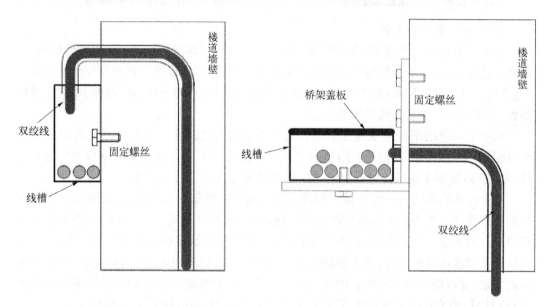

图 9.2.34 主线槽的楼道墙面安装示意图一 　　　图 9.2.35 主线槽的楼道墙面安装示意图二

在楼道墙面安装金属线槽时,安装方法也是首先根据各个房间信息点出线管口在楼道的高度,确定楼道线槽安装高度并且画线,之后按照每米安装 2～3 个 L 型支架或者三角形支架。支架安装完毕后,用螺栓将线槽固定在支架上,并且在线槽对应的房间信息点出线管口处开孔,如图 9.2.35 所示。

在楼板吊装线槽时,首先确定线槽安装高度和位置,并且安装膨胀螺栓和吊杆,其次安装挂板和线槽,同时将线槽固定在挂板上,最后在线槽开孔和布线。

缆线引入线槽时,必须穿保护管,并且保持比较大的曲率半径。

③ 垂直干线子系统的安装。

垂直干线子系统的安装要求:按照国标 GB 50311—2007《综合布线系统工程设计规范》中安装工艺要求,垂直子系统的垂直通道穿过楼板时宜采用电缆竖井方式,也可以采用电缆孔、管槽的方式;电缆竖井的位置应上、下对齐。

垂直干线子系统的线缆选择:根据建筑物的结构特点以及应用系统的类型,决定干线线缆的类型。

垂直干线子系统的布线通道选择：主要依据建筑的结构以及建筑物内预埋的管道而定。目前垂直型的干线布线采用电缆孔和电缆井两种方法。对于单层平面建筑物水平型干线布线路由主要用金属管道和电缆托架两种方法。

垂直子系统的线缆绑扎：垂直敷设线缆时，应对线缆进行绑扎。对绞电缆、光缆及其他信号电缆应根据缆线的类别、数量、缆径、缆线芯数分束绑扎；绑扎间距不宜大于1.5 m，间距应均匀，防止线缆因重量产生拉力造成线缆变形；不宜绑扎过紧或使缆线受到挤压。在绑扎缆线的时候特别注意的是应该按照楼层进行分组绑扎管理。

垂直子系统的线缆施工方式：垂直干线是建筑物的主要线缆，它为从设备间到每个楼层配线间之间传输信号提供通路。大多数建筑物都是向高空发展，因此多采用垂直型的布线方式；但是也有一些建筑物是横向发展，如飞机场候机厅、工厂仓库等建筑，这时也会采用水平型的主干布线方式，因此垂直干线子系统的布线方式有垂直型也有水平型或是两者的综合，主要根据建筑的结构而定。

在新的建筑物中，通常利用竖井通道敷设垂直干线。在竖井中敷设施工垂直干线一般有两种方式：向下垂放电缆和向上牵引电缆。相比较而言，向下垂放比向下牵引容易。

④ 设备间子系统的安装。

设备间子系统的安装要求：按照国标 GB 50311—2007《综合布线系统工程设计规范》中安装工艺要求，每幢建筑物内应至少设置1个设备间，如果电话交换机与计算机网络设备分别安装在不同的场地或根据安全需要可设置两个或两个以上设备间，以满足不同业务的设备安装管理需要。

设备间机柜的安装要求：如果一个设备间以 10 m² 计算，大约能安装 5 个 19 寸机柜。在机柜中安装大对数电话电缆110卡接式配线架，主干数据线缆模块式配线架，大约能支持总量 6 000 个信息点所需要（其中电话和数据信息点各占 50%）的建筑物配线设备安装空间。

设备间内机柜的安装要求见表9.2.6。

表 9.2.6 机柜的安装要求

项 目	机 柜 安 装 要 求
安装位置	机柜应离墙 1 m，便于安装施工。所有安装螺丝不得松动，保护橡皮垫应安装牢固
底座	安装应牢固，应按设计图的防震要求进行施工
安放	安放应竖直，柜面水平，垂直偏差≤1‰，水平偏差≤3 mm，机柜之间缝隙≤1 mm
表面	完整，无损伤，螺丝坚固，每平方米表面凹凸度应<1 mm
接线	接线应符合设计要求，接线端子各种标志应齐全，保持良好
配线设备	接地体，保护接地，导线截面，颜色应符合设计要求
接地	应设置接地端子，并良好连至楼宇的接地汇流排
线缆预留	对于固定安装的机柜，在机柜内不应有预留线长，预留线应预留在可以隐蔽的地方，长度在 1~1.5 m。对于可移动的机柜，连入机柜的全部线缆在连入机柜的入口处，应至少预留 1 m，同时各种线缆的预留长度相互之间的差别应不超过 0.5 m
布线	机柜内走线应全部固定，并要求横平竖直

　　电源的安装要求：设备间供电由大楼市政提供电源进入设备间的专用配电柜。设备间设置网络设备专用的UPS。在墙面上安装工作插座，其他房间根据设备的数量安装相应的维修插座。楼层配线间的电源一般由设备间的UPS直接馈线，安装在网络机柜的旁边，安装220 V(三孔)电源插座。

　　通信跳线架的安装：通信跳线架多用于语音布线系统，一般采用110型，完成上级程控电话交换机过来的干线与桌面终端的语音信息点配线之间的链接和跳接管理。

　　网络配线架的安装：在机柜内部安装配线架前，首先要进行设备位置规划或按照图纸的规定，统一考虑机柜内部的跳线架、配线架、理线环、交换机等设备的安装位置，置放顺序以方便识别以及减少配线架与交换机之间的跳线为准。

　　配线架通常采用进入机柜就近端接原则。采用地面出线方式时，一般缆线从机柜底部穿入机柜内部，配线架宜安装在机柜下部；采用桥架出线方式时，一般缆线从机柜顶部穿入机柜内部，配线架宜安装在机柜上部；采用线缆从侧面穿入机柜内部时，配线架宜安装在机柜中部。

　　配线架安装在网络机柜立柱左右对应的螺丝孔中，水平误差不大于2 mm，不允许左右孔错位安装。

　　交换机的安装：交换机安装前首先检查产品外观保证完整，开箱检查产品手册和保存配套资料。一般包括交换机，2个角铁支架，4个橡皮脚垫和4个螺钉，1根电源线，1个管理电缆，然后准备安装交换机，一般步骤如下：

　　步骤1：从包装箱内取出交换机设备。

　　步骤2：给交换机安装两个支架，注意固定角铁的安装方向如图9.2.36所示。

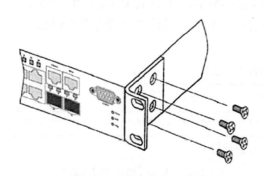

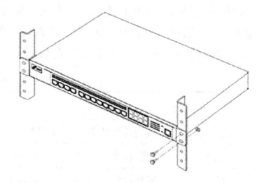

图9.2.36　固定角铁的安装　　　　图9.2.37　交换机固定在机柜立柱

　　步骤3：将交换机放在机柜中提前设计好的位置，用螺钉固定在机柜立柱上，如图9.2.37所示；一般交换机上下要留一些空间用于空气流通和设备散热。

　　步骤4：将交换机外壳接地，将电源线插在交换机后面的电源接口。

　　完成上面四步操作后就可以打开交换机电源了，开启状态下查看交换机是否出现抖动现象，如果出现需检查脚垫高低或机柜上的固定螺丝松紧情况。

　　理线环的安装步骤：

　　步骤1：取出理线环和所带的配件—螺丝包。

　　步骤2：将理线环安装在网络机柜的立柱上。

设备间防静电措施：为了防止静电对设备带来的危害，并更好地利用布线空间，应在中央机房等关键的房间内安装高架防静电地板。防静电地板有钢结构和木结构两大类，要求既能提供防火、防水和防静电功能，又要轻、薄并具有较高的耐压强度和环境适应性，且有微孔通风。防静电吊顶板上面的通风道应留有足够余地以作为机房敷设线槽、线缆的空间。在设备间装修敷设抗静电地板安装时，同时安装静电泄放干线通道至接地网。

⑤ 管理子系统的安装。

管理子系统是综合布线系统的线路中枢，该区域往往安装了大量的线缆、管理器件及跳线，为了方便日后线路的管理，管理子系统的线缆、管理器件及跳线都必须做好标记，以标明位置、用途等信息。完整的标记应包含以下的信息：建筑物名称、位置、区号、起始点和功能。

综合布线系统一般常用 3 种管理标记：电缆标记、场标记和插入标记，其中插入标记用途最广。

电缆标记：主要用来标明电缆来源和去处。在电缆连接设备之前，其始端和终端都要做好电缆标记。电缆标记由背面为不干胶的白色材料制成，可以直接贴到各条电缆表面，其规格尺寸和形状根据需要而定，例如 1 根电缆从三楼的 311 房间的第一个计算机网络信息点拉到楼层配线间，则该电缆的两端应标记上"311 - D1"的标记，其中"D"标识数据信息点。

场标记：又称区域标记，一般用于设备间、配线间和二级交接间的配线架，以区别配线架连接线缆的来源，也是由背面为不干胶的不同颜色材料制成，可贴在配线架醒目的平整表面。

插入标记：插入标记是硬纸片，可以插入到 1.27 cm×20.32 cm 的透明塑料夹里，这些塑料夹可安装在两个 110 配线架或两根 BIX 安装条之间，每个插入标记都用颜色来标明端接于设备间和配线间的连接电缆源发地。对于插入标记的色标使用方法，综合布线系统有较为统一的规定，如表 9.2.7 所示。

表 9.2.7　综合布线色标场的规定

色别	设 备 间	配 线 间	二层交换机
蓝	设备间至工作区或用户终端线路	楼层配线间至工作区的水平线路	
橙	网络接线、多路复用器引来的线路	来自配线架多路复用器的输出线路	
绿	来自电信局的输入中继线或网络交换接口的设备侧线路		
黄	交换机的用户引出线或辅助装置的连接线路		
灰		至二级交接间的连接电缆	

色别	设 备 间	配 线 间	二层交换机
紫	来自系统公共设备(如程控交换机或网络设备)连接线路	来自系统公共设备(如程控交换机或网络设备)连接线路	来自系统公共设备(如程控交换机或网络设备)连接线路
白	干线电缆和建筑群间连接电缆	来自设备间干线电缆的端接点	来自设备间干线电缆的点到点端接

⑥ 进线间和建筑群子系统安装技术。

建筑群子系统的安装要求：根据国标准 GB 50311—2007《综合布线系统工程设计规范》中的安装工艺要求，建筑群之间的线缆宜采用地下管道或电缆沟敷设方式。

建筑群子系统的布线距离的计算：建筑群子系统的布线距离通过两栋建筑物之间的实际走线距离来确定。一般在每个室外接线井里预留 1 m 的线缆端接余量。

建筑群子系统的架空布线方法：架空布线安装法要求用电杆将线缆在建筑物之间悬空架设，一般先架设钢丝绳，然后再于钢丝绳上挂放线缆。架空布线使用的主要材料和配件有：缆线、钢缆、固定螺栓、固定拉攀、预留架、U 型卡、挂钩、标识管等，在架设安装时需要使用滑车、安全带等辅助工具。架空线缆敷设时，一般步骤如下：

步骤 1：电杆以 30～50 m 的间隔距离为宜。

步骤 2：根据线缆的质量选择钢丝绳，一般选 8 芯钢丝绳。

步骤 3：接好钢丝绳。

步骤 4：架设线缆。

步骤 5：每隔 0.5 m 架一个挂钩。

进线间的线缆安装：建筑群线缆入室通常穿过建筑物外墙的 U 形钢管保护套，然后向下(或向上)延伸，从电缆孔进入建筑物内部。建筑物到最近的电线杆相距应小于 30 cm。建筑物的电缆入口可以是穿墙电缆孔或管道，电缆入口的孔径一般为 5 cm。

弱电线缆与电力电缆之间的间距应遵守当地城管等部门的有关法规。

(2) 基本要求：

① 本课程为综合性课程，在此之前，学生已修完大部分专业基础课、专业主修课和专业特色必修及选修课。在实践过程中，应指导学生把学习过的各门分立课程知识有效地联系贯穿起来，达到综合运用所学专业知识的目的。

② 本课程实训项目设置是为缩小课堂教学与实际工作岗位需求的差距，使学生在大学学习阶段就可以直接接触到实际的工作环境和氛围，真实体验和熟悉职场环境，同时获得专业和职业能力。因此，应由有行业经验的专业教师及企业导师负责组织课程，并为学生创建一个较真实岗位工作情景。

③ 本课程实训项目不仅要引导学生应用已学过的专业知识，还应结合实践的具体课题补充前沿的新知识、新技术。要适时地为学生提供新旧知识之间的联系线索，引导学生在原有知识技能的基础上拓展出新的知识技能，以培养和提升学生的职业竞争能力和发展潜力，体现理论实践一体化课程的特点。

4. 学时分配及教学条件

本课程学时分配及教学条件见表 9.2.8。

表 9.2.8 《建筑综合布线产品制造及工程企业定岗实习》课程学时分配与教学条件

教 学 项 目 名 称	学时分配		教 学 条 件
	实践	讲授	
布置任务要求、确定分组选题		2	多媒体教学环境
国标规范学习		2	多媒体教学环境
工作区子系统的安装	4		
水平子系统的安装	6		
垂直干线子系统的安装	8		
设备间子系统的安装	6		
管理子系统的安装	8		
进线间子系统的安装	2		
建筑群子系统的安装	6		
验收检查	4	2	
合　　计	44	6	

注：表中给出的仅是课内学时数，项目开发需要学生付出大量的课外时间。

5. 教学方法与考核方式

（1）教学方法：本实习基于真实建筑智能化企业的工作环境和氛围，采用真实的项目内容，角色分工包括技术总监、项目经理、技术员等，具体教学方法如下：

① 教师和企业导师作为技术总监，首先要给出一个明确的任务描述、安装要求；学生作为组员将以项目小组为单位组成安装团队，每个小组由一名学生担任项目经理，组内成员有明确的分工。

② 在实习过程中，每个项目小组有独立进行项目规划的机会，项目小组每周要求有周例会，确定小组每周工作计划，提交小组每周工作日志；每个组员可以自行组织、安排自己的学习行为，每天需要提交工作日志。

③ 技术总监在开发过程中充当顾问和主持人角色，负责指导项目小组学习新技术并应用于项目开发中，穿插进行相关的技术讲座；引导项目小组进行组内研讨、组间交流和评比，促进组员之间的沟通和互动；监督员工遵循行业规范进行设计开发，注重培养组员的职业素质。

④ 项目安装过程中，各项目组要参加公开的开题答辩、安装材料与设备介绍、施工难点及特色介绍。答辩过程中，每个组员的表现将对小组成绩产生直接影响，以此强调团队合作精神。

⑤ 项目安装结束，每个项目小组要提交成果展示和相关文档，技术总监将进行全面验收及评价。

（2）考核方式：本课程采用过程性评价与总结性评价相结合的方法评定成绩。

过程性评价是针对每次项目小组间交流各位同学的表现给出的平时成绩,此项成绩与团队的集体准备情况密切相关,从而可以激发学生互帮互学的积极性。此项成绩采取组员间相互评价,组长评价和教师评价相结合的方式,其中组员间互评价占40%,组长评价占20%,教师评价占40%。

总结性评价则针对最终完成的程序、设计报告、总结。评价的对象主要是项目小组,考核方式是现场成果展示及技术特色陈述。该评价由答辩小组确定,项目组成员成绩相同。

个人答辩成绩主要是针对项目小组每个成员所承担的任务进行现场口试,主要考查学生掌握技能知识的状况及职业素质情况。该成绩由答辩小组给出。

每个学生的最终成绩由个人的过程性评价成绩（40%）、小组综合评价成绩（40%）、个人答辩成绩（20%）综合确定。

6. 参考文献

[1] 陈桂芳.综合布线技术教程[M].北京：人民邮电出版社.2012.

[2] 雷锐生,潘汉民,程国卿.综合布线系统方案设计[M].西安：西安电子科技大学出版社.2004.

[3] 吴成东.智能建筑综合布线系统设计与实践[M].北京：清华大学出版社.2003.

[4] 金陵科技学院机电学院建筑电气与智能化教研室编.建筑综合布线产品制造及工程企业定岗实习实践指导书.

（三）课程实施与改革

1. 课程要求

（1）《建筑综合布线产品制造及工程企业定岗实习》以每5～6人组成一个安装小组,分工合作,完成该项目安装的全过程。

（2）模拟综合布线系统实际项目开发背景,将企业的管理、运作和工作等模式直接引入到课程的教学实践活动中。教师、学生都要适应角色的转换：教师兼有组织者、公司负责人、技术顾问和用户的多重身份,负责项目的管理、技术指导和项目验收；学生则以职业者的身份,承担项目的开发工作。

（3）通过具体的项目实战,学生可以将已学理论知识进行整合并向实践转化。

（4）在项目开发过程中,引导学生通过多种渠道解决技术难点,磨炼独立获取新知识、解决具体问题的能力。

（5）培养团队合作精神,项目开发小组应集体进行项目规划,组员要有具体的分工和紧密的合作,鼓励团队集体攻关,培养学生的集体荣誉感。

2. 课程内容

建筑综合布线项目应选择有应用背景的实际工程项目,重点掌握布线系统的工程安装技术。主要包括：

（1）工作区子系统的安装。

（2）水平子系统的安装。

（3）垂直干线子系统的安装。

（4）设备间子系统的安装。

（5）管理子系统的安装。

（6）进线间子系统的安装。

（7）建筑群子系统的安装。

3．课程实施过程

课程分为项目组成立、项目组选题、项目施工、项目验收四个阶段。

（1）项目组成立阶段：教师作为管理者，首先提供一个平台供学生进行项目经理的竞选；选定项目经理后，由项目经理组织自己的施工团队，成立项目组，并进行分工。

（2）分组选题阶段：教师作为组织者，首先要给出有实际应用背景的、供选择的施工题目。项目组将通过小组讨论选择相应的测试题目。如有多组选择同一题目，将由教师组织选题答辩，最终确定各小组的选题。

（3）项目施工阶段：

教师：

① 作为组织者，教师要引导项目小组进行组内研讨、组间交流和评比，促进学生之间的沟通和互动。

② 作为公司负责人的角色，教师要随时检查项目的进展情况，监督学生遵循行业规范进行测试，注重培养学生的职业素质。

③ 作为技术顾问的角色，教师要负责指导学生团队学习新技术并应用于项目安装中，并穿插进行相关的技术讲座。

④ 作为用户的角色，教师要与项目小组深入讨论项目施工方法，并适时提出修改意见。

学生：

① 以小组为单位进行项目分析并制定安装进度计划，编写《系统规格说明书》。

② 以小组为单位进行项目实施方案的设计，编写《系统设计报告》。

③ 每个学生必须独立完成项目组中的一个或多个组成部分的安装。

④ 各项目组要派代表参加公开的开题答辩、测试计划、项目难点及特色介绍等组间交流。代表由组内人员轮流出任。

（4）项目验收阶段：项目安装结束，每个团队要进行成果展示，并提交相关文档。每个学生应提交个人日志、个人总结，小组提交每周的会议记录、小组周日志等过程管理文档。教师将对各项目组的成果进行全面验收，并针对各组员承担的具体任务进行答辩，最终给出一个全面的评价。

八、建筑智能化系统集成产品制造及工程企业定岗实习教学案例

（一）课程介绍

《建筑智能化系统集成产品制造及工程企业定岗实习》是建筑电气与智能化专业学生第6学期开设的理论实践一体化课程，是一门长达4周的以真实项目内容和环境为背景的项目实践课程。课程设置目的是为学生提供前期所学知识的集成应用平台，使学生了解当前流行的建筑智能化系统开发方法与技术，最终提高学生以专业基本技能和专业核

心应用能力为基础，在工程环境中参与完成一个真实系统的设计、实施和调试运行的综合能力，同时提高学生的研究创新能力。

《建筑智能化系统集成产品制造及工程企业定岗实习》是以智能建筑系统集成、楼宇自动化技术、工程化程序设计、智能系统工程预决算等课程的基本实践能力为起点、以智能建筑系统开发过程作为主线、融入先进的开发技术和相关职业素质的综合性课程。学生在此课程之前应先修工程制图、单片机原理及接口技术、现场总线网络、智能建筑信息网络系统、暖通空调技术、安全防范系统、建筑消防系统、综合布线系统、智能建筑系统集成、楼宇自动化技术、建筑供配电与照明、建筑电气控制与 PLC、智能系统工程预决算、建筑节能技术、建筑智能化工程项目管理、工程化程序设计、数据库管理技术、电梯控制技术、企业认知实习、企业工程实习等课程，并具备建筑智能化系统组态软件开发的能力、数据库基本应用能力和工程项目过程管理的基本知识。

在综合性课程中，采用在企业体制和绩效标准约束下，以真实项目内容和环境为背景的实践解决方案，将把企业的管理、运作和工作等模式直接引入到课程的教学实践活动中，以项目开发驱动学生的实践活动。学生将以项目小组的形式组成开发团队，承接真实或仿真课题，并按项目管理方式接受各阶段检查，最终提交项目成果。教师及企业导师将根据项目的进展，适时提供相关新技术的知识讲座。

通过本实践课程的训练，培养锻炼建筑智能化系统集成开发的能力；获取新知识的能力；团队合作能力；沟通表达能力，从而为毕业设计的完成提供基本支撑。

（二）课程教学大纲

课程名称：建筑智能化系统集成产品制造及工程企业定岗实习。

课程性质：理论实践一体化课程。

学时学分：4 周/4 学分/64 学时。

先修课程：工程制图、单片机原理及接口技术、现场总线网络、智能建筑信息网络系统、暖通空调技术、安全防范系统、建筑消防系统、综合布线系统、智能建筑系统集成、楼宇自动化技术、建筑供配电与照明、建筑电气控制与 PLC、智能系统工程预决算、建筑节能技术、建筑智能化工程项目管理、数据库管理技术、电梯控制技术、企业认知实习、企业工程实习。

适用专业：建筑电气与智能化。

开课部门：金陵科技学院信息技术学院建筑电气与智能化系。

实施地点：江苏跨域信息科技发展有限公司、南京恒天伟智能技术有限公司、南京普天天纪楼宇智能有限公司、南京消防器材厂。

1. 课程的地位、目的和任务

本课程是建筑电气与智能化专业学生第 6 学期开设的理论实践一体化课程，课程设置依据"面向应用、依托学科、以能力培养为核心、以职业素质培养为重要方面"的应用性本科专业总体改革理念。该课程将为加强学生工程实践和创新能力培养、设计和开发能力培养提供有力的保障。

实践教学是建筑电气与智能化专业人才培养的重要环节，也是创新能力培养的关键环节。必须建立多层次立体化实践教学体系，才能达到全面培养学生创新能力的目的。

本课程采用职业素质训练与技术实战相结合,通过行为强化训练,让学生具备融入社会的基本职业素质;通过专业技能训练,让学生掌握建筑智能化系统开发的方法以及今后工作所应具备的专业技能,熟悉建筑智能化开发各阶段工作;通过分组方式完成项目,在个人日报、团队演讲和实训报告会,让学生管理自己、展示自我,乐观向上、充满自信,让学生在项目完成过程中训练良好的团队合作精神;通过提交一套完整的工程项目及文档材料,让学生了解所学专业技能的具体应用,真正做到学以致用。

本课程的教学目标就是学生综合职业素质和综合应用能力的提升,以基本实践和专业实践能力为基础,培养学生在工程环境中完成一个真实的建筑智能化系统设计、实施和调试运行的综合能力。

2. 课程与相关课程的联系

在开设本综合性课程之前应先修《工程制图》、《单片机原理及接口技术》、《现场总线网络》、《智能建筑信息网络系统》、《暖通空调技术》、《安全防范系统》、《建筑消防系统》、《综合布线系统》、《智能建筑系统集成》、《楼宇自动化技术》、《建筑供配电与照明》、《建筑电气控制与 PLC》、《智能系统工程预决算》、《建筑节能技术》、《建筑智能化工程项目管理》、《数据库管理技术》、《电梯控制技术》、《企业认知实习》、《企业工程实习》等课程。并具备面向对象程序开发的能力、数据库的基本应用能力和软件工程过程管理的基本知识。

本课程的主要后续课程是《企业顶岗实践》、《毕业实习》。

3. 内容与要求

(1)基本内容:指导学生在选定的建筑智能化开发平台上,完成建筑智能化系统集成项目开发的各个实践环节,并通过穿插的技术讲座,使学生了解当前流行的开发方法与技术。

建筑智能化系统集成项目应选择有应用背景的实际工程项目。供选择的参考题目包括:

① 基于 LonWorks 技术的智能建筑灯光智能控制系统集成设计。

灯光智能控制系统组成框图如图 9.2.38 所示,通过 LonWorks 数字量输出模块,读取该灯光智能控制系统的各种信息,然后通过 PC 机上面的人机界面,直观地了解灯光智能控制系统的监控过程。

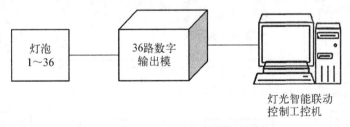

图 9.2.38　灯光智能控制系统组成框图

36 路数字量输出模块可以通过 LonWorks 网络联动控制工控机,可以通过灯光智能联动控制工控机的人机交互界面自由控制任意灯的开关,也可以自己编程控制灯的状态。例如控制灯依次亮、显示一些字母、图形等。36 路数字量输出模块的结构示意图如图 9.2.39所示。

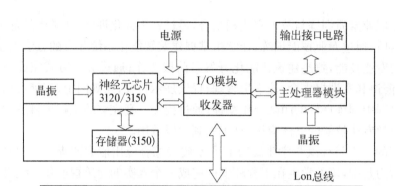

图 9.2.39　36 路数字量输出模块的结构示意图

② 基于 LonWorks 技术的智能建筑给排水控制系统集成设计。

基于 LonWorks 技术的智能建筑给排水控制系统组成框图如图 9.2.40 所示。主要由液位传感器、给水泵、供水泵、排水泵、智能水表、智能电表、传感与控制模块、水电表抄表网关、给排水本地监控工控机、iLON 路由器、给排水远程监控工控机、生活水池、供水池、排水池、水阀及安装架组成。智能水表、智能电表输出端与水电表抄表网关对应的输入端相连;传感与控制模块和水电表抄表网关通过 LonWorks 网络与给排水本地监控工控机双向相连;给排水远程监控工控机通过 iLON 路由器与本地给排水 LonWorks 控制网络连接。然后通过 PC 机上面的人机界面,直观地了解给排水控制系统的监控过程。

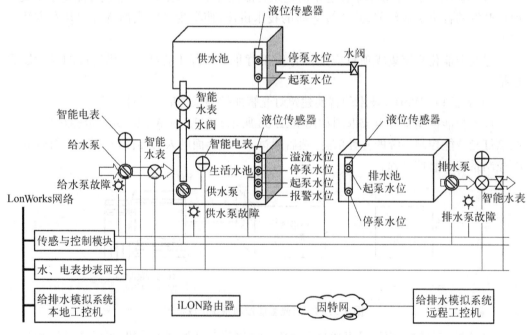

图 9.2.40　给排水系统原理示意图

(2) 基本要求:

① 本课程为综合性课程,在此之前,学生已修完大部分专业基础课、专业主修课和专

业特色必修及选修课。在实践过程中,应指导学生把学习过的各门分立课程知识有效地联系贯穿起来,达到综合运用所学专业知识的目的。

②本课程实训项目设置是为缩小课堂教学与实际工作岗位需求的差距,使学生在大学学习阶段就可以直接接触到实际的工作环境和氛围,真实体验和熟悉职场环境,同时获得专业和职业能力。因此,应由有行业经验的专业教师及企业导师负责组织课程,并为学生创建一个较真实岗位工作情景。

③本课程实训项目不仅要引导学生应用已学过的专业知识,还应结合实践的具体课题补充前沿的新知识、新技术。要适时地为学生提供新旧知识之间的联系线索,引导学生在原有知识技能的基础上拓展出新的知识技能,以培养和提升学生的职业竞争能力和发展潜力,体现理论实践一体化课程的特点。

4. 学时分配及教学条件

本课程学时分配及教学条件见表 9.2.9。

表 9.2.9　《建筑智能化系统集成产品制造及工程企业定岗实习》课程学时分配与教学条件

教 学 项 目 名 称	学时分配		教 学 条 件
	实践	讲授	
布置任务要求、确定分组选题 软件实训平台、目的、环境搭建 团队开发和环境的构建		2	多媒体教学环境 软件开发环境
项目开发规范学习		2	多媒体教学环境
分组进行项目需求分析和系统建模		2	Windows XP、Office、NetViz 软件
分组讨论方案,进行总体设计和分工 界面设计和美化	2		LonMaker、Nodebuilder、OPCServer、OPCLinker、Intouch
各组阐述设计方案、分工		2	多媒体教学环境
组内数据库设计	4		SQL Server、Oracle、Lonworks 实时数据库
各组数据库设计展示 简单组件的操作与使用		4	多媒体教学环境
组内开发技术准备、功能细化设计	4		LonMaker、Nodebuilder、OPCServer、OPCLinker、Intouch
穿插新技术讲座 6～10 次		4	多媒体教学环境
按分工进行编码、调试	4		LonMaker、Nodebuilder、OPCServer、OPCLinker、Intouch
各组汇报进展符合情况		8	LonMaker、Nodebuilder、OPCServer、OPCLinker、Intouch
组内联调	4		LonMaker、Nodebuilder、OPCServer、OPCLinker、Intouch

教 学 项 目 名 称	学时分配		教 学 条 件
	实践	讲授	
测试修改程序	4		LonMaker、Nodebuilder、OPCServer、OPCLinker、Intouch
组内汇总设计文档、实习报告	4		LonMaker、Nodebuilder、OPCServer、OPCLinker、Intouch
项目打包与部属配置	4		LonMaker、Nodebuilder、OPCServer、OPCLinker、Intouch
验收检查		10	LonMaker、Nodebuilder、OPCServer、OPCLinker、Intouch
合　　计	30	34	

注：表中给出的仅是课内学时数，项目开发需要学生付出大量的课外时间。

5. 教学方法与考核方式

（1）教学方法：本课程的教学模拟建筑智能化企业的工作环境和氛围，采用真实的项目内容，角色分工包括技术总监、项目经理、技术员等，具体教学方法如下：

① 教师和企业导师作为技术总监，首先要给出一个明确的任务描述、设计要求；学生作为组员将以项目小组为单位组成开发团队，每个小组由一名学生担任项目经理，组内成员有明确的分工。

② 在开发过程中，每个项目小组有独立进行项目规划的机会，项目小组每周要求有周例会，确定小组每周工作计划，提交小组每周工作日志；每个组员可以自行组织、安排自己的学习行为，每天需要提交工作日志。

③ 技术总监在开发过程中充当顾问和主持人角色，负责指导项目小组学习新技术并应用于项目开发中，穿插进行相关的技术讲座；引导项目小组进行组内研讨、组间交流和评比，促进员工之间的沟通和互动；监督组员遵循行业规范进行设计开发，注重培养组员的职业素质。

④ 项目开发过程中，各项目组要参加公开的开题答辩、数据库设计介绍、用户界面原型设计展示、有关面向对象设计方案介绍、项目难点及特色介绍。答辩过程中，每个组员的表现将对小组成绩产生直接影响，以此强调团队合作精神。

⑤ 项目开发结束，每个项目小组要提交成果展示和相关文档，技术总监将进行全面验收及评价。

（2）考核方式：本课程采用过程性评价与总结性评价相结合的方法评定成绩。

过程性评价是针对每次项目小组间交流各位同学的表现给出的平时成绩，此项成绩与团队的集体准备情况密切相关，从而可以激发学生互帮互学的积极性。此项成绩采取组员间相互评价，组长评价和教师评价相结合的方式，其中组员间互评价占40%，组长评价占20%，教师评价占40%。

总结性评价则针对最终完成的程序、设计报告、总结。评价的对象主要是项目小组，考核方式是现场成果展示及技术特色陈述。该评价由答辩小组确定,项目组成员成绩相同。

个人答辩成绩主要是针对项目小组每个成员所承担的任务进行现场口试,主要考查学生掌握技能知识的状况及职业素质情况。该成绩由答辩小组给出。

每个学生的最终成绩由个人的过程性评价成绩(40%)、小组综合评价成绩(40%)、个人答辩成绩(20%)综合确定。

6. 参考文献

[1] 高安邦. LonWorks 技术开发和应用[M]. 北京:机械工业出版社. 2009.

[2] 杜明芳,毛剑瑛. 智能建筑系统集成[M]. 北京:中国建筑工业出版社. 2009.

[3] 章云,许锦标. 建筑智能化系统[M]. 北京:清华大学出版社. 2007.

[4] 赵杰等. SQL Server 数据库管理、设计与实现[M]. 北京:清华大学出版社. 2004.

[5] 金陵科技学院机电工程学院建筑电气与智能化教研室编. 建筑智能化系统集成产品制造及工程企业定岗实习实践指导书.

(三)课程实施与改革

1. 课程要求

(1)《综合实践项目》以当前流行的开发环境为开发平台,每5~6人组成一个项目开发小组,分工合作,完成在该平台上的软件项目开发的全过程。

(2)模拟建筑智能化系统集成企业实际项目开发背景,将企业的管理、运作和工作等模式直接引入到课程的教学实践活动中。教师、学生都要适应角色的转换:教师兼有组织者、公司负责人、技术顾问和用户的多重身份,负责项目的管理、技术指导和项目验收;学生则以职业者的身份,承担项目的开发工作。

(3)通过具体的项目实战,学生可以将已学理论知识进行整合并向实践转化。

(4)在项目开发过程中,引导学生通过多种渠道解决技术难点,磨炼独立获取新知识、解决具体问题的能力。

(5)培养团队合作精神,项目开发小组应集体进行项目规划,组员要有具体的分工和紧密的合作,鼓励团队集体攻关,培养学生的集体荣誉感。

2. 课程内容

课程实践项目选择有应用背景的实际工程项目。供选择的参考题目包括:

(1)基于 LonWorks 技术的智能建筑灯光智能控制系统集成设计。

(2)基于 LonWorks 技术的智能建筑给排水控制系统集成设计。

3. 课程实施过程

课程分为项目组成立、项目组选题、项目开发、项目验收四个阶段。

(1)项目组成立阶段:教师作为管理者,首先提供一个平台供学生进行项目经理的竞选;选定项目经理后,由项目经理组织自己的开发团队,成立项目组,并进行分工。

(2)分组选题阶段:教师作为组织者,首先要给出有实际应用背景的、供选择的开发题目。项目组将通过小组讨论选择相应的开发题目。如有多组选择同一题目,将由教师组织选题答辩,最终确定各小组的选题。

（3）项目开发阶段：

教师：

① 作为组织者，教师要引导项目小组进行组内研讨、组间交流和评比，促进学生之间的沟通和互动。

② 作为公司负责人的角色，教师要随时检查项目的进展情况，监督学生遵循行业规范进行设计开发，注重培养学生的职业素质。

③ 作为技术顾问的角色，教师要负责指导学生团队学习新技术并应用于项目开发中，并穿插进行相关的技术讲座。

④ 作为用户的角色，教师要与项目小组深入讨论项目需求；适时提出修改意见。

学生：

① 以小组为单位进行项目分析并制定开发进度计划，编写《系统规格说明书》。

② 以小组为单位进行项目功能、数据库及实施方案的设计，并针对主要功能开发原型，编写《系统设计报告》。

③ 每个学生必须独立完成项目组中的一个或多个业务模块，包括模块的设计、编码、测试。

④ 各项目组要派代表参加公开的开题答辩、数据库设计介绍、用户界面原型设计展示、有关面向对象设计方案介绍、测试计划、项目难点及特色介绍等组间交流。代表由组内人员轮流出任。

（4）项目验收阶段：项目开发结束，每个团队要进行成果展示，并提交相关开发文档。每个学生应提交个人日志、个人总结，小组提交每周的会议记录、小组周日志等过程管理文档。教师将对各项目组的成果进行全面验收，并针对各组员承担的具体任务进行答辩，最终给出一个全面的评价。

第三节　企业定岗实习考核

一、企业定岗实习考核方式与成绩评定标准

本课程采用过程性评价与总结性评价相结合的方法评定成绩。

过程性评价是针对每次项目小组间交流各位同学的表现给出的平时成绩，此项成绩与团队的集体准备情况密切相关，从而可以激发学生互帮互学的积极性。此项成绩采取组员间相互评价，组长评价和教师评价相结合的方式，其中组员间互评价占40%，组长评价占20%，教师评价占40%。

总结性评价则针对最终完成的设计方案。评价的对象主要是项目小组，考核方式是现场成果展示及技术特色陈述。该评价由答辩小组确定，项目组成员成绩相同。

个人答辩成绩主要是针对项目小组每个成员所承担的任务进行现场口试，主要考查学生掌握技能知识的状况及职业素质情况。该成绩由答辩小组给出。

每个学生的最终成绩由个人的过程性评价成绩（40%）、小组综合评价成绩（40%）、个

人答辩成绩(20％)综合确定。

表 9.3.1　《企业定岗实习》课程考核方式

评 分 单 位	评 分 内 容	分　　数
个人的过程性评价成绩	达到项目总体要求情况	40％
小组综合评价成绩	项目总体完成情况	40％
个人答辩成绩	教师评定学生个人答辩情况	20％

二、企业定岗实习总结要求

（一）实习总结要求

企业定岗实习结束后，要求学生上交 2 000～3 000 字的实习总结，内容应包括下列几部分：

(1) 实习鉴定表。

(2) 实习企业简介。

(3) 实习的收获与认识。

(4) 对工程项目的认识与了解。

(5) 几点体会。

（二）工程项目设计方案要求

(1) 工程项目简介。

(2) 工程项目特点。

(3) 工程要求。

(4) 具体设计方案说明书。

(5) 方案比对及优化。

(6) 施工与管理。

(7) 结论。

第十章 企业顶岗实践

第一节 企业顶岗实践教学大纲

一、企业顶岗实践目的

《企业顶岗实践》课程是《企业定岗实习》课程的后续课程,可将学生从《企业定岗实习》中所学的项目经验、实用技能融入于企业的实践过程中,通过实践,强化学生建筑智能化集成系统组态软件开发的能力、数据库基本应用能力和工程项目过程管理能力。

二、企业顶岗实践内容与要求

(一)基本内容

企业工程实践项目应选择有应用背景的实际工程项目,具体项目有企业根据企业的实际项目来确定。

(二)基本要求

(1)本课程为综合性课程,在此之前,学生已修完大部分专业基础课、专业主修课和专业特色必修及选修课。在实践过程中,应指导学生把学习过的各门分立课程知识有效地联系贯穿起来,达到综合运用所学专业知识的目的。

(2)本课程实训项目设置是为缩小课堂教学与实际工作岗位需求的差距,使学生在大学学习阶段就可以直接接触到实际的工作环境和氛围,真实体验和熟悉职场环境,同时获得专业和职业能力。因此,应由有行业经验的专业教师及企业导师负责组织课程,并为学生创建一个较真实岗位工作情景。

(3)本课程实训项目不仅要引导学生应用已学过的专业知识,还应结合实践的具体课题补充前沿的新知识、新技术。要适时地为学生提供新旧知识之间的联系线索,引导学生在原有知识技能的基础上拓展出新的知识技能,以培养和提升学生的职业竞争能力和发展潜力,体现理论实践一体化课程的特点。

三、企业顶岗实践方式

本课程的教学模拟建筑智能化企业的工作环境和氛围,采用真实的项目内容,角色分工包括技术总监、项目经理、技术员等,具体教学方法如下:

(1)教师和企业导师作为技术总监,首先要给出一个明确的任务描述、设计要求;学生作为将以项目小组为单位组成开发团队,每个小组由一名学生担任项目经理,组内成员有明确的分工。

(2)在开发过程中,每个项目小组有独立进行项目规划的机会,项目小组每周要求有周例会,确定小组每周工作计划,提交小组每周工作日志;每个组员可以自行组织、安排自己的学习行为,每天需要提交工作日志。

(3)技术总监在开发过程中充当顾问和主持人角色,负责指导项目小组学习新技术并应用于项目开发中,穿插进行相关的技术讲座;引导项目小组进行组内研讨、组间交流和评比,促进员工之间的沟通和互动;监督组员遵循行业规范进行设计开发,注重培养组员的职业素质。

(4)项目开发过程中,各项目组要参加公开的开题答辩、数据库设计介绍、用户界面原型设计展示、有关面向对象设计方案介绍、项目难点及特色介绍。答辩过程中,每个组员的表现将对小组成绩产生直接影响,以此强调团队合作精神。

(5)项目开发结束,每个项目小组要提交成果展示和相关文档,技术总监将进行全面验收及评价。

四、企业顶岗实习时间分配

企业顶岗实习时间分配如表 10.1.1 所示。

表 10.1.1 企业顶岗实习时间分配表

序 号	实 习 内 容	实习时间(天)
1	项目组成立	3
2	项目组选题	6
3	项目开发	8
4	项目验收	3
	合 计	20

第二节 企业顶岗实践典型教学案例

一、企业顶岗实践组织形式

(1)《企业顶岗实践》采取集中进行课程目的说明和任务下达,让学生明白课程性质和任务。然后将同学分成 3~4 人一组,到建筑智能化工程实践教育中心的企业实习。

（2）企业和学校教师根据教学大纲要求，结合企业实际情况，对学生提出工程项目具体要求。

（3）学生根据要求，进行项目需求分析，并进行分工和系统方案设计。

（4）通过实习对设计方案进行比对和优化。

（5）根据实习积累的经验设计工程项目系统方案，完成整个工程项目。

（6）在实习结束后撰写实习报告，然后全班同学进行实习总结，交流汇报实习收获，并提交技术文档和实习总结。

具体形式：座谈、听讲座、实习、汇报交流。

二、建筑电气与智能化企业技术开发部技术员顶岗实践教学案例

建筑电气与智能化企业技术开发部技术员顶岗实践教学内容如表 10.2.1 所示。

表 10.2.1　技术开发部技术员顶岗实践教学内容

序　号	技术开发部技术员顶岗实习教学内容
1	参与大、中型智能化系统工程的设计
2	参与项目开发，对项目技术开发实施过程中出现的进度等问题，及时上报项目经理
3	按项目要求落实系统各设计图设计制作
4	编制和落实本系统技术管理的工作计划
5	按规定制定和汇编本系统设备工艺卡
6	负责本系统全面质量管理工作，制订和执行技术标准和规范
7	做好本系统各阶段技术复核工作
8	负责本系统与业主技术交底，制定方案计划、进度安排等技术开发工作，实施动态管理
9	负责本部门的责任考核事务
10	参与设备订货、设备引进技术工作和设备验收
11	负责相关技术的咨询和协调
12	汇总和编制全部技术文件，做好技术档案工作
13	编报技术工作报告

三、建筑电气与智能化工程企业市场部技术型商务助理顶岗实践教学案例

建筑电气与智能化企业市场部技术型商务助理顶岗实践教学内容如表 10.2.2 所示。

表 10.2.2　市场部技术型商务助理顶岗实践教学内容

序　号	市场部技术型商务助理顶岗实习教学内容
1	负责企业日常行政事务工作
2	负责信息（含资料，工程档案）收集、整理、归档、借阅等方面管理工作，以及和本工程项目有关的合同文件及相关协议的收集、整理、归档、借阅等管理工作

续　表

序　号	市场部技术型商务助理顶岗实习教学内容
3	项目所需的材料、设备规格,负责材料、设备的进出库管理和库存管理,保证库存设备的完整
4	编制和落实本系统技术管理的工作计划
5	按规定制定和汇编本系统设备工艺卡
6	负责本部门的责任考核事务
7	参与设备订货、设备引进技术工作和设备验收
8	负责相关技术的咨询和协调

四、建筑电气与智能化工程企业工程部项目经理助理顶岗实践教学案例

建筑电气与智能化工程企业工程部项目经理助理顶岗实践教学内容如表 10.2.3 所示。

表 10.2.3　工程部项目经理助理顶岗实践教学内容

序　号	工程部项目经理助理顶岗实习教学内容
1	协助项目经理负责组织工程项目方案的实施、协调和管理工作
2	负责与业主及相关人员的协调工作
3	配合项目采供部工作,负责材料、设备的财务管理工作
4	负责对外对内施工活动的组织、协调公关
5	负责项目经理部文秘工作、人事管理、后勤保障管理
6	负责各种施工管理文件、报表、技术资料汇总及归档
7	负责工程现场、文明生产的管理
8	负责其他生产后勤服务工作

第三节　企业顶岗实践考核

一、企业顶岗实践考核方式与成绩评定标准

本课程采用过程性评价与总结性评价相结合的方法评定成绩。

过程性评价是针对每次项目小组间交流各位同学的表现给出的平时成绩,此项成绩与团队的集体准备情况密切相关,从而可以激发学生互帮互学的积极性。此项成绩采取组员间相互评价,组长评价和教师评价相结合的方式,其中组员间互评价占 40%,组长评价占 20%,教师评价占 40%。

总结性评价则针对最终完成的程序、设计报告、总结。评价的对象主要是项目小组,

考核方式是现场成果展示及技术特色陈述。该评价由答辩小组确定，项目组成员成绩相同。

个人答辩成绩主要是针对项目小组每个成员所承担的任务进行现场口试，主要考查学生掌握技能知识的状况及职业素质情况。该成绩由答辩小组给出。

每个学生的最终成绩由个人的过程性评价成绩(40%)、小组综合评价成绩(40%)、个人答辩成绩(20%)综合确定。

表 10.3.1　《企业顶岗实践》课程考核方式

评 分 单 位	评 分 内 容	分　　数
个人的过程性评价成绩	达到项目总体要求情况	40%
小组综合评价成绩	项目总体完成情况	40%
个人答辩成绩	教师评定学生个人答辩情况	20%

二、企业顶岗实践总结要求

（一）实习总结要求

企业定岗实习结束后，要求学生上交 2 000～3 000 字的实习总结，内容应包括下列几部分：

（1）实习鉴定表。

（2）实习企业简介。

（3）实习的收获与认识。

（4）对工程项目的认识与了解。

（5）几点体会。

（二）工程项目设计方案要求

（1）工程项目简介。

（2）工程项目特点。

（3）工程要求。

（4）具体设计方案说明书。

（5）方案比对及优化。

（6）施工与管理。

（7）结论。

第十一章 企业毕业实习

第一节 企业毕业实习教学大纲

一、企业毕业实习目的

毕业实习是建筑电气与智能化专业教学计划的有机组成部分,也是学生毕业就业前的一次综合性实践教学,学生通过实习应达到的目的是:理论联系实际,通过实习,将所学智能建筑、建筑防火、灭火系统等知识,运用于消防工程、智能化控制;熟悉现有企业的生产技术水平,了解今后工作的对象和岗位;接受系统正规的训练,扩大和充实所学专业知识,巩固已学过专业理论知识,提高实际工程能力;为毕业设计收集有关资料、数据,做好毕业设计的准备工作。

二、企业毕业实习内容与要求

了解工程施工与管理;掌握建筑智能化系统、火灾自动报警与联动系统、自动喷水灭火系统、二氧化碳气体灭火系统、消火栓给水系统、泡沫灭火系统、干粉灭火系统的设置、性能、维护和保养。

三、企业毕业实习方式

分散实习:学生自行联系到企事业单位或公司进行实习。

四、企业毕业实习时间分配

企业毕业实习时间分配如表 11.1.1 所示。

表 11.1.1　企业毕业实习时间分配

序号	实习内容	实习时间(天/周)
1	工程施工、工程管理	1 周
2	火灾自动报警与联动系统,自动喷水灭火系统,二氧化碳灭火系统	1 周

续　表

序　号	实　习　内　容	实习时间(天/周)
3	电视监控和防盗报警系统,综合布线系统	1 周
4	水、电、气、电梯设备的设置、性能、维护和保养	1 周
	合　　　计	4 周

第二节　企业毕业实习典型教学案例

一、建筑消防设备及工程企业毕业实习教学案例

（一）实习目的

毕业实习是建筑电气与智能化专业教学计划的有机组成部分,也是学生毕业就业前的一次综合性实践教学,学生通过实习应达到的目的是：理论联系实际,通过实习,将所学智能建筑、建筑防火、灭火系统等知识,运用于消防工程、智能化控制;熟悉现有企业的生产技术水平,了解今后工作的对象和岗位;接受系统正规的训练,扩大和充实所学专业知识,巩固已学过专业理论知识,提高实际工程能力;为毕业设计收集有关资料、数据,做好毕业设计的准备工作。

（二）实习内容与要求

（1）了解工程施工与管理;掌握建筑智能化系统、火灾自动报警与联动系统、自动喷水灭火系统、二氧化碳气体灭火系统、消火栓给水系统、泡沫灭火系统、干粉灭火系统的设置、性能、维护和保养。

（2）对各个系统设备,根据系统需求进行线路连接,连接布置图如图 11.2.1 所示,连接方式如下：

① 现场模块、火灾报警控制器的连接。如图 11.2.1 所示,从火灾报警控制器的 Z1、Z2 端子引出的两根信号线对应接到隔离器 8313 的 Z1、Z2 端子上;再由隔离器 8313 的 ZO1、ZO2 端子引出两根信号到输入模块 8300 的 Z1、Z2 端子上;同时,由此 Z1、Z2 端子引出两根信号线到输入/输出模块 8301 的 Z1、Z2 端子上;最后,由 8301 的 Z1、Z2 端子引出两根信号到双输入/输出模块 8303 的 Z1、Z2 端子上。

② 可燃性气体探测器、手报以及消火栓按钮的连接。如图 11.2.2 所示,由 8303 双输入/输出模块的 Z1、Z2 端子上引出的两个信号线对应接到手动报警按钮的 Z1、Z2 端子上;同时,再从手动报警按钮的 Z1、Z2 端子引出两根信号线对应接到消火栓按钮的 Z1、Z2 端子上;再由消火栓按钮的 Z1、Z2 端子引出两根信号线对应接到可燃性气体探测器的 Z1、Z2 端子上。

③ 各种火灾探测器、声光报警器的连接。如图 11.2.2 所示,由可燃性气体探测器的 Z1、Z2 端子引出的两根信号线对应接到感烟探测器的任意对角的两个接线端子上(不分

极性);再由此接线端子引出两根信号线到感温感烟探测器的任意对角的两个接线端子上;同理,将紫外火焰探测器和感温探测器连接起来。然后从感温探测器的任意对角的两个接线端子引出的两根的信号线到声光报警器的 Z1、Z2 端。最后,由声光报警器的 Z1、Z2 端引出的两根信号线到光束感烟探测器的 Z1、Z2 端。

④ 电源线的连接。DC24 V电源线采用阻燃 BV 线,截面积≥2.5 mm²,如图 11.2.1 和图 11.2.2 所示,将需要供电的设备:输入/输出模块 8301、双输入/输出模块 8303、可燃气体探测器、火灾显示盘、声光报警器以及光束感烟探测器用电源线连接起来。接线方式按照图 11.2.1 和图 11.2.2 所示。

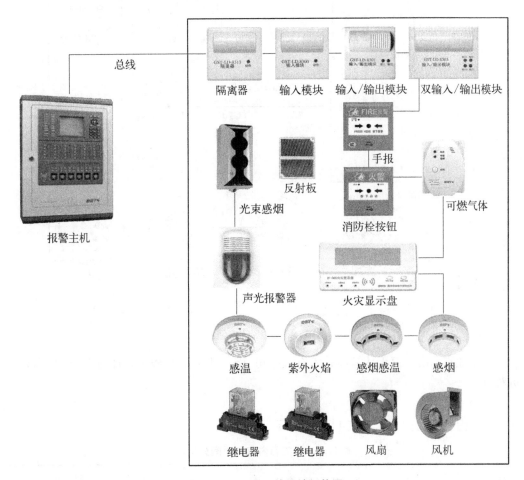

图 11.2.1　项目的系统拓扑图

⑤ 注意事项:

输入模块 8300 的 I、G 端子之间需要串联一个 4.7 kΩ 的电阻。

双输入/输出模块 8303 的 12、G 端子之间需要串联一个 4.7 kΩ 的电阻。

双输入/输出模块 8303 的 NO1、D1 之间需要用导线将它们连接起来。

(三) 实习方式

分散实习:学生通过联系到企事业单位或公司进行实习。

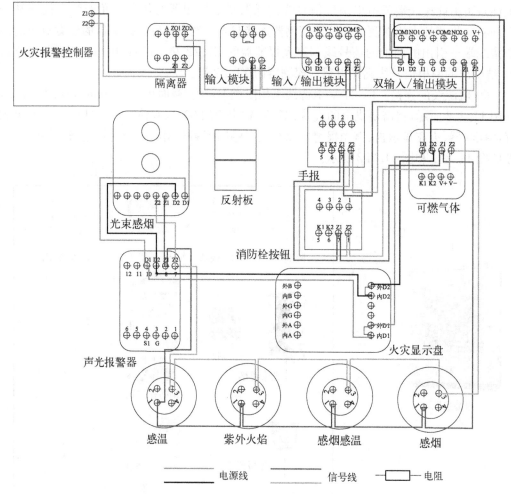

图 11.2.2 系统接线图

实习地点：南京恒天伟智能技术有限公司、南京普天天纪楼宇智能有限公司、南京消防器材厂。

（四）时间分配

实习内容和时间分配如表 11.2.1 所示。

表 11.2.1 实习内容和时间分配表

序 号	实 习 内 容	实习时间（天/周）
1	工程施工、工程管理	1 周
2	火灾自动报警与联动系统，自动喷水灭火系统，二氧化碳灭火系统	1 周
3	电视监控和防盗报警系统，综合布线系统	1 周
4	水、电、气、电梯设备的设置、性能、维护和保养	1 周
合 计		4 周

（五）实习考核方式与成绩评定

考核评定由下述三部分成绩按比例综合评定。

（1）实习中的工作态度及出勤情况占 20%。

（2）实习周记、实习报告撰写质量占 40%。

（3）实习单位的鉴定意见占 40%。

（六）日志、实习报告的内容与要求

在实习期间，要求所有学生必须详细作好实习笔记，每天应将实习的内容整理成日志，记录、分析所遇到的问题。实习结束后 1 周内每人提交 1 份实习报告，实习报告内容包括实习时间、实习场所、实习内容、实习心得感受以及对整个实习过程的各种建议与意见等。

（七）实习教材与参考书

[1] 李天荣.建筑消防设备工程(第 1 版)[M].重庆：重庆大学出版社.2010.

[2] 张树平.建筑防火设计[M].北京：中国建筑工业出版社.2001.

[3] 徐勇.通风与空气调节工程[M].北京：机械工业出版社.2005.

[4] 孙景芝.建筑智能化系统概论(第 1 版)[M].北京：高等教育出版社.2005.

二、建筑安防设备及工程企业毕业实习教学案例

（一）实习内容与要求

（1）了解工程施工与管理；掌握建筑智能化系统防盗报警系统、闭路电视监控系统、门禁系统、停车场系统等子系统的系统架构工程实施方法。

（2）了解企业工程实体的具体工程概况。

（3）掌握建筑安防系统的工程设计及计算及系统建构方案设计。

（4）机房工设计(含：电源设计、防雷与接地设计、抗干扰设计等)。

（5）能进行施工组织设计、工程概预算、工程质量保证及工程验收等工作。

（二）建筑安防系统典型系统的系统方案设计实例

1. 闭路电视监控系统说明

闭路电视监控系统由前端子系统、传输子系统、控制子系统、显示子系统和录像子系统几部分组成，各子系统包括如下几个部分：

前端子系统：包括摄像机、镜头、立杆、防护罩、支架。

传输子系统：视频光端机以及各种视频电缆、控制电缆、电源电缆等。

控制子系统：包括视频控制矩阵、键盘等。

显示子系统：包括显示器、电视墙等。

录像子系统：数字化硬盘录像机。

（1）前端子系统：主要包括彩色一体化快球摄像机、半球摄像机、枪式摄像机及相应的云台及配套设备，是闭路电视监控系统最重要的设备。对闭路电视监控系统来讲，主要进行的是图像的摄取及传输、记录、显示、访问等一系列过程。要求的图像必须清晰，而且在各种环境条件下都能得到满意的图像，对摄像机的要求高。

本系统中室内球形彩色一体化摄像机选用索尼 EX－FCB980 摄像机与 YAAN 公司

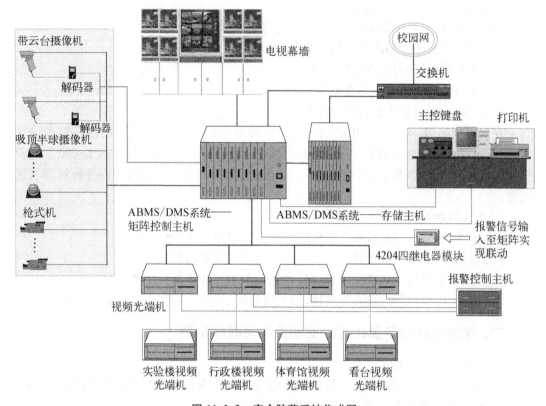

图 11.2.3　安全防范系统集成图

的 YL5307 变速球机,选用日本 SONY 公司的 SSC - CD43VP 半球型彩色摄像机和SSC - DC498P 枪式摄像机,固定摄像机镜头选用日本精工自动光圈 8 mm。

（2）传输子系统：摄像机的视频信号采用 SYV - 75 - 5 - 2 同轴电缆传送,保证图像稳定无干扰。传输距离较远时要加装视频后置均衡放大器,直接连接到所在建筑内的分控中心中。在分控中心将视频汇总经过光端机再将视频模拟信号传输至图书馆,光端机采用的是数字非压缩传输,能够得到高质量的视频图像效果。

（3）控制子系统：控制中心是整个电视监控系统的中枢。通过控制中心集中控制的方式,可将前端设备传送来的各种影像信息进行同步、综合处理和显示监看,同时可以根据实际需要,向前端设备或其他有关的设备发出各种控制指令,指挥前端设备进行工作。

通过控制键盘,操作人员可发出指令,对云台的上、下、左、右的动作进行控制,对镜头进行调焦、变倍等操作,并可通过控制主机实现在多路摄像机之间的切换。

控制子系统主要包括矩阵切换控制器、专用控制键盘、CCTV 系统管理主机等设备。

① 矩阵控制主机：本系统分控中心视频矩阵选用诶比（AB）公司 AB80 - 50 矩阵系统,图书馆总控中心中选用诶比（AB）公司 ABMS/DMS 矩阵系统,可通过键盘或者通过 RS232 接口连接至矩阵的计算机控制云台以及镜头的变焦,能够将视频输出至电视幕墙

上,同时可将报警信号连入矩阵,实现报警系统与闭路电视监控系统的联动功能。

② 矩阵控制键盘:矩阵的控制功能需要通过键盘或多媒体软件来控制实现。AB60-76 系统键盘能够进行视频切换、菜单编程、摄像机选择、用户登录、分级控制、报警确认、镜头控制和成组切换等操作功能。

（4）显示子系统:矩阵切换主机的输出端连接到由若干台监视器组成的电视墙,便于工作人员同时观察多个地点的图像。专业彩色监视器的分辨率高,能够真实反映监视的画面,我们采用 TCL MC-14 的 14″纯平彩色监视器来组成电视墙,性价比更高,完全可以满足监控图像的显示要求。

（5）录像子系统:为了保证重要监控地点安全,在有异常情况发生时能及时取证,以便于事后复核,我们采用数字硬盘录像机对重要场所的图像进行 24 小时记录,磁盘容量按至少保存 15 天的图像设计。数字硬盘录像机记录的图像支持本地回放和网络调看。

按实际要求分控中心中采用大华 1204L(N)-S 的 12 路硬盘录像机,在图书馆总控中心中采用 ABMS/DMS 系统的存储主机,将实验楼、行政楼、体育馆、看台的一体化彩色摄像机、半球彩色摄像机以及固定枪式摄像机视频信号接入视频分配器,从视频分配器的一路输出接入数字硬盘录像机进行 24 小时监控录像,图书馆内视频信号连接矩阵存储主机进行录像。

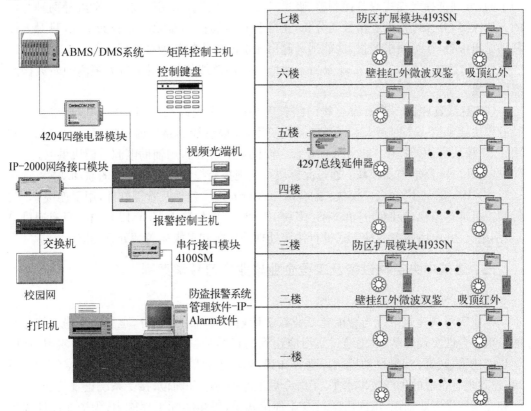

图 11.2.4　总控中心防盗报警系统图

2. 防盗报警系统说明

防盗报警系统主要由报警主机、控制键盘、防区扩展模块、总线延伸器、IP-2000 网络接口模块、42044 路继电器模块等组成。在图书馆总控中心设置报警主机,在分控中心所在建筑内由总线将报警信号通过光端机的数据端口传输至总控中心的报警主机中。报警系统可根据需要与监控系统联动,触发硬盘录像机对该时间段进行实时录像。

当用户根据安装的报警探测器感知相应的警情,如:双鉴探测器探测到有人员闯入设防区域,报警探头产生的信号通过图书馆的报警主机输出至图书馆 ABMS/DMS 矩阵系统主机,然后再将联动信息输入至值班室的矩阵主机,在接收到信号后电视幕墙上弹出报警点的监控画面,值班人员通过计算机上的电子地图确定警情位置,同时结合楼内的摄像监控系统判断警情类别。

（1）防盗报警系统主机。把前端探测设备开关信号接在防区扩展模块上,当某个防区的探测设备发现有人非法进入时,探测器发出报警信号,由防区扩展模块通过数据总线传送给报警主机,由于报警主机将报警信息传输至校园网,因此连接至校园网的计算机使用报警管理平台能够实时查看报警信息,使操作人员能及时、准确地掌握警情,及时调动保安人员进行处理。

（2）报警探测器。双鉴报警探头是使用最多的产品,利用微波和红外两种探测技术,只有在两种技术同时探测到时,才发出报警信号。按照防范区域的大小及安装周围环境的不同,分别选择壁挂式双鉴探测器、吸顶式红外探测器。采用微波与被动红外两种并用的方法探测,并经过模糊逻辑数码分析,排除种种普通探测器无法克服的干扰,只对人体移动做出报警,杜绝误报漏报,性能远远超出无微波功能的各种红外探测器。

（3）防区扩展模块。为常规探测器编址以适用总线连接,用于与远距离的防区探测器的连接。

（4）总线延伸器。若所需总线回路长度超过最大允许长度（1 220 m）,则需要一个 4297 模块接到第一个回路末端以延伸总线长度,如果总线回路电流消耗超过 128 mA,则用 4297 模块可额外提供 128 mA 的电流,连接到总线回路,用辅助电源对模块供电。

（5）42044 路继电器模块:通过此模块可实现报警控制主机与矩阵的联动功能。

（6）IP-2000 网络接口模块:配合 IP-Alarm 接警处理及管理软件,用于连接 PC 与控制主机进行监视、控制,可同时通过多块 IP-2000 模块接入 Vista120 主机,具有通过串口、网络、公共电话网等多种方式进行接警处理的功能和多媒体警情处理功能。

三、建筑中央空调设备及工程企业毕业实习教学案例

（一）实习目的

毕业实习是建筑电气与智能化专业教学计划的有机组成部分,也是学生毕业就业前的一次综合性实践教学,学生通过实习应达到的目的是:理论联系实际,通过实习,将所学智能建筑、暖通空调、自动控制原理等知识,运用于通风工程、智能化控制、空气调节系统;熟悉现有企业的生产技术水平,了解今后工作的对象和岗位;接受系统正规的训练,扩大和充实所学专业知识,巩固已学过专业理论知识,提高实际工程能力;为毕业设计收集有关资料、数据,做好毕业设计的准备工作。

（二）实习内容与要求

1. 中央空调的新风系统工作原理

室外的新鲜空气受到风处理机的吸引进入风柜,并经过过滤降温除湿后由风道送入每个房间,这时的新风不能满足室内的热湿负荷,仅能满足室内所需的新风量,随着室内风机盘管处理室内空气热湿负荷的同时,多余出来的空气通过回风机按阀门的开启比例一部分排出室外,一部分返回到进风口处以便再次循环利用。

2. 中央空调的盘管系统工作原理

室内的风机盘管工作时吸入一部分由风柜处理后的新风,再吸入一部分室内未处理的空气经过工艺处理后,由风口送出能够吸收室内余热余湿的冷空气,使室内温度湿度达到所需要的标准,如此循环工作。

3. 中央空调的风管积尘原因原理

室外空气经中央空调处理时,由于大多数粗精效过滤网仅能过滤 $3\,\mu m$ 以上的悬浮颗粒物,其微细颗粒物则随风直接进入风管,而风管内表面实际粗糙度远远高于微细颗粒物的大小,因此,这些微细的颗粒物随着空气与风管内壁相互碰撞摩擦产生静电吸附越积越多,从而导致风管内壁的粗糙度越来越大,灰尘黏附加速进行,如此长年累月形成较厚积尘。

通过实习,学生达到如下要求:

（1）了解工程施工与管理;掌握建筑智能化系统、空气调节系统的类型与原理。

（2）掌握空气气流组织设计、风道设计、控制方式、水系统设计,相关图形如图 11.2.5、图 11.2.6 所示。

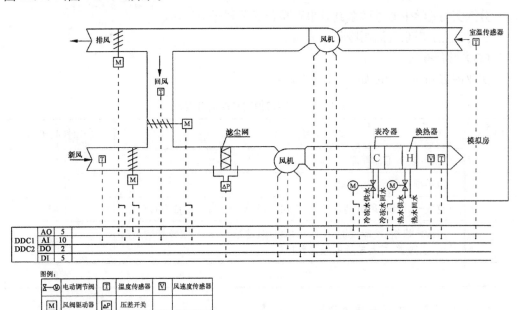

图 11.2.5　中央空气调节系统控制原理图

（3）空气调节系统的设置、性能、维护和保养。空调设备设施的维修养护主要是对冷水机组、冷却风机盘管、水泵机组、冷冻水、冷却水及凝结水路及风道、阀类、控制柜等的维修养护。

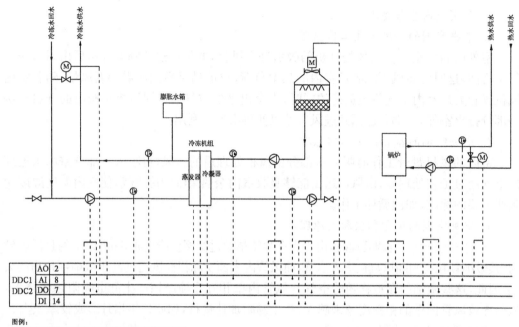

图 11.2.6　冷水系统控制原理图

（三）实习方式

分散实习：学生通过联系到企事业单位或公司进行实习。

实习地点：南京五洲制冷集团公司。

（四）时间分配

实业内容和时间分配如表 11.2.2 所示。

表 11.2.2　实习内容和时间分配表

序号	实　习　内　容	实习时间(天/周)
1	工程施工、工程管理	1 周
2	风系统及水系统的控制	1 周
3	空气-水系统，风机盘管系统，变风量(VAV)系统的组成及设计	1 周
4	对冷水机组、冷却风机盘管、水泵机组、冷冻水、冷却水及凝结水路及风道、阀类、控制柜等的维修养护	1 周
	合　　计	4 周

（五）实习考核方式与成绩评定

考核评定由下述三部分成绩按比例综合评定：

（1）实习中的工作态度及出勤情况占 20%。

（2）实习周记、实习报告撰写质量占 40%。

（3）实习单位的鉴定意见占 40%。

（六）日志、实习报告的内容与要求

在实习期间,要求所有学生必须详细作好实习笔记,每天应将实习的内容整理成日志,记录、分析所遇到的问题。实习结束后 1 周内每人提交 1 份实习报告,实习报告内容包括实习时间、实习场所、实习内容、实习心得感受以及对整个实习过程的各种建议与意见等。

（七）实习教材与参考书

[1] 徐勇.通风与空气调节工程[M].北京:机械工业出版社.2009.

[2] 张树平.建筑防火设计(第六版)[M].北京:中国建筑工业出版社.2001.

[3] 李天荣.建筑消防设备工程[M].重庆:重庆大学出版社.2005.

[4] 孙景芝.建筑智能化系统概论(第 1 版)[M].北京:高等教育出版社.2005.

四、建筑电梯制造及工程企业毕业实习教学案例

（一）实习目的

毕业实习是建筑电气与智能化专业教学计划的有机组成部分,也是学生毕业就业前的一次综合性实践教学,学生通过实习应达到的目的是:理论联系实际,通过实习,将所学电梯控制技术、灭火系统等知识,运用于消防工程、智能化控制;熟悉现有企业的生产技术水平,了解今后工作的对象和岗位;接受系统正规的训练,扩大和充实所学专业知识,巩固已学过专业理论知识,提高实际工程能力;为毕业设计收集有关资料、数据,做好毕业设计的准备工作。

（二）实习内容与要求

掌握电梯基本组成和运行原理。掌握电梯的各种信号控制系统的典型电路及控制方法。对电梯的选用方法、布置原则以及安装、调试、验收与维护加以更进一步的了解。

图 11.2.7~图 11.2.15 为电梯电气控制原理结构图。

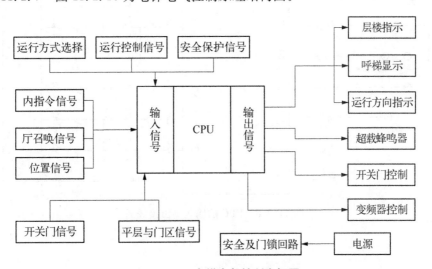

图 11.2.7　电梯电气控制方框图

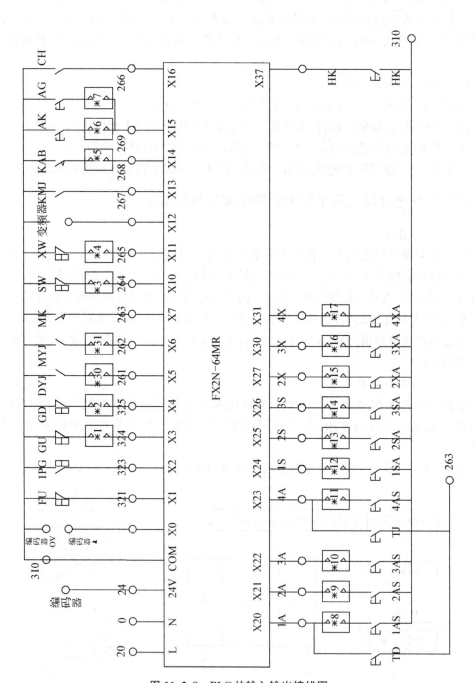

图 11.2.8　PLC 的输入输出接线图

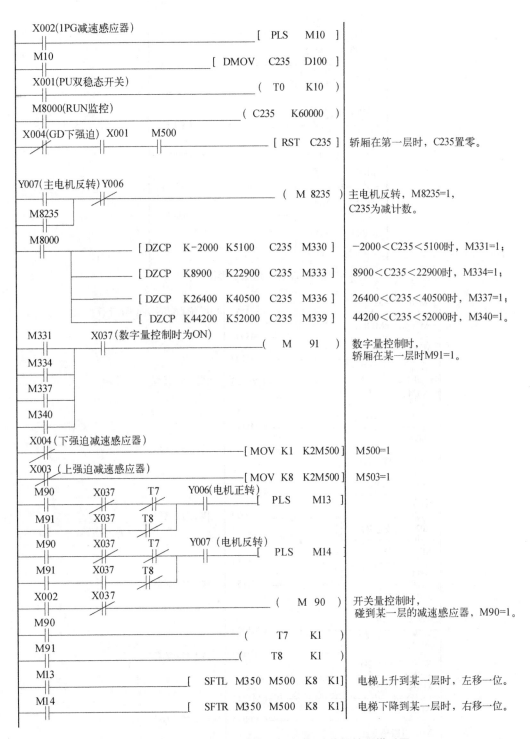

图 11.2.9　轿厢位置信号和数字/开关信号控制梯形图

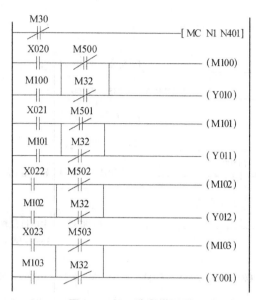

图 11.2.10　选层梯形图

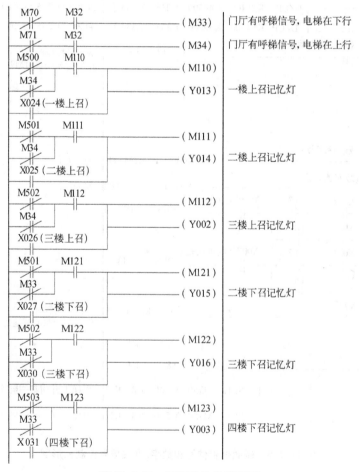

图 11.2.11　厅召唤信号梯形图

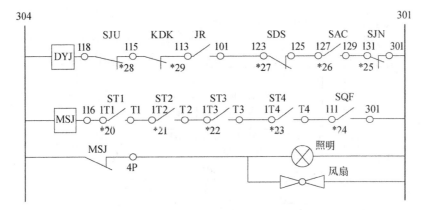

图 11.2.12 安全、风扇、照明及门锁电路

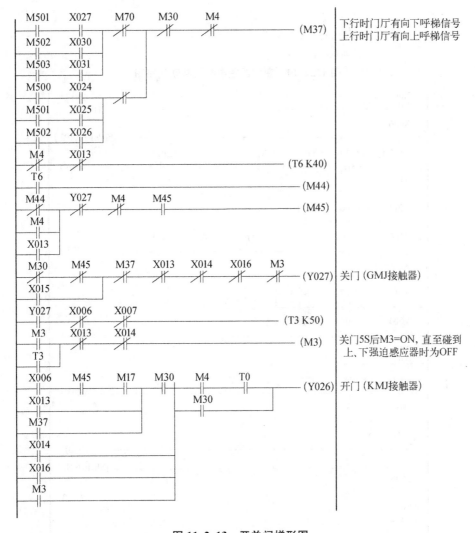

图 11.2.13 开关门梯形图

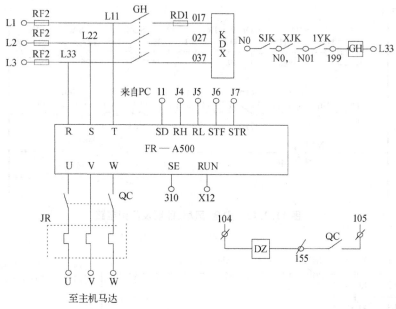

图 11.2.14　变频器主电路及制动线路图

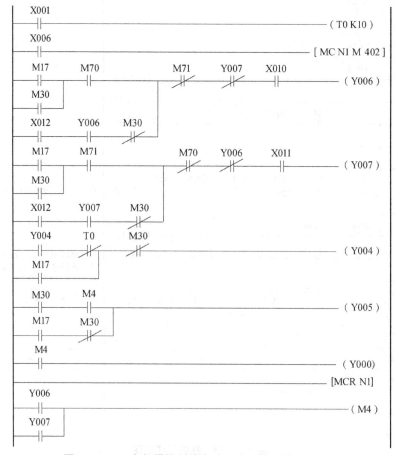

图 11.2.15　变频器控制的电动机正反转和转速梯形图

（三）实习方式

分散实习：学生自行联系到企事业单位或公司进行实习。

实习地点：南京电梯有限公司、南京宁奥电梯工程有限公司、南京恒天伟智能技术有限公司、南京普天天纪楼宇智能有限公司、南京消防器材厂。

（四）时间分配

实习内容和时间分配如表 11.2.3 所示。

表 11.2.3　实习内容和时间分配表

序　号	实　习　内　容	实习时间（天/周）
1	工程施工、工程管理	1 周
2	火灾自动报警与联动系统，自动喷水灭火系统，二氧化碳灭火系统	1 周
3	电视监控和防盗报警系统，综合布线系统	
4	水、电、气、电梯设备的设置、性能、维护和保养	2 周
	合　　计	4 周

（五）实习考核方式与成绩评定

考核评定由下述三部分成绩按比例综合评定：

(1) 实习中的工作态度及出勤情况占 20%。

(2) 实习周记、实习报告撰写质量占 40%。

(3) 实习单位的鉴定意见占 40%。

（六）日志、实习报告的内容与要求

在实习期间，要求所有学生必须详细作好实习笔记，每天应将实习的内容整理成日志，记录、分析所遇到的问题。实习结束后 1 周内每人提交 1 份实习报告，实习报告内容包括实习时间、实习场所、实习内容、实习心得感受以及对整个实习过程的各种建议与意见等。

（七）实习教材与参考书

[1] 魏明.建筑供配电与照明（第 1 版）[M].重庆：重庆大学出版社.2010.

[2] 张树平.建筑防火设计（第六版）[M].北京：中国建筑工业出版社.2001.

[3] 徐勇.通风与空气调节工程[M].北京：机械工业出版社.2005.

[4] 孙景芝.建筑智能化系统概论[M].北京：高等教育出版社.2005.

[5] 李惠昇.电梯控制技术（第 1 版）[M].北京：机械工业出版社.2006.

五、建筑综合布线产品制造及工程企业毕业实习教学案例

（一）实习目的

毕业实习是建筑电气与智能化专业教学计划的有机组成部分，也是学生毕业就业前的一次综合性实践教学，学生通过实习应达到的目的是：理论联系实际，通过实习，将所学工程制图、信息网络、综合布线等知识，应用于综合布线系统设计；熟悉现有企业的生产技术水平，了解今后工作的对象和岗位；接受系统正规的训练、扩大和充实所学专业知识、巩固已学过专业理论知识、提高实际工程能力；为毕业设计收集有关资料、数据，做好毕业

设计的准备工作。

（二）实习内容与要求

1. 实习内容

对深圳"三洋厂房片区"的 3♯厂房综合布线系统进行改造，使其适应新时代发展的需要。要求采用先进、成熟、实用的智能化系统集成技术；对 3♯厂房的各智能化子系统应实行统一的管理；所采用的系统和设备应符合标准化、开放性的要求，并具有可扩性和灵活性。系统设计要做到功能实用；技术先进、成熟；经济合理；安全可靠；施工维修方便；环保节能、可持续发展；体现以人为本。

具体内容包括：

（1）综合布线系统功能需求分析。

（2）综合布线系统配置设计。

按照国标 GB 50311—2007 的要求，对工作区子系统、水平子系统、干线子系统、管理子系统以及设备间与进线间分别进行设计。要求设计计算过程充分详细，对于管理子系统以及设备间分别用类似于图 11.2.16～11.2.17 的形式来描述。

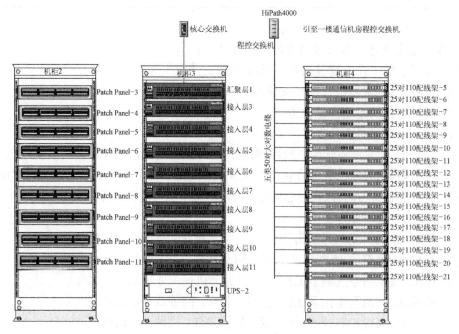

图 11.2.16　管理子系统示意图

（3）防雷接地系统设计。

（4）综合布线系统施工与验收。

2. 实习要求

（1）认真学习毕业实习大纲和毕业实习计划，明确毕业实习的目的、要求、任务和具体内容，通过毕业实习进一步验证和巩固所学的理论知识，提高分析问题及解决问题的能力。

（2）虚心向实习单位的指导教师、工程技术人员和工人师傅学习，仔细观察，认真分析，刻苦钻研，努力掌握更多的生产实践知识，为以后的理论学习打下基础。

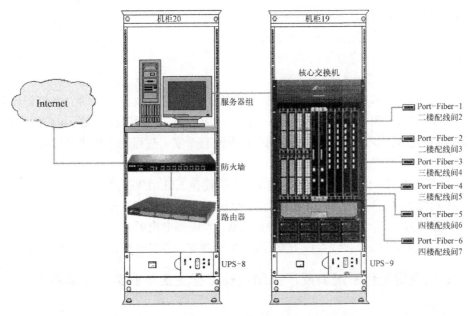

图 11.2.17 设备间示意图

（3）认真做好每天的实习记录，积极主动的搜集相关的资料，按时完成教师布置的任务。

（4）严格遵守实习纪律和实习单位的各项规章制度，确保设备和人身安全，以保证实习任务的顺利完成。

（5）学生实习期间不得缺席，如有特殊情况必须请假者，应提供充分证明材料，经实习指导教师集体研究批准后，方可离开。

（6）学生在实习结束时向指导教师递交实习报告。

（三）实习方式

分散实习：学生通过联系到企事业单位或公司进行实习。

实习地点：南京恒天伟智能技术有限公司、普天天纪楼宇智能有限公司、江苏跨域信息科技发展有限公司。

（四）时间分配

实习内容和时间分配如表 11.2.4 所示。

表 11.2.4 实习内容和时间分配表

序　号	实　习　内　容	实　习　时　间
1	需求分析	1 周
2	综合布线系统配置设计	1 周
3	防雷接地系统设计	1 周
4	综合布线系统施工与验收	1 周
合　　计		4 周

（五）实习考核方式与成绩评定

考核评定由下述三部分成绩按比例综合评定：

（1）实习中的工作态度及出勤情况占 20%。

（2）实习周记、实习报告撰写质量占 40%。

（3）实习单位的鉴定意见占 40%。

（六）日志、实习报告的内容与要求

在实习期间，要求所有学生必须详细作好实习笔记，每天应将实习的内容整理成日志，记录、分析所遇到的问题。实习结束后 1 周内每人提交 1 份实习报告，实习报告内容包括实习时间、实习场所、实习内容、实习心得感受以及对整个实习过程的各种建议与意见等。

（七）实习教材与参考书

[1] 韩宁等.综合布线技术[M].北京：中国建筑工业出版社.2011.

[2] 刘化君.综合布线系统[M].北京：机械工业出版社.2008.

[3] 陈桂芳.综合布线技术教程[M].北京：人民邮电出版社.2011.

[4] 雷锐生等.综合布线系统方案设计[M].西安：西安电子科技大学出版社.2004.

六、建筑智能化系统集成产品制造及工程企业毕业实习教学案例

（一）实习目的

毕业实习是建筑电气与智能化专业教学计划的有机组成部分，也是学生毕业就业前的一次综合性实践教学，学生通过实习应达到的目的是：理论联系实际，通过实习，将所学现场总线、自动控制、信息网络、系统集成等知识，运用于智能建筑系统集成设计；熟悉现有企业的生产技术水平，了解今后工作的对象和岗位；接受系统正规的训练，扩大和充实所学专业知识，巩固已学过专业理论知识，提高实际工程能力；为毕业设计收集有关资料、数据，做好毕业设计的准备工作。

（二）实习内容与要求

1. 实习内容

设计应用于实验教学和科学研究的基于 LonWorks 技术楼宇自控教学系统，要求除了具备实际应用中的功能之外，还应具有完善的工况环境模拟功能，以便于实验操作者与科研人员在任何时刻都能创建出所期望的运行工况环境而不受实时环境的限制。具体内容包括以下 3 个方面。

（1）基于 LonWorks 技术楼宇自控教学系统设计。主要包括六大部分的设计：

① 空调教学系统设计。

② 照明与供配电教学系统设计。

③ 给排水教学系统设计。

④ 火灾报警教学系统设计。

⑤ 照明教学系统设计。

⑥ 电梯教学系统设计。

（2）基于 LonWorks 技术楼宇自控教学系统网络构建。要求将各个硬件设备节点之间采用媒体介质进行物理连接，同时采用 LonMaker for Windows 网络设计软件将各个智能节点从逻辑的角度连接起来。

（3）基于 LonWorks 技术楼宇自控教学系统人机界面设计。要求应用 Intouch 开发

上位机监测控制系统,以图形化的方式向用户展示了整个楼宇自动化系统各子系统的工艺流程和系统中各个位置的工艺参数,为用户提供方便的可直接操作和设定的图形化人机操作界面。设计出的图形界面类似于图11.2.18～图11.2.23所示。

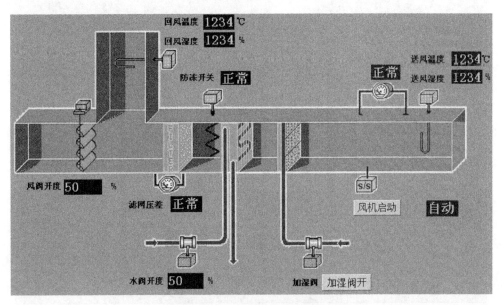

图 11.2.18　新风空调系统监控界面

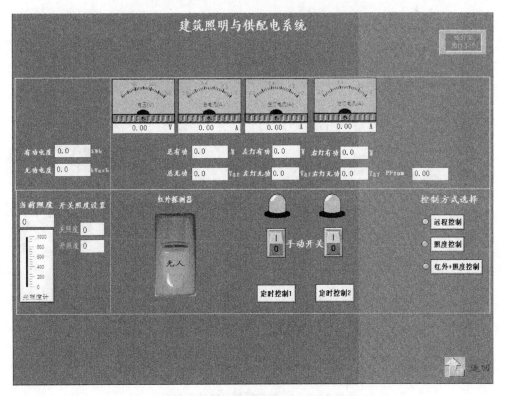

图 11.2.19　建筑照明与供配电系统监控界面

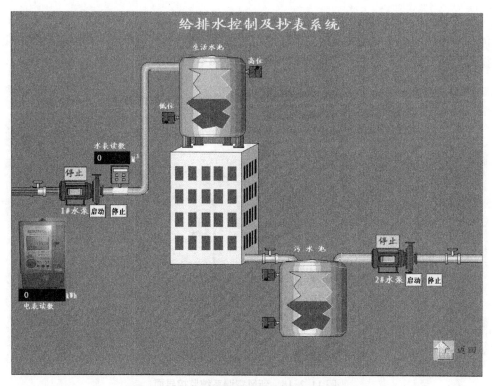

图 11.2.20 给排水控制及抄表系统监控界面

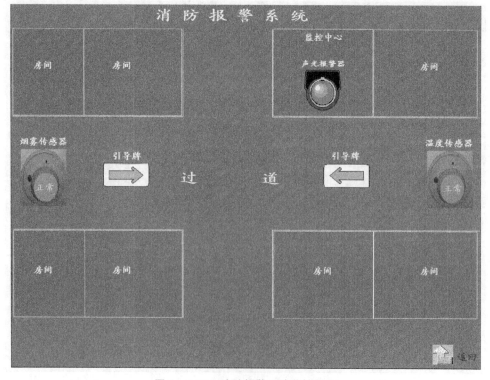

图 11.2.21 消防报警系统监控界面

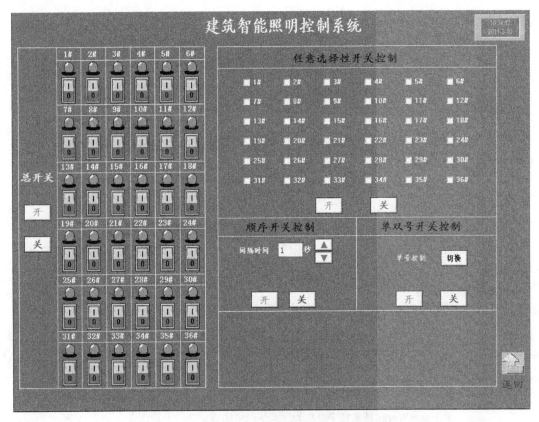

图 11.2.22 建筑智能照明控制系统监控界面

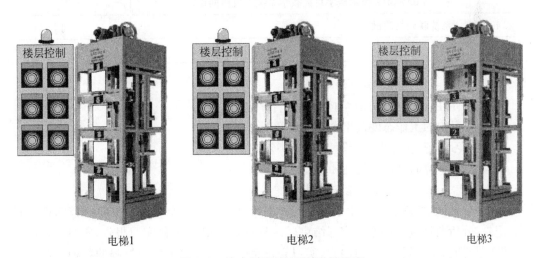

图 11.2.23 电梯控制系统监控界面

2. 实习要求

(1)认真学习毕业实习大纲和毕业实习计划,明确毕业实习的目的、要求、任务和具体内容,通过毕业实习进一步验证和巩固所学的理论知识,提高分析问题及解决问题的能力。

（2）虚心向实习单位的指导教师、工程技术人员和工人师傅学习，仔细观察，认真分析，刻苦钻研，努力掌握更多的生产实践知识，为以后的理论学习打下基础。

（3）认真做好每天的实习记录，积极主动的搜集相关的资料，按时完成教师布置的任务。

（4）严格遵守实习纪律和实习单位的各项规章制度，确保设备和人身安全，以保证实习任务的顺利完成。

（5）学生实习期间不得缺席，如有特殊情况必须请假者，应提供充分证明材料，经实习指导教师集体研究批准后，方可离开。

（6）学生在实习结束时向指导教师递交实习报告。

（三）实习方式

分散实习：学生通过联系到企事业单位或公司进行实习。

实习地点：南京恒天伟智能技术有限公司、普天天纪楼宇智能有限公司、南京跨域计算机有限公司。

（四）时间分配

实习内容和时间分配如表 11.2.5 所示。

表 11.2.5　实习内容和时间分配表

序　号	实　习　内　容	实习时间
1	基于 LonWorks 技术楼宇自控教学系统设计	1 周
2	基于 LonWorks 技术楼宇自控教学系统网络构建	1 周
3	基于 LonWorks 技术楼宇自控教学系统人机界面设计	1 周
4	系统联调与测试	1 周
合　　计		4 周

（五）实习考核方式与成绩评定

考核评定由下述三部分成绩按比例综合评定：

（1）实习中的工作态度及出勤情况占 20%。

（2）实习周记、实习报告撰写质量占 40%。

（3）实习单位的鉴定意见占 40%。

（六）日志、实习报告的内容与要求

在实习期间，要求所有学生必须详细作好实习笔记，每天应将实习的内容整理成日志，记录、分析所遇到的问题。实习结束后 1 周内每人提交 1 份实习报告，实习报告内容包括实习时间、实习场所、实习内容、实习心得感受以及对整个实习过程的各种建议与意见等。

（七）实习教材与参考书

［1］杜明芳.智能建筑系统集成［M］.北京：中国建筑工业出版社.2009.

［2］高安邦等.LonWorks 技术原理与应用［M］.北京：机械工业出版社.2009.

［3］王再英等.楼宇自动化系统原理与应用［M］.北京：电子工业出版社.2005.

第三节　企业毕业实习考核

一、企业毕业实习考核方式与成绩评定标准

（一）实习成绩评定标准

实习结束后，由实习指导老师负责对学生的实习成绩进行量化考核，评定等级。分散实习的学生毕业实习成绩由三个方面构成，即实习中的工作态度及出勤情况、实习单位的鉴定意见、实习周记和实习报告撰写质量，上述三个方面的权重分别为 0.2、0.4、0.4。以百分制为计算依据，最终成绩按照优、良、中、及格和不及格五级制评定。

实习成绩总评：实习周记和实习报告 40%，工作态度及出勤情况 30%，实习单位鉴定意见 40%。

表 11.3.1　成绩评定表

序 号	考 核 点	考 核 内 容	考 核 方 式	比　例
1	实习报告和实习周记	格式规范性、独立性	教师审阅	10
		反映实习内容全面性	教师审阅	20
		完成报告及时性	教师检查	10
2	工作态度及出勤情况	考勤	平时记录	10
		安全意识	平时记录	10
3	实习单位鉴定意见	考勤	实习单位提供	10
		工作态度	实习单位提供	20
		团队协作意识	实习单位提供	10

（二）企业毕业实习考核方式

毕业实习结束后，应及时返校。由实习指导教师负责对学生的实习成绩进行量化考核。考核的总体标准如下：

优秀：能很好地完成实习任务，达到实习大纲中规定的全部要求，实习报告能对实习内容进行全面、系统总结，并能运用学过的理论对某些问题加以分析，并有某些独到见解。实习态度端正，实习中无违纪行为。

良好：能较好地完成实习任务，达到实习大纲中规定的全部要求，实习报告能对实习内容进行比较全面、系统的总结。实习态度端正，实习中无违纪行为。

中等：达到实习大纲中规定的主要要求，实习报告能对实习内容进行比较全面的总结，学习态度基本正确，实习中无违纪行为。

及格：实习态度端正，完成了实习的主要任务，达到实习大纲中规定的基本要求，能够完成实习报告，内容基本正确，但不够完整、系统。

不及格：有下列情况中的任何一项者，毕业实习成绩为不及格，不得毕业。

（1）有违法乱纪行为及严重违反文明规范者。

（2）实习期间缺席三分之一（含病事假）者，不得参加考核，实习成绩为不及格。

（3）不按时上交实习回执、毕业实习报告和毕业调研报告者。

（4）毕业实习报告中个人总结部分以及实习调研报告结构混乱、内容空洞、错误明显、字迹潦草者；弄虚作假，伪造或抄袭实习相关材料者。

（三）实习单位鉴定表

实习单位鉴定表如表11.3.2所示。

表11.3.2　机电工程学院建筑电气与智能化专业企业毕业实习鉴定表

班　级		姓　名	
		学　号	
实习名称		指导教师	
实习时间		实习地点	
个人小结		签字（盖章）： 年　　月　　日	
实习单位评价		签字（盖章）： 年　　月　　日	
指导教师意见		签字（盖章）： 年　　月　　日	

二、企业毕业实习总结要求

在实习期间，要求所有学生必须详细作好实习笔记，每天应将实习的内容整理成日志，记录、分析所遇到的问题。实习结束后1周内每人提交1份实习报告，实习报告内容包括实习时间、实习场所、实习内容、实习心得感受以及对整个实习过程的各种建议与意见等。

第十二章 毕业设计(论文)

第一节 毕业设计(论文)概述

毕业设计(论文)教学是实现本科培养目标的重要的和最后的学习阶段,是培养学生综合运用建筑电气与智能化专业的基础理论、基本知识和基本技能,提高分析与解决实际问题的能力,完成工程技术人员基本训练的重要环节;是检验学生4年学习质量和收获的一次综合演练和考核,也是学生毕业的重要依据;同时也是衡量本科教育质量的重要评价内容。

一、毕业设计(论文)的目的与要求

(一) 毕业设计(论文)的教学目的

毕业设计(论文)的基本教学目的是培养学生综合运用所学的基础理论、专业知识和基本技能分析和解决实际问题,具有初步科学研究的能力。根据专业性质有所侧重地培养以下几方面能力:

(1) 调查研究、中外文献检索与阅读的能力。

(2) 综合运用专业理论、知识分析解决实际问题的能力。

(3) 定性与定量相结合的独立研究与论证的能力。

(4) 实验方案的制定、仪器设备的选用、安装、调试及实验数据的测试、采集与分析处理的能力。

(5) 设计、计算与绘图的能力,包括使用计算机的能力。

(6) 逻辑思维与形象思维相结合的文字及口头表达的能力。

(7) 撰写设计说明书或论文的能力。

(二) 毕业设计(论文)的要求

学生可选择进行毕业设计、撰写毕业论文或两者同时要求,若是毕业设计,须撰写设计说明书。学生在规定时间内,向学院交付复印清晰、装订整齐的格式规范(根据《金陵科技学院本科毕业设计(论文)撰写规范》)的纸质毕业论文或毕业设计说明书,和一份内容完全一致的电子文档,逾期未交付上述资料者,不得参加该届毕业设计(论文)答辩。

毕业设计(论文)可以分为下述几种类型:理论研究、实验研究、工程设计、计算机软件开发等。根据我系情况,分别对这几种类型的毕业设计(论文)提出以下具体要求:

1. 理论研究类

学生应对选题的目的、意义、本课题国内外的研究现状进行综述,提出立论的基本依据,进行论证分析,提出自己的具体解决方案或研究结果。论文字数应在 8 000 字以上。

2. 实验研究类

学生应在阐明实验研究目的的基础上,从制订实验方案开始,独立完成一个完整的实验。应取得足够的实验数据,并对其进行分析和相应的处理,给出必要的实验结果(曲线、图表等),得出实验结论。论文字数应在 6 000 字以上。

3. 工程设计类

对于工程类题目,除了完成毕业设计(论文)的文字部分,还要求有相应的设计图纸和设计说 明书,并且能够按任务书要求正常工作。学生应根据要求独立绘制一定量的工程设计图纸,并撰写一份不少于 4 000 字的毕业设计说明书。

4. 计算机软件开发类

学生应独立完成一个应用软件或较大软件中的一个或数个模块设计、调试,保证足够的工作量,并写出不少于 5 000 字的设计说明书(或论文),同时每个应用软件应写出不少于 2 000 字的软件使用说明书。

以上教学内容也可以根据教学的实际情况灵活掌握、适当调整。如条件允许的情况下,可以增加调试内容。毕业设计(论文)的题目应该是建筑电气与智能化专业的实际课题或理论问题。

二、毕业设计(论文)计划制定

1. 毕业设计时间分配

(1) 毕业设计(论文)工作安排在第八学期进行,时间为 15 周。

(2) 毕业设计(论文)选题方案确定后,由指导教师编制毕业设计(论文)任务书,在毕业设计教务系统规定时间提交审核,专业负责人在规定时间审核、通过。

(3) 学生在规定时间上网查看毕业设计(论文)任务书后,在第 1~2 周向教务系统提交开题报告(说明对题目的理解、承担的工作任务、工作计划、要求和具体的设计内容,以及对设计内容相关知识的掌握等,格式参看教务处文件)。

(4) 指导教师在 4~5 周里,对每一个学生进行开题检查。检查文献阅读、方案论证和工作计划,判断学生 对题目的理解。

(5) 在第 7~8 周,由系组织毕业设计(论文)的中期检查。检查按计划完成工作任务的情况,工作表现,遇到的困难能否克服,后续工作的安排等。对不合格的学生提出黄牌警告,对提出黄牌警告者毕业设计成绩不能为优秀,对指导不利的教师给予通报批评。

(6) 在答辩前一周,组织结题验收。检查设计图纸是否完备规范,实验数据是否完备可靠,现场检查软件或实验装置的运行和实验数据,检查工作日志或考勤情况。

2. 毕业设计地点选择

根据实际情况,分组进行毕业设计。

第二节 毕业设计(论文)的选题

一、毕业设计(论文)的课题要求

毕业设计(论文)要求与专业结合紧密,并与指导教师或企业的工作实际接近,同时让同学参与到老师的科研等工程实践中,在实践中提高自身综合业务素质。

对题目的具体要求如下:

(1) 题目要符合建筑电气与智能化专业培养目标。

(2) 题目要结合当时社会和实践的具体情况,具有可实现性或可研究性,能反映当时技术的现状与发展。

(3) 题目的难度和工作量要适应学生的知识、能力和相应的实验条件,使学生在规定的时间内工作量饱满,经努力能够完成任务。

(4) 题目要有助于巩固、深化和开拓学生所学知识,着重于对学生分析问题、解决问题能力的培养。

(5) 题目由指导教师提出,学生选择,经教研室初审、学院审定,于第7学期末发给学生。学生也可自拟题目,经指导教师和教研室批准方可实施。毕业设计(论文)的选题上报学院并在学校教务处备案。

二、指导老师申报课题

毕业设计(论文)课题由指导教师提出,并填写《毕业设计(论文)选题、审题表》,在规定时间里,在毕业设计系统里提交。

三、毕业设计(论文)课题的审核与论证

分专业进行课题的审核与论证,经所在教研室讨论和教研室负责人审定后向全体学生公布。

四、确定毕业设计(论文)选题

选题遵循"双向选择"的原则进行,学生根据公布的设计(论文)题目自由选择,各专业再根据学生人数和教师指导能力进行调整后确定学生的毕业设计(论文)题目。

五、毕业设计(论文)任务书的下达

《毕业设计(论文)任务书》由指导教师根据各课题的具体情况以及本专业毕业设计(论文)教学大纲填写,经学生所在专业负责人审查后生效,并于毕业设计(论文)开始前一周内发给学生。毕业设计(论文)任务书中除布置整体工作内容,提供必要的资料、数据外,应提出明确的技术要求和量化的工作要求。由多个学生共同完成的课题,应参照《毕业设计(论文)选题、审题表》中的内容,明确毕业设计(论文)学生须各自独立完成的工作。

毕业设计(论文)任务书内容必须按有关要求用黑墨水笔工整书写或按教务处统一设计的电子文档标准格式打印,不得涂改或潦草书写,禁止打印在其他纸上剪贴。

毕业设计(论文)任务书一经审定,指导教师不得随意更改,如因特殊情况确需变更,须以书面形式说明变更原因,经所在专业负责人同意,学院主管领导批准后方可变更。

第三节 毕业设计(论文)的开题

开题报告(含"文献综述")作为毕业设计(论文)答辩委员会对学生答辩资格审查的依据材料之一。此报告应在指导教师指导下,由学生在毕业设计(论文)工作前期内完成,经指导教师签署意见及所在专业审查后生效。

一、查阅文献撰写文献综述

"文献综述"应按论文的框架成文,并直接书写(或打印)在本开题报告第一栏目内,学生写文献综述的参考文献应不少于15篇(不包括辞典、手册)。

二、开题报告的撰写

1. 开题报告的主要内容

(1) 所选课题国内、外研究及发展状况。

(2) 课题研究的目的和意义。

(3) 课题研究的主要内容、难点及关键技术。

(4) 研究方法及技术途径。

(5) 实施计划。

2. 主要参考文献

不少于15篇,其中外文文献不少于1篇。

3. 开题报告的字数

不少于3 000字,格式按《金陵科技学院本科毕业设计(论文)撰写规范》的要求撰写。

三、完成外文参考资料及译文的撰写

(1) 外文文献翻译的内容应与毕业设计(论文)课题相关。

(2) 外文文献翻译的字数:不少于5 000汉字,格式按《金陵科技学院毕业设计(论文)撰写规范》的要求撰写。

(3) 外文文献翻译单独装订:第一部分为译文,第二部分为外文文献原文。

四、开题答辩,进行开题审核

由各专业教研室组织开题答辩,由专业负责人负责在毕业系统规定时间提交审核结论。

第四节 毕业设计(论文)的研究过程

一、毕业设计(论文)的撰写规范

毕业设计(论文)的撰写规范另发。

二、确定论文结构,撰写论文大纲

在毕业论文的写作过程中,要求学生编写提纲。从写作程序上讲,它是作者动笔行文前的必要准备;从提纲本身来讲,它是作者构思谋篇的具体体现。

论文提纲可分为简单提纲和详细提纲两种。简单提纲是高度概括的,只提示论文的要点,如何展开则不涉及。这种提纲虽然简单,但由于它是经过深思熟虑构成的,有助于写作的顺利进行。

三、毕业设计(论文)的理论与实践研究

撰写毕业论文必须坚持理论联系实际的原则。要做到立论科学,观点创新,论据翔实,论证严密。

(一)立论要科学

毕业论文的科学性是指文章的基本观点和内容能够反映事物发展的客观规律。文章的基本观点必须是从对具体材料的分析研究中产生出来,而不是主观臆想出来的。科学研究作用就在于揭示规律,探索真理,为人们认识世界和改造世界开拓前进的道路。判断一篇论文有无价值或价值之大小,首先是看文章观点和内容的科学性如何。

文章的科学性首先来自对客观事物的周密而详尽的调查研究。掌握大量丰富而切合实际的材料,使之成为"谋事之基,成事之道"。

其次,文章的科学性通常取决于作者在观察、分析问题时能否坚持实事求是的科学态度。在科学研究中,既不容许夹杂个人的偏见,又不能人云亦云,更不能不着边际地凭空臆想,而必须从分析出发,力争做到如实反映事物的本来面目。

再次,文章是否具有科学性,还取决于作者的理论基础和专业知识。写作毕业论文是在前人成就的基础上,运用前人提出的科学理论去探索新的问题。因此,必须准确地理解和掌握前人的理论,具有广博而坚实的知识基础。如果对毕业论文所涉及领域中的科学成果一无所知,那就根本不可能写出有价值的论文。

(二)观点要创新

毕业论文的创新是其价值所在。文章的创新性,一般来说,就是要求不能简单地重复前人的观点,而必须有自己的独立见解。学术论文之所以要有创新性,这是由科学研究的目的决定的。从根本上说,人们进行科学研究就是为了认识那些尚未被人们认识的领域,学术论文的写作则是研究成果的文字表述。因此,研究和写作过程本身就是一种创造性活动。从这个意义上说,学术论文如果毫无创造性,就不成其为科学研究,因而也不能称

之为学术论文。毕业论文虽然着眼于对学生科学研究能力的基本训练,但创造性仍是其着力强调的一项基本要求。

当然,对学术论文特别是毕业论文创造性的具体要求应作正确的理解。它可以表现为在前人没有探索过的新领域,前人没有做过的新题目上做出了成果;可以表现为在前人成果的基础上作进一步的研究,有新的发现或提出了新的看法,形成一家之言,也可以表现为从一个新的角度,把已有的材料或观点重新加以概括和表述。文章能对现实生活中的新问题作出科学的说明,提出解决的方案,这自然是一种创造性;即使只是提出某种新现象、新问题,能引起人们的注意和思考,这也不失为一种创造性。国家科委成果局在1983年3月发布的《发明奖励条例》中指出:"在科学技术成就中只有改造客观世界的才是发明,⋯⋯至于认识客观世界的科学成就,则是发现。"条例中对"新"作了明确规定:"新"是指前人所没有的。凡是公知和公用的,都不是"新"。这些规定,可作为我们衡量毕业论文创造性的重要依据。

根据《条例》所规定的原则,结合写作实践,衡量毕业论文的创造性,可以从以下几个具体方面来考虑:

(1) 所提出的问题在本专业学科领域内有一定的理论意义或实际意义,并通过独立研究,提出了自己一定的认识和看法。

(2) 虽是别人已研究过的问题,但作者采取了新的论证角度或新的实验方法,所提出的结论在一定程度上能够给人以启发。

(3) 能够以自己有力而周密的分析,澄清在某一问题上的混乱看法。虽然没有更新的见解,但能够为别人再研究这一问题提供一些必要的条件和方法。

(4) 用较新的理论、较新的方法提出并在一定程度上解决了实际生产、生活中的问题,取得一定的效果。或为实际问题的解决提供新的思路和数据等。

(5) 用相关学科的理论较好地提出并在一定程度上解决本学科中的问题。

(6) 用新发现的材料(数据、事实、史实、观察所得等)来证明已证明过的观点。

科学研究中的创造性要求对前人已有的结论不盲从,而要善于独立思考,敢于提出自己的独立见解,敢于否定那些陈旧过时的结论,这不仅要有勤奋的学习态度,还必须具有追求真理、勇于创新的精神。要正确处理继承与创新的关系,任何创新都不是凭空而来的,总是以前人的成果为基础。因此,我们要认真地学习、研究和吸收前人的成果。但是这种学习不是不加分析地生吞活剥,而是既要继承,又要批判和发展。

四、毕业设计(论文)的撰写

1. 毕业设计(论文)初稿完成与审核

学生下笔时要对以下两个方面加以注意:拟定提纲和基本格式。拟定提纲包括题目、基本论点、内容纲要。内容纲要包括大项目即大段段旨、中项目即段旨、小项目即段中材料或小段段旨。拟定提纲有助于安排好全文的逻辑结构,构建论文的基本框架。论文基本格式一般由标题、摘要、正文、参考文献四方面内容构成,正文是毕业论文的核心内容,包括绪论、本论、结论三大部分。绪论部分主要说明研究这一课题的目的、意义,要写得简洁。要明确、具体地提出所论述课题,有时要写些历史回顾和现状分析,本人将有哪些补充、纠正或发展,还要简单介绍论证方法。

本论部分是论文的主体,即表达作者的研究成果,主要阐述自己的观点及其论据。这部分要以充分有力的材料阐述观点,要准确把握文章内容的层次、大小段落间的内在联系。篇幅较长的论文常用推论式(即由此论点到彼论点逐层展开、步步深入的写法)和分论式(即把从属于基本论点的几个分论点并列起来,一个个分别加以论述)两者结合的方法。

结论部分是论文的归结收束部分,要写论证的结果,做到首尾一贯,同时要写对课题研究的展望,提及进一步探讨的问题或可能解决的途径等。参考文献即撰写论文过程中研读的一些文章或资料,要选择主要的列在文后。

学生初稿完成后要求在毕业设计系统规定时间里提交,并通知指导老师及时审核,并及时按指导老师要求的意见修改。

2. 毕业设计(论文)的定稿撰写

初稿通过指导老师审核后,进行定稿环节,通过这一环节,可以看出写作意图是否表达清楚,基本论点和分论点是否准确、明确,材料用得是否恰当、有说服力,材料的安排与论证是否有逻辑效果,大小段落的结构是否完整、衔接自然,句子词语是否正确妥当,文章是否合乎学校规范。

第五节 毕业设计(论文)的评阅

一、毕业设计(论文)的评阅要求

(1) 为了保证评阅环节的质量,毕业设计(论文)建议由答辩小组中一名成员进行详细评阅,并写出评阅评语。

(2) 指导教师不能兼任被指导学生的设计(论文)评阅人。

二、毕业设计(论文)评阅流程与开展

1. 指导老师评阅,确定答辩资格

指导教师审查学生是否保质保量完成设计任务,对于没有完成毕业设计任务或毕业设计成果及论文没有通过答辩资格审查者不予参加答辩。

毕业设计(论文)被发现有下列情况之一者不得参加答辩,成绩记为不及格:

(1) 未完成规定任务者(包括文字部分、图纸部分等)。

(2) 有重大错误,经指导教师指出未修正者。

(3) 设计(论文)期间累计旷课时间达到或超过全过程1/3者。

(4) 毕业设计(论文)抄袭情况严重者,弄虚作假、伪造实验数据者等。

2. 评阅老师评阅

评阅教师在答辩前,根据课题涉及的内容和要求,以相关基本概念、基本理论为主,准备好不同难度的问题,供答辩中提问选用。

第六节　毕业设计(论文)的答辩

毕业设计(论文)完成后要进行答辩,以检查学生是否达到毕业设计的基本要求和目的,衡量毕业设计(论文)的质量高低。学生口述总结毕业设计(论文)的主要工作和研究成果并对答辩委员会成员所提问题做出回答。答辩是对学生的专业素质和工作能力、口头表达能力及应变能力进行考核;是对学生知识的理解程度做出判断;对该课题的发展前景和学生的努力方向,进行最后一次的直面教育。

一、毕业设计(论文)答辩委员会组成

答辩委员会委员一般为5~7人,由学术水平较高、有高级职称的教师组成。答辩委员会委员主要任务是:领导本专业的全部答辩工作,制定答辩要求和评分标准,组织学习和掌握评分标准;指导、检查各答辩小组工作;审核答辩小组上报的成绩。

二、答辩分组

答辩小组一般为3~5人,答辩小组成员原则上由本专业中级及其以上职称者担任,也可到企业或用人单位聘请技术人员。组长一般应由具有副高及以上职称的答辩委员会委员担任。提倡聘请校外生产、科研等单位或毕业生用人单位有实际工作经验的专家参加答辩。请校外人员参加答辩,须事先经院(部)答辩委员会委员批准。

三、毕业设计(论文)答辩的准备

毕业论文完成后,论文作者就要开始准备参加答辩。答辩建议从下面的几个方面进行准备:

1. 答辩的心理准备

答辩是学生获准毕业、取得学位的必由之路,是走出学校、走向社会的最后一次在校学习的机会。只要认真对待,通过并非难事。

自负与自卑都不可取。以轻视的态度面对答辩,放松精神、漫不经心、精力分散,势必在答辩中难于集中精神,自述丢三落四,回答问题张冠李戴,精神状态懒散,这种自负会让我们搬起石头砸自己的脚功亏一篑。自卑的心理会使答辩大失水准,甚至由于胆怯而不能正常表达自己的想法,说话颠三倒四,思维停滞,态度唯唯诺诺,无法体现真实的能力和水平。

树立自信心,适当放松心情,不要给自己过大的压力,积极热情,泰然处之,以平常心对待。在答辩之前,搞一个小型的试讲会,模拟提问,努力适应答辩环境,克服恐惧、紧张的心理。

2. 答辩的内容准备

答辩内容准备有以下几点:

(1) 事先准备好论文底稿、参考资料、答辩提纲。

答辩不同于一般的口试,准备工作必须是全方位的。进入答辩会场要携带论文底稿、答辩提纲和参考资料,这三种资料的准备工作尤为重要。

论文底稿要保留,答辩之前要熟读其内容。无论是答辩中的自我陈述,还是答辩教师的提问都是以论文内容作为依据,论文中的重点内容必须牢记。

收集与论文相关的参考资料,分类整理,做好索引以便查找。参考资料尽量齐全,仔细阅读并学习研究,开拓视野,储备丰富的知识。

答辩提纲作为答辩中必不可少的物质资料,直接影响答辩的质量。答辩提纲的撰写有其特殊的要求、要领。它是论文底稿和参考资料的融合与提炼。从表面看,一份提纲的篇幅相对于论文来讲,是相当少的,但它的内容和信息量是论文与参考资料的总和。

(2) 辅助准备。在15分钟的自我陈述过程中,单用"说"这种枯燥的方式,不容易达到好的效果。在答辩过程中应注意吸引答辩教师的注意力,充分调动答辩小组的积极性,使用生动活泼的语言可以收到好的成效;视觉图像往往让人有更加深刻的认知,如果利用视觉反应传达毕业设计论文的内容,再配以语言解释,这二者的巧妙结合将使答辩变得有声有色。因此可以选择图、表、照片、幻灯、投影等作为辅助答辩的物质材料。

(3) 答辩提纲。拟定答辩提纲有助于理清答辩的思路,帮助学生组织语言,按照正确的顺序将毕业设计(论文)的背景、目的、研究方法、结果等一一阐述。答辩提纲主要应该有以下四个内容:所研究课题的背景和研究该课题的主要意义;此课题要解决的关键问题;独立解决问题的创新方法;研究依据和研究结果。

3. 答辩注意事项

(1) 克服紧张、不安、焦躁的情绪,自信自己一定可以顺利通过答辩。

(2) 注意自身修养,有礼有节。无论是听答辩教师提出问题,还是回答问题都要做到礼貌应对。

(3) 听明白题意,抓住问题的主旨,弄清答辩教师提问的目的和意图,充分理解问题的根本所在,再作答,以免答非所问的现象。

(4) 若对某一个问题确实没有搞清楚,要谦虚向教师请教。尽量争取教师的提示,巧妙应对。用积极的态度面对遇到的困难,努力思考作答,不应自暴自弃。

(5) 答辩时语速要快慢适中,不能过快或过慢。过快会让答辩小组成员难以听清楚,过慢会让答辩教师感觉答辩人对这个问题不熟悉。

(6) 对没有把握的观点和看法,不要在答辩中提及。

(7) 不论是自述,还是回答问题,都要注意掌握分寸。强调重点,略述枝节;研究深入的地方多讲,研究不够深入的地方最好避开不讲或少讲。

(8) 通常提问会依据先浅后深、先易后难的顺序。

(9) 答辩人的答题时间一般会限制在一定的时间内,除非答辩教师特别强调要求展开论述,都不必要展开过细。直接回答主要内容和中心思想,去掉旁枝细节,简单干脆,切中要害。

4. 答辩常见问题

在答辩时,一般是几位相关专业的老师根据学生的设计实体和论文提出一些问题,同时听取学生个人阐述,以了解学生毕业设计的真实性和对设计的熟悉性;考察学生的应变能力和知识面的宽窄;听取学生对课题发展前景的认识。

常见问题的分类如下:

(1) 辨别论文真伪,检查是否为答辩人独立撰写的问题。

(2) 测试答辩人掌握知识深度和广度的问题。

(3) 论文中没有叙述清楚,但对于本课题来讲尤为重要的问题。

(4) 关于论文中出现的错误观点的问题。

(5) 课题有关背景和发展现状的问题。

(6) 课题的前景和发展问题。

(7) 有关论文中独特的创造性观点的问题。

(8) 与课题相关的基本理论和基础知识的问题。

(9) 与课题相关的扩展性问题。

四、毕业设计(论文)答辩的一般程序

学生在答辩前要预先准备,首先汇报 10 分钟,然后接受质询,教师提问 10～20 分钟左右。答辩中的提问和学生回答的问题要求做简要记录。

答辩程序的一般程序:

1. 自我介绍

自我介绍作为答辩的开场白,包括姓名、学号、专业。介绍时要举止大方、态度从容、面带微笑,礼貌得体的介绍自己,争取给答辩小组一个良好的印象。好的开端就意味着成功了一半。

2. 答辩人陈述

收到成效的自我介绍只是这场答辩的开始,接下来的自我陈述才进入正轨。自述的主要内容归纳如下:

(1) 论文标题。向答辩小组报告论文的题目,标志着答辩的正式开始。

(2) 简要介绍课题背景、选择此课题的原因及课题现阶段的发展情况。

(3) 详细描述有关课题的具体内容,其中包括答辩人所持的观点看法、研究过程、实验数据、结果。

(4) 重点讲述答辩人在此课题中的研究模块、承担的具体工作、解决方案、研究结果。

(5) 侧重创新的部分。这部分要作为重中之重,这是答辩教师比较感兴趣的地方。

(6) 结论、价值和展望。对研究结果进行分析,得出结论;新成果的理论价值、实用价值和经济价值;展望本课题的发展前景。

(7) 自我评价。答辩人对自己的研究工作进行评价,要求客观,实事求是,态度谦虚。经过参加毕业设计与论文的撰写,专业水平上有哪些提高、取得了哪些进步,研究的局限性、不足之处、心得体会。

3. 提问与答辩

答辩教师的提问安排在答辩人自述之后,是答辩中相对灵活的环节,有问有答,是一个相互交流的过程。一般为 3 个问题,采用由浅入深的顺序提问,采取答辩人当场作答的

方式。

答辩教师提问的范围在论文所涉及的领域内，一般不会出现离题的情况。提问的重点放在论文的核心部分，通常会让答辩人对关键问题作详细、展开性论述，深入阐明。答辩教师也会让答辩人解释清楚自述中未讲明白的地方。论文中没有提到的漏洞，也是答辩小组经常会问到的部分。再有就是论文中明显的错误，这可能是由于答辩人比较紧张而导致口误，也可能是答辩人从未意识到，如果遇到这种状况，不要紧张，保持镇静，认真考虑后再回答。还有一种判断类的题目，即答辩教师故意以错误的观点提问，这就需要答辩人头脑始终保持清醒，精神高度集中，正确作答。

仔细聆听答辩教师的问题，然后经过缜密的思考，组织好语言。回答问题时要求条理清晰、符合逻辑、完整全面、重点突出。如果没有听清楚问题，请答辩教师再重复一遍，态度诚恳，有礼貌。

当有问题确实不会回答时，也不要着急，可以请答辩教师给予提示。答辩教师会对答辩人改变提问策略，采用启发式的引导式的问题，降低问题难度。

出现可能有争议的观点，答辩人可以与答辩教师展开讨论，但要特别注意礼貌。答辩本身是非常严肃的事情，切不可与答辩教师争吵，辩论应以文明的方式进行。

4. 总结

上述程序一一完毕，代表答辩也即将结束。答辩人最后纵观答辩全过程，做总结陈述，包括两方面的总结：毕业设计和论文写作的体会；参加答辩的收获。答辩教师也会对答辩人的表现做出点评：成绩、不足、建议。

5. 致谢

感谢在毕业设计论文方面给予帮助的人们并且要礼貌地感谢答辩教师。

第七节　毕业设计（论文）成绩评定

毕业设计（论文）成绩按优秀（90～100 分）、良好（80～89 分）、中等（70～79 分）、及格（60～69 分）、不及格（60 分以下）五级分制记分，其中各专业获得优秀成绩的学生人数不超过 15％，被评为"优秀"的设计（论文）要有创新之处。设计（论文）的初评成绩为不及格的学生需进行二次答辩。

一、毕业设计（论文）成绩评定的要求与标准

毕业设计（论文）的成绩评定以学生完成工作任务的情况、业务水平、工作态度、设计说明书（论文）和图纸、实物的质量以及答辩情况为依据。

二、毕业设计（论文）成绩的组成

学生的毕业设计（论文）成绩由指导教师、评阅教师和答辩小组三方面的分数和评语综合评定。其中指导教师 40 分、评阅教师 20 分和答辩小组 40 分。学生毕业设计（论文）最终成绩，由答辩委员会最终评定。

三、毕业设计(论文)的评优与检查

　　系按照毕业学生 10% 比例推荐校级优秀毕业设计(论文)和 1～2 个设计(论文)团队,由学校教务处组织校级评优工作,在校级优秀的基础上推荐省级毕业设计(论文)和设计团队的候选。

第十三章 社 会 实 践

第一节 社会实践在专业集中性实践教学中的意义

大学生社会实践是高校德育工作的重要环节,它与其他教育方式一起,共同促进高校的人才培养,实现大学生的全面发展,因此,加强大学生社会实践有着十分重要的意义:

一、社会实践是实施素质教育的重要手段

2005 年 2 月,中宣部、中央文明委办、教育部、共青团中央联合下发的《关于进一步加强和改进大学生社会实践的意见》(中青联发〔2005〕3 号)指出:"大学生参加社会实践,对于感受中国特色社会主义的伟大实践,加深对邓小平理论、'三个代表'重要思想的理解和对党的路线方针政策的认识,坚定在中国共产党的领导下,走中国特色社会主义道路,实现中华民族伟大复兴的共同理想和信念,了解社会、认识国情,增长才干、奉献社会,锻炼能力、培养品格,增强历史使命感和社会责任感,具有不可替代的重要作用,对于培养中国特色社会主义事业的合格建设者和可靠接班人具有极其重要的意义。"

在国外尤其是发达国家,特别重视社会实践在高校人才培养方面的地位和作用,很多高校的学生即使各科都满分,社会实践不够一定的学分,也拿不到毕业证。

二、社会实践是服务学生就业的重要举措

随着社会主义市场经济体制的建立和发展,社会对大学生提出了越来越高的要求,不仅要求掌握丰富的科学文化知识,而且必须具备较强的社会实践能力,大学生参与社会实践是学生自身成才的客观要求,也是学生服务社会的必然追求。大学生通过社会实践提前了解了社会,锻炼了心理承受能力、适应能力、人际交往能力、活动组织管理能力和创造创新能力,为以后参加工作、进入社会打下了坚实的基础。

三、社会实践是学生服务社会的重要途径

大学生不仅是学习者,而且是创新和奉献的主体,是宝贵的人力资源。社会实

践架起了学校与社会之间的桥梁,大学生在参与社会实践过程中不仅提高了自身素质,同时积极宣传了党的路线、方针和政策,宣传了学校的学术、科技成果和信息,并将自己储备的知识、技能和智慧奉献给社会,为国家和社会的发展贡献了自己的力量。

四、社会实践是学校办学传统的重要意义

大学生社会实践是一种以实践的方式实现高等学校教育目标的教育形式,是高校学生有目的、有计划地深入现实社会,参与具体的生产劳动和社会生活,了解社会、观察社会、分析社会、服务社会,对不断培养大学生的思想道德素质、科学文化素质和身心素质,不断培养创新精神和实践能力的活动过程,加强大学生社会实践有着十分重要的意义。

"实践无止境,创新也无止境"。面对新形势、新情况,我们在不断推进科技创新、文化创新、教育创新以及其他创新的过程中,大学生社会实践在继承和发扬优良传统的基础上,必须在内容、形式、方法、手段、机制等方面努力进行创新和改进。在内容上,要不断探索有利于培养大学生思想道德素质、科学文化素质、健康素质的社会实践新内容;在形式上,要不断探索符合大学生社会实践规律的新形式;在手段上,要不断探索科学有效的新手段;在机制上,要不断探索灵活、有效的新机制。只有这样,才能开拓大学生社会实践的新境界。

第二节　社会实践的计划制定

一、指导思想

以邓小平理论和"三个代表"重要思想为指导,认真贯彻以人为本、全面协调可持续的科学发展观,全面贯彻落实党的教育方针,以了解社会、服务社会、锻炼自我为主要内容,引导当代大学生进行社会实践和调查工作,将社会实践和社会调查作为增长知识、提高素质,了解社会、认识国情,磨炼意志、增长才干,奉献社会、培养品质,增强社会竞争力的重要手段,使学生通过社会实践活动,做到优化学生知识结构、提高学生认识问题和解决问题的能力,把理论知识与社会实践以及专业知识相结合。

二、目的要求

(1) 让学生深入社会,了解国情、民情,增强对建设有中国特色社会主义理论和党的路线、方针、政策的理解。

(2) 增强社会主义信念和振兴中华的责任感、使命感。培养学生的公民意识、参与意识、社会责任意识和主人翁精神。

(3) 培养学生自主发现和提出问题、解决问题的探究能力。

(4) 参加集体生产劳动,体验劳动生活,了解生产实际,增强劳动观念和实践第一的

观点,促进理论与实践的结合,提高学生的专业实践能力。

(5) 增强大学生适应社会、服务社会的能力,让大学生正确认识自己,认识社会对自身成长产生紧迫感。

三、社会实践时间、内容和形式

(1) 内容:实践教学仍以开展社会调查活动以及专业实践为主,社会调查的内容主要包括以下几个方面:

① 社会主义新农村建设。

② 当代大学生热点问题。社会热点问题社会调查必须进行实地考察,实事采集,经过实事求是的分析研究,撰写出有实际内容、理论水平和参考价值的调查报告。

③ 专业实践则以学生本专业课程所学内容为标准,选择相关实践项目及单位或者自主开展相关科研项目,开展社会实践活动,提高自身专业实践能力。

(2) 形式:采取"点面结合、课题立项"形式加以完成。每个立项课题必要时给予一定的经费资助,以保证社会调查的顺利完成。

(3) 指导教师在此期间,认真指导学生进行社会调查及专业实践,完成相关实践任务及调研报告。

四、具体实施方法和步骤

各院团总支结合校党委、教务处、学工处确定的社会实践主题积极组织动员学生开展相关社会实践活动,并提供部分相关经费资助和专业指导,确保学生完成相关实践活动;同时审核各个实践团队实践成果,选取成果突出者上报表彰。

五、实施要求

(1) 开展概论实践教学是我院认真贯彻"三个代表"重要思想的"三进"工作的一项重要举措,各位老师要高度重视。

(2) 学生各课题组要组织课题组成员共同研讨调查提纲,商讨调查事宜,课题指导教师要亲自带队或采取通讯指导的方式,指导学生开展实践调查。

(3) 指导教师在指导学生社会实践调查报告的撰写过程中,要注重启发、引导学生用分析与综合、归纳与演绎、具体与抽象、逻辑与历史等辩证思维方法,指导学生写出有分量、较高质量的调查报告,不得抄袭或从网络下载。

(4) 参加实践教学活动的全体成员在社会实践过程中应自觉遵守国家有关法律、法规、政策、纪律和学院有关规定,尊重当地人民群众和风俗习惯等。特别是遵守各项安全纪律和规定,注意保障人身和财产安全,从而保证实践活动的顺利完成。

(5) 及时结题。调查报告字数一般以 3 000～4 000 字为宜,用 A4 纸打印,一式两份,同时附上 Word 格式的电子文档。

(6) 对学生所交的社会实践调查报告将组织专家进行评审,对已结题的课题由专家组成的评审小组对学生社会实践论文进行评奖,颁发奖励证书,对指导教师颁发指导奖或组织奖。

六、社会实践的实施建议

(1) 转变观念、提高认识,探索"学分化"的社会实践工作思路。
(2) 起点前移、重心下移,形成科学化的大学生社会实践运行体系。
(3) 按需设项、据项组团,完善团队化社会实践组织模式。
(4) 全程督导、双向考核,建立过程化的社会实践评价机制。

第三节　军事训练

一、军事技能训练的性质、目的与任务

军事技能训练是新生入学后的第一门"课",是培养学子吃苦耐劳、不畏艰难、团结合作、砥砺自强等意志品质的摇篮,是提升当代大学生综合素质的重要平台,通过 14 天的军事技能训练,使大学生掌握基本军事技能,增强国防观念和国家安全意识,强化爱国主义、集体主义观念,加强组织纪律性,促进大学生综合素质的提高,为中国人民解放军训练后备兵员和培养预备役军官打下坚实的基础。

军事技能训练的具体任务是:

(1) 军事科目的训练,使学生掌握基本军事技能,增强国防观念和国家安全意识。
(2) 内务训练,培养学生的集体观念与生活自理能力。
(3) 条例条令教育与养成训练,培养学生组织纪律观念,促进综合素质提高。

二、军事技能训练的基本内容与基本要求

训练以《兵役法》、《国防教育法》以及教育部颁发的《普通高等学校军事课教学大纲》为依据,主要内容有:解放军条令条例教育与训练、轻武器射击、战术、军事地形学、综合训练。基本要求是:坚持以人为本,科学进行组织;军政内容并重,注重养成教育;针对学生实际,注重训练安全。

三、训练内容及学时分配

在军事技能训练的内容安排上,既要严格按照《大纲》要求(表一)实施三大条令、战术、轻武器射击、军事地形学和野营拉练 5 个科目的学习与训练,还应该根据当代大学生实践能力、组织协调能力、合作能力培养的实际需要,增加如军体拳、格斗术、擒敌拳、刺杀操、战场救护、紧急疏散、消防演练等科目,并在其中穿插了革命传统教育、形势教育和丰富多彩的文体活动,寓训于教,寓训于乐,从而提高了学生的学习兴趣,增强了训练效果,充分体现了"团结、紧张、严肃、活泼"的宗旨。具体的军事技能训练内容及学时分配如表 13.3.1 所示。

表 13.3.1　军事技能训练内容及学时分配表

训　练　内　容		训练要求	重点(☆)	难点(△)	学时安排	备　注
解放军条令条例教育与训练	1.《内务条令》教育	C	☆		8	课外6学时
	2.《纪律条令》教育	C			2	室内教学
	3.《队列条令》教育与训练 (1) 单个军人队列动作训练 (2) 分队队列动作训练	A	☆	△	40	
轻武器射击	1. 武器常识和简易射击学理	C			2	室内教学
	2. 射击动作和方法	A	☆		32	
	3. 实弹射击	B		△	8	
战术	1. 战斗类型和战斗样式	C			1	可安排室内教学
	2. 战术基本原则	C			1	
	3. 单兵战术动作	B		△	6	
军事地形学	1. 地形对军队战斗行动影响	C			2	可安排室内教学
	2. 地形图基本知识	C			2	
	3. 现地使用地图	B		△	8	
综合训练	行军、宿营、野外生存	C		△	8	
其他	动员、总结				8	

（教学要求：A—熟练掌握；B—掌握；C—了解）

四、训练方法与训练手段

　　军事技能训练一般安排在新生入学后进行,采取聘请部队,校内集中组织的方式实施。在组织上,组建军训团,军训团下设营、连、排,营长、连长、排长由承训部队教官担任,各学院带训辅导员任营教导员;在方法上,坚持由易到难、由浅入深、先分后合、分步细训、形象直观、精讲多练,军政并重、劳逸结合,官兵互教、互帮互学;在要求上,坚持严格要求、严格训练,教管结合、教养一致。

　　具体实施中,可以根据新生入校后体能和心理变化的特点,将军事技能训练课程划分为三阶段实施,循序渐进,逐步实现教学目的。第一阶段(约3个训练日)为适应性训练阶段,重点突出思想教育,强化管理,统一内务,建立秩序,增强组织纪律性和服从意识,把学生逐步引入军训轨道;第二阶段(约7个训练日)为定型训练阶段,严格训练,规范动作,打好基础;第三阶段(约4个训练日)为强化训练阶段,组织合练,由个体、小集体变为整体的配合,协调训练。每个阶段都做好合理安排,把握强度。

五、考核方式

为增进训练效果,专门制定了课程考核评估办法,对每一位参训学生进行基础理论、队列训练、内务卫生、综合拉练、平时表现等几方面的考核。方法先由个人总结,再由承训部队教官和带训辅导员依据考勤和训练情况共同评定成绩。成绩分为优秀、良好、中等、合格、不合格五等。对于成绩不合格的学生,翌年新生军事技能训练时进行补训,评定成绩。未取得军事技能训练课程学分者,不予以正常毕业。

第四节　社会实践的项目与实施

大学生社会实践活动是高校德育工作的重要组成部分,是坚持社会主义教育方向、坚持教育与实践相结合的一项基本措施,是进行爱国主义教育、社会主义教育和国情教育的一个有效形式,是大学生认识社会、考察国情、服务群众、培养实践能力和创新精神的主要渠道之一。为更好地培养我校大学生社会实践能力,培养适应社会的高素质应用性本科人才,现制订本方案:

一、学校每年的大学生社会实践活动,应积极贯彻校党委宣传部、教务处、学生工作处、团委的通知要求,以社会现实需要为导向,以"受教育、长才干、作贡献"为指导思想,结合校团委及各团总支对社会实践活动的具体部署,制订和发布通知,组织和指导大学生发挥专业优势,开展实践活动,干实事出实效,既为社会提供有效的智力服务,同时也提高自身的思想素质和业务能力。

二、学校设立大学生社会实践专项经费,用于规定范围内学生参加社会实践活动的交通与住宿补助、指导教师差旅费与加班补助及其他相关费用。该专项费用应视当年的活动经费预算和学院的发展而做出调整。提倡和鼓励学生利用回家探亲、访友或旅行之际,自主进行社会实践活动,节约成本。

三、学校成立大学生社会实践领导小组,由分管学生工作的领导、老师统一领导,落实学院学生社会实践活动的计划制订、经费筹措、活动开展、总结表彰等工作。

四、大学生开展社会实践活动的主要内容

(1)法制宣传教育志愿服务活动。

① 与当地政府、司法、共青团组织联合举办短期法律培训班或法制专题讲座等。

② 在当地有关部门的支持下,开展法制建设专题调研。

③ 参与或协助基层公检司法等部门办理案件,调解纠纷。

④ 以法律咨询为主要形式,面向广大群众进行普法宣传,发放法律材料,开展法律援助。

(2)帮困助残爱幼敬老"献爱心、树新风"行动。

(3)文明社区、文明村镇建设及社会主义新农村建设志愿者援助行动。

(4)经济、文化、社会发展与精神文明建设考察调研活动。

(5)社会治安综合治理考察调研活动。

(6)组织中小学生暑期文体活动;义务家教、支教扫盲行动;希望工程行动;访问有突出贡献的校友。

（7）大学生进社区或下乡开展文艺演出、再就业培训、科技扶贫、灾区慰问与援助、环境保护等活动。

（8）企业法律援助、勤工助学活动及其他。

五、大学生开展暑期社会实践活动的主要形式

（1）优秀大学生赴党政机关、街道和企事业单位挂职锻炼活动。

（2）大学生科技、文化、法律"三下乡"志愿服务活动。

（3）大学生志愿者到社区援助行动、进行社会调查、到贫困地区支教等活动。

（4）学生会、团组织、社团、班级或大学生自主开展的实践活动或课题调研活动。

六、社会实践活动的组织、督促和保证

各系应根据院社会实践领导小组的部署、社会现实需要及本组织的实际情况，以平时活动和假期活动相结合，有计划地安排落实社会实践活动，督促和保证每位成员都能认真参加社会实践活动。各团总支必须在春、秋季开学的第一月内，举行社会实践总结交流的主题团日活动，并收集社会实践调研报告统一上交校团委，组织好有关奖项的参评工作。学生参加社会实践活动的表现及成果，作为学生综合素质测评、社会调查课程成绩评定、三好学生与优秀团员等荣誉称号评定的依据之一。各团支部组织开展社会实践活动的表现及取得的成绩，作为团支部评比和先进班集体的考评项目之一。

七、社会实践活动的汇报、总结以及评优

各团总支、团支部、各社会实践队伍及每位大学生，必须按规定及时汇报活动进展情况，及时提交总结材料、调研报告、相关活动照片及鉴定（或证明）资料。校团委将根据活动规模和实际效果，组织评选优秀活动项目、优秀调研报告、先进个人和优秀组织奖等，进行表彰，并申报学校的相应奖项。

八、社会实践的设计与策划

（1）结合实际确立主题，应具有现实性、可行性、创新性。

（2）个人社会实践的特点与注意事项：个人实践可以结合暑期返乡，实践开销较少，实践时间自由，活动形式灵活。需要注意的是，要查阅储备实践知识，认真准备相关物品；规划设计实践内容、加强自身安全保障。

（3）团队社会实践的特点与注意事项：团队社会实践的实践地域广，团队成果丰富，增强了合作能力，也需要投入更多的实践精力，在筹划阶段需要大家不断磋商。需要注意的是，应该科学组建实践团队，细心做好周全的时间计划。

（4）社会实践的调查资料采集方法：文献法、观察法、访谈法、问卷法。

第五节　社会实践的成绩评定

评定学生社会实践报告成绩的主要依据是：学生是否按时认真完成社会实践报告；在完成社会实践报告过程中的主动性、创造性和完成的质量和水平。

社会实践活动学分三年累计 1.5 分。大学生社会实践课程学分由班主任每学年汇总

一次,报所在学院审核认定后,录入教务系统。"成绩"为三级计分制,分别是:优秀(90～100 分)、合格(60～89 分)和不合格(60 分以下)优秀的比例不超过 20%。

一、指导教师在成绩评定时考虑的主要因素

指导教师在对学生的社会实践报告进行成绩评定时考虑的主要因素如下:

(1) 学生的独立工作能力、分析问题和解决问题的能力、实践动手能力和创造能力。

(2) 学生所掌握的基础知识,具有的基本技能和基本素质。

(3) 学生完成社会实践报告的情况。

(4) 学生在社会实践报告期间思想、行为、纪律方面的表现。

二、成绩评定标准

指导教师对学生社会实践报告进行成绩评定时掌握的具体标准如下:

1. 优秀

按期圆满完成社会实践报告;能熟练地综合运用所学理论,独立完成工作能力较强,设计有独到见解,水平或应用价值较高;设计条理清楚,文字通顺,书写工整,格式规范;提交的社会实践报告资料齐全,文档资料装订规范。

2. 合格

按期圆满完成社会实践报告;有一定的独立工作能力,设计有一定的水平;设计条理清楚,论述充分,文字通顺,书写工整;提交的社会实践报告成果、资料齐全,文档资料装订规范。

3. 不合格

未能按期完成任务书规定的任务;或剽窃或抄袭他人的设计成果,或有他人代做的内容,或有代替他人做社会实践报告行为;在整个方案论证、分析等工作中独立工作能力差,设计未达到最基本的要求;设计说明书文理不通,书写潦草,质量差;提交的社会实践报告成果、资料不齐全,文档资料装订不规范。

三、有下列情况之一的社会实践报告的总评成绩只能评定为不及格

(1) 属于学生本人原因未完成设计的(擅自变更设计名称和任务)。

(2) 设计中的观点、思路或方法有原则性错误、经指导教师指出后又坚持不更正的。

(3) 经查实,设计中有抄袭、剽窃他人成果的。

(4) 有代替他人或被他人代替才完成设计任务的。

(5) 未按时、完整提交本人完成的设计等要求提交的文档资料的。

(6) 设计社会实践报告期间发生重大失误,造成国家、集体和个人财产损失达 3 000 元及以上,或造成人身伤残、伤亡事故的。

(7) 设计社会实践报告和相关文档资料中有违背四项基本原则,或宣扬封建迷信思想,或宣扬腐朽道德观念等重大政治性问题的。

(8) 社会实践报告成绩不及格的学生,经所在学院主管领导、教务处批准后,重新安排做社会实践报告一次,学生补做社会实践报告期间的指导由原所在学院安排,且一般应在校内随下一个年级进行。